Arabic-English
English-Arabic
Biotechnology Glossary

Jamal Sawwan

Arabic-English
English-Arabic
Biotechnology Glossary

Jamal Sawwan

2006
Dunwoody Press

Arabic-English English-Arabic Biotechnology Glossary

All inquiries should be directed to:
Dunwoody Press
6564 Loisdale Ct., Suite 900
Springfield, VA 22150, U.S.A.

ISBN-10: 1-931546-21-5
ISBN-13: 978-1-931546-21-8
Library of Congress Control Number: 2006927595
Printed and bound in the United States of America

Table of Contents

Preface

This *Arabic–English English–Arabic Biotechnology Glossary* is one in a series of glossaries prepared by McNeil Technologies and Dunwoody Press to assist researchers in reading and translating biotechnology works in Arabic and English. The approximately 4,000 entries in this glossary are presented in two sections: Arabic–English, and English–Arabic.

McNeil and Dunwoody Press have published the Chinese and Korean versions in this glossary and continue to compile similar glossaries in Hindi, Persian, Russian, and Urdu. As always, we welcome suggestions and corrections to improve, expand, and update this glossary.

About the Editors

Dr. Jamal Sawwan is Professor of Ornamental Horticulture and Biotechnology, the Head of the Department of Horticulture and Crop Science at the University of Jordan, Amman, The Hashmite Kingdom of Jordan. Dr. Sawwan has a long experience in teaching and research. He published more than 30 scientific articles and more than 10 articles and bulletins. He was awarded the Shoman Arab Youth Scientific Award for excellence in research in 1994.

Bibliography

Allender-Hagedorn, Susan and Charles Hagedon. 1998. *An Agricultural and Environmental Biotechnology Annotated Dictionary*. Virginia Tech U. 20 June 2000. http://filebox.vt.edu/cals/cses/chagedor/glossary.html

Ba'albaki, M. 1983. Al-Mawrid. Dar El-Ilm Lil-Malayen, Beirut, Lebanon.

Dark, Graham. 2005. The Cancer Web Project. University of Newcastle uon Tyne. http://cancerweb.ncl.ac.uk/omd/

Lefers, Mark. Holmgren Lab. 11 June 2004. http://www.biochem.northwestern.edu/holmgren/Glossary/index.html

Nill, Kimball. 2001. Technomic Publishing Company, Inc. http://biotechterms.org/sourcebook/index.phtml

MedicineNet, Inc. 2006. http://www.medterms.com/script/main/alphaidx.asp?p=a_dict

World Health Organization. Regional Office for the Eastern Mediterranean. Unified Medical Dictionary. http://www.emro.who.int/umd/

منير البعلبكي. 1983. المورد. دار العلم للملايين. بيروت، لبنان

Arabic-English

ا

آباء	parents
اِبْتِدَاء	initiation
اِبْتِلاع	ingestion
إبْرام فَتْل الحَبْل أو لفّ الزُنْبَرك	overwinding
أبرين (ذيفان بروتيني في بعض البذور)	Abrin
ابيميراز (انزيم)	epimerase
اِتِّجاه	sense
اِتِّحاد تَعايُشِيّ	consortia
اِتِّحاد تَنَوُّع حَيَوِيّ	diversity biotechnology consortium
أترابيَّة	cohort
أتروبين (يُستَخرَج من نبات سامّ يُسَمَّى بلادونّا)	atropine
اِتِّصال الضَّفيرَة	splicing junction
اِتِّصال جِلدِيّ	dermal contact
اِتِّصال غيْر رَسْمِيّ	casual contact
اِتِّصال غيْر مُباشِر	indirect contact
اِتِّفاق	convention
اِتِّفاق حَوْل التَّنَوُّع الحَيَوِيّ	convention on biological diversity
اِتِّفاقِيَّة أسْلِحَة حَيَوِيَّة وسامَّة	Biological and Toxins Weapons Convention (BWC)
اِتِّفاقِيَّة مُعلَن عنها مُسْبَقاً	advanced informed agreement
إثارَة	excitation
أثَر الحافَّة	edge effect
أثَر القَدَم	footprinting
أثَر المَوْضِع	position effect
أثَر ضارّ	adverse effect
إثيلين	ethylene
آجار	agar
اِجْتِناب	avoidance
إجْراء التَّرْشيح المُمَيِّز لِلسُّمُوم	toxicity characteristic leaching procedure
إجْراء تَشْخيصِيّ	diagnostic procedure
إجْراء ضابط (مُقيِّد)	control measure
إجْراء وِقائِيّ كيميائِيّ	chemoprophylaxis
أجْرَعِيَّة (جنس من البكتيريا)	agrobacterium
أجْرَعِيَّة مُوَرِّمَة	agrobacterium tumefaciens
آجرُوز	agarose
أجسام مُضادَّة أحاديَّة الإسْتِنساخ ذات نَمَط أليلِيّ	allotypic monoclonal antibodies
أجْسام مُضادَّة أحاديَّة النَسِيلة	monoclonal antibodies
أجْسام مُضادَّة تُحَفِّز جهاز المَناعَة	antibody-mediated immune response
أجْسام مُضادَّة مُحَفِّزَة	catalytic antibody
أجْسام مُضادَّة مَشْدودَة للأغشيَة الدَّقيقَة	antibody-laced nanotube membrane
أجْسام مُضادَّة نباتيَّة علامَة مُسَجلة	plantibodiestm
أجلوتينين (راصَّة في مَصْل الدَّم)	agglutinin
أجْنَبِيّ المَنْشأ	heterologous
إجْهاد	fatigue
إجْهاد الأكْسَدَة	oxidative stress
إجْهاد حَيَوِيّ	biotic stress
إجْهاد غيْر حَيَوِيّ	Abiotic stress
أجْهِزَة	equipment
أحاديّ الصِيغيَّات	haploid
أحاديّ المَسْكَن	monoecious
أحاديّ المُوَرِّث	monogenic
أحادِيّ النَسِيلة	monoclonal
أحاديّ فوسفات الأدينوزين الحَلقِيّ	cyclic adenosine monophosphate
أحاديّ فوسفات الأدينوزين الحَلقِيّ	cyclic amp
إحْتِراز من المَنْقول بالهَواء	airborne precaution
إحْتِشاء	infarction
إحْتِشار	infestation
إحتِمال الخَطَر	risk
إحدَى حِصَّتَين مُتَساويتين	moiety
أحْماض دُهنيَّة	fatty acid
أحْمَاض دُهنيَّة أحاديَّة غير مُشْبَعَة	monounsaturated fatty acid
أحْماض دُهنيَّة مُتَعَدِّدة غير مُشبَعَة	polyunsaturated fatty acids
إحْمِرار (مَثَلاً المنطقة التي يحدث	Redness

Arabic	English
فيها إلتِهاب)	
أحْياء البيئة	biome
أحْياء دَقيقة	microbiology
أحْياء قاع المُحيط	benthos
أحْيائيّ	biological
إخْتِبار آمس (أسلوب صُمِّم لمسح المواد الكيميائية البيئية المولدة للطفرات)	ames test
إخْتِبار تَجاذُب تَنافُر	cis/trans test
إخْتِبار سُرعَة التَأثُّر الضَبابيّ	aerosol vulnerability testing
إخْتِبار مَقرون مَفروق	cis/trans test
إخْتِراق جِلدِيّ	dermal penetration
إخْتِزال النِيتْرات	nitrate reduction
إختصاصيّ الأمْصال	serologist
إخْتِلاف	variation
إخْتِلاف الخَلايا الجِسْمِيَّة	somaclonal variation
إختلافات سِلسِلَة ثقيلة	heavy-chain variable
إختلافات سِلسِلَة خفيفة	light-chain variable
إختلافات مُتوقَّعَة في النَسْل	expected progeny difference
إختيار الأنواع	species selection
أخْذ	intake
أخْذ كافٍ	adequate intake
أخْذ مُزْمِن	chronic intake
أخْذ مُوافقة مُسْبَقة	prior informed consent
إخْصاب	fertilization
إخْمَاد نِظام المَناعة	immunosuppressive
أدَاة	device
إدَارَة المَحاصيل المُتَكامِلة	integrated crop management
إدارَة المُخاطرَة	risk management
إدارَة النَّتيجَة	consequence management
إدارَة مَوارِد المُمْتَلكات العامَّة	common property resource management
إدخال	introduction
إدخال المُوَرِّثات	introgression
أدليموماب (بروتين)	adalimumab
إدْمِصاص	adsorption
إدْمِصاص جِلدِيّ	dermal adsorption
أدْنَى	mini
أدَوات إزالَة التَلَوُّث	decontamination kit
أدينوزين (أدينين مُرتَبِط مع سُكَّر ريبوزي)	adenosine
أدينوزين أحادِيّ الفوسفات	adenosine monophosphate
أدينوزين ثُلاثِيّ الفوسفات	adenosine triphosphate
أدينوزين ثُنائِيّ الفوسفات	adenosine diphosphate
أدينين (قاعِدَة نيتروجينيَّة في الدنا والرنا)	adenine
أرابيدوبسيس (إسم نبات يُشبه الرَّشاد)	mouse-ear cress
أرابيدوبسيس ثاليانا (عُشبة دُرِسَت تفاعلاتها الجينية بتفعيل كبير)	arabidopsis thaliana
إرتباط	linking
إرْتِبَاط	linkage
إرْتِباط البروتين مع البلازما	plasma protein binding
إرْتِباط المُوَرِّثة	gene linkage
إرْتِباط ذاتِيّ	auto-correlation
إرْتِباط ورَاثِيّ	genetic linkage
إرْتِباع (تَعْجيل الإزْهار بتَعْريض النَّباتات لِحرارَة أدنى)	vernalization
أرجُل كاذِبَة خَيطيَّة	filopodia
أرَجيَّة (فرْط التَّحَسُّس)	allergy
أرْجينين (حِمض أمينيّ)	arginine
أرُزّ ذهبي مُعَدَّل ورَاثياً	golden rice
أرُزّ ذهبي مُعَدَّل ورَاثياً ماركة مُسَجلة	golden rice *tm*
أرُزّ مُعَدَّل وراثيّاً	trichosanthin
أرُزّ نَرْجِسِيّ	daffodil rice
إرْشاح	infiltration
أرغوتامين (دواء لعلاج الشقيقة)	ergotamine
إرْقاء (وَقفُ النزف الدمويّ)	hemostasis
آركيا (كائِنات دقيقة طليعيَّة النَّواة شبيهة بالبكتيريا)	archaea
إرْهاب حَيَوِيّ	bioterrorism
إرْهاب كيميائِيّ	chemical terrorism
إرْهابيّ حَيَوِيّ	bioterrorist
أروماتِيّ (مُرَكَّب كيميائي يحوي حلقة بنزينيَّة)	aromatic

Arabic	English
أرومَة ليفيَّة	fibroblast
أزاديراكتين (مُبيد لِمُقاومَة الحشرات)	azadirachtin
إزالة الإكْتِئاب	derepression
إزالة التَّلوُّث	decontamination
إزالة الحِمايَة	deprotection
إزالة الكِبْريت حَيَويًّا	biodesulfurization
إزالة الماء من مُركَّب كيميائيّ	dehydration
إزالة المُثبِّط	derepression
إزالة قواعِد بالمَسْح التَّسَلْسُليّ (طريقة تستخدم لتحديد طفرة نقطية)	base excision sequence scanning
إزالة مُثبِّط الانزيم	enzyme derepression
إزْدياد حَيَويّ	bioaugmentation
إزْرقاق الأسْديَة في الأزهار	anthocyanoside
إزْفاء (نَقْل من موقِع إلى آخَر)	translocation
إزفاء المُوَرِّثة	gene translocation
إسْباراجين (حِمض أمينيّ)	asparagine
إسْتِئصال	excision
أسْتازانتين (صِبْغ في بُيوض الإربيان)	astaxanthin
إسْتِبدال	substitution
إسْتِبدال قواعِد	base substitution
إسْتِجابَة	response
إستجابة سوس (آلية الإستجابة لعملية إصلاح خلل في دنا)	SOS response
إستجابة لفَرط التَحَسُّس	hypersensitive response
إسْتِجابَة مُتَعَدِّد النَّسائِل	polyclonal response
إستجابَة مَناعيَّة	immune response
إستجابَة مَناعيَّة خِلطيَّة	humoral immune response
إسْتِجابَة مَناعيَّة خَلَويَّة	cellular immune response
إسْتِجَابَة مَنَاعيَّة فِطْريَّة (غريزيَّة)	innate immune response
إسْتِجابَة مَناعيَّة لِلمَصْل	serum immune response
إسْتِجْهَار	microscopy
إسْتِجْهَار إلكترونيّ	electron microscopy
إسْتِجْهَار بالبُؤْرَة	confocal microscopy
إسْتِجهار مَسْحيّ بالميكروسكوب النَّفَقِيّ	scanning tunneling electron microscopy
إسْتِحالة	transformation
إسْتِحداث السُّكَّريّات	gluconeogenesis
إسْتِخدام الحاسُوب في الأدْويَة الجَديْدَة	computer assisted new drug application
إسْتِخدام العِلاجات الحَديْثَة بطريقة إسْتِقصائيَّة	investigational new drug treatment
إسْتِخدام مُسْتَدام	sustainable use
إسْتِخدام مَوْزون	contained use
إسْتِدامَة	persistence
إسْتِذابَة	lysogeny
استرازالكولين (انزيم يَشطر الكولين ثم يثبط مفعوله)	cholinesterase
إسْتِرداد	restoration
إسْتِرداد النِّظام البيْئيّ	ecosystem restoration
إستروجين (هرمون أنثويّ)	estrogen
إستروجين نَباتيّ	phytoestrogen
إسْتِزْراع أحاديّ	monoculture
إسْتِسْقاء	ascites
إسْتِشارَة	consultation
إسْتِشْراب	chromatography
إسْتِشراب أليْف	affinity chromatography
إسْتِشْرَاب بِتَبَادُل الأيونات	ion-exchange chromatography
إسْتِشراب جِسْم مُضادّ بالألفة	antibody affinity chromatography
إسْتِشراب غازي سائِلي	gas-liquid chromatography
إسْتِضبَاب	aerosolization
إسْتِطْفار	mutagenicity
إسْتِعادَة الطَّبيعَة	renaturation
إسْتِعادة تَدَفُّق الدَّم (لأعضاء قُطِع عنها أمداد الدَّم خاصة بعد الإصابة بذبحة قلبية)	reperfusion
إسْتِعادَة حَيَويَّة	biorecovery
إسْتِعداد لِلقبول	willingness to accept
إسْتِعراض نَواتِج الأيْض	metabolite profiling
إسْتِعمال	use
إسْتِعْمال أدْوِيَة حَيَوانيَّة جَدِيْدَة	new animal drug application
إسْتِعْمال الدَّواء الجَدِيْد	new drug application
إسْتِقرار	stability
إسْتِقْصَاء عن دَوَاء جَدِيْد	investigational new drug
إسْتِقطاب تألُّقيّ	fluorescence polarization

Arabic	English
إستِقلاب مُتَوَسِّط	intermediary metabolism
إستماتة	apoptosis
إستِنبات (مَزارع نَباتيَّة أو ميكروبيَّة)	culture
إستِنبات خَلَويّ	cell culture
إستِنساخ (إنتاج أفراد من خلية مفردة لهم نفس المحتوى الوراثي للخلية الأم)	cloning
إستِنساخ إتِّجاهِيّ	directional cloning
إستِنساخ جُزَيئيّ	molecular cloning
إستِنساخ ضَخْم	megabase cloning
إستِنساخ مُوَرِّثات	gene cloning
إستِنساخ مَوضِعِيّ	positional cloning
إستِنشَاق	inhalation
إستِنشَاق	inhalation
إستِهداف المُوَرِّثة	gene targeting
إستِهداف وِراثيّ	genetic targeting
إستِهلاك	consumption
إستِهلاك الأكسُجين	oxygen consumption
إستيراز الأسيتيل كولين (انزيم)	acetylcholinesterase
إستِيقاف	immobilization
أسطوانَة	disk
أسلِحَة تَدْمير شامِل	weapon of mass destruction
أسلِحَة حَيَويَّة (بيولوجيَّة)	biological weapon
أسلِحَة حَيَويَّة فتَّاكة	mass-casualty biological weapon
أسلوب أخْذ الحَذَر	precautionary approach
أسلوب تَفْضيل مُظْهَر	revealed preference approach
إسْم مُنَظَّمة (ATCC)	american type culture collection
إسْوِدَاد خَطِيّ (مَرَض فِطْريّ)	black-lined
أسيتات الإيثيل	ethyl acetate
أسيتون (مادَّة كيميائيَّة سائِلة تُستَخدَم كمُذيب عُضويّ)	acetone
أسيتيل كارنيتين	acetyl carnitine
أسيتيل كولين (ناقِل عَصَبيّ)	acetylcholine
أسيتيل مُرافِق الانزيم نَوْع A	acetyl co-enzyme A
إشارَة خَلَويَّة	cell signalling
إشارَة كَهْربائية عَضَلِيَّة	myoelectric signal

Arabic	English
إشْريكيَّة قولونيَّة	escherichia coliform
إشْريكيَّة قولونيَّة	escherichia coli
إشْعاع	irradiation
إشْعاع	radiation
إشْعاع الطُعْم	implant radiation
إشْعاع تَلاؤُمِيّ	adaptive radiation
إشْعاع دَاخِلِيّ	internal radiation
أشِعَّة x	x-ray
إصابَة آكِلَة اللُحوم	flesh-eating infection
إصابَة إنحِلاليَّة	lytic infection
آصِرَة ثنائِي الكِبريت	disulphide bond
آصِرَة ثنائِي الكبريت	disulfide bond
إصْلاح المُوَرِّثة	gene repair
إصْلاح تَزَاوُج خاطِئ	mismatch repair
إصْلاح دنا	DNA repair
إصلاح مُوَرِّث مُستَهدَف	chimeraplasty
إصْمات	silencing
إصْمات المُوَرِّثات	gene silencing
أصنُوفة	taxon
إضافة	accession
إضافة الأكسُجين	oxygen supplementation
إضْطِراب أحاديّ المُوَرِّث	monogenic disorder
إضْطِراب النَّظم	arrhythmia
إضْطِراب مَناعَة ذاتيَّة	autoimmune disorder
إضْطِراب مندلي	monogenic disorder
إضْطِرابات أيضيَّة	metabolic disturbance
إطار القِراءَة	reading frame
إطار عامّ مُنَسَّق لِتَعْليمات التِّقانات الحَيَويَّة	coordinated framework for regulation of biotechnology
إطار قِراءَة مُتَراكِب	overlapping reading frame
إطار قِراءَة مَفْتوحَة	open reading frame
إطلاق بَطِئ	deliberate release
إطلاق حَدِّيّ	transboundary release
إطلاق سِرِّيّ	covert release
إطلاق عَامّ	general release
إطلاق عَلَنِيّ	overt release
إطلاق غير مَحْجوز	unconfined release
إطلاق غيْر مَقصود	unintended release
إطلاق مَقصود	intended release

controlled release	إطلاق مُقيَّد
recombination	إعادَة الإتِّحاد (التَأشُّب)
reassociation	إعادَة التَّرابُط
glycoprotein remodeling	إعادَة تَشْكيل البروتينات السُّكَريَّة
renaturation	إعادَة تَكوين
rhizoremediation	إعادَة تَوَسُّط بكتيريا مُثَبِّتَة النيتروجين
steric hindrance	إعاقة تَجْسيميَّة
cytopathic	إعتِلال الخَلايا
hilar adenopathy	إعتلال السُّرة أو النقير
arthropathy	إعْتِلال مِفْصليّ
infectiousness	إعْدَاء
infectivity	إعْدَاء
symptomatic	أعْراضِيّ (مَصْحوب بأعراض)
maximum sustainable yield	أعلى إنْتاج مُسْتَدام
maximum contaminant level	أعلى مُستوى تَلوُّث
maximum residue level	أعلى مُستوى مُتَبَقيات
trophic	إغْتِذائِيّ
bioenrichment	إغْناء حَيَويّ
accidental release	إفْراز عَرَضِيّ
best linear unbiased prediction	أفْضَل تَنَبُّؤ خَطِيّ غيْر مُنْحاز (BLUP)
aflatoxin	أفْلاتوكْسين (مُستَقلبات فُطْرِيَّة سامَّة ومُسَرْطِنَة لِلكَبِد)
avidin	أفيدين (مُركَّب يتحد مع البيوتين فيعوق إمتصاصه)
conjugation	إقْتِران
immunoconjugate	إقْتِران المَنَاعة
gene splicing	إقْتِران المُوَرِّثات
sexual conjugation	إقْتِران جِنْسِيّ
allelic exclusion	إقصاء أليليّ
maximum permissible concentration	أقصى تركيز مَسْموح به
acclimatization	أقلمَة
cold acclimatization	أقلمَة بالبُرودَة
depression	إكْتِئاب
rapid microbial detection	إكْتِشاف مِكْروبيّ سَريْع
actin	أكتين (بروتين عَضَلِيّ)
micropropagation	إكْثار دَقيْق
active immunization	إكْساب مَناعَة فاعِلة
oxygenase	أكْسجيناز
oxidation	أكْسَدَة
Exoglycosidase	إكسوجلايكوسيديز (انزيم)
exon	إكسون
lipoxygenase	أكسيجيناز دُهني (انزيم يُحَفِّز أكسدة الأحماض الدُهنية غير المُشبَعَة)
lipoxygenase null	أكسيجيناز دُهني عديم الفائِدة
nitric oxide	أكْسيد النيْتريك
oxidase	أكْسيداز (انزيم)
xanthine oxidase	أكسيداز الزَّانتين (انزيم)
multiple alleles	ألائِل مُتَعَدِّدَة
croplands equipment	آلات للأراضِي الحَقليَّة
pia mater	الأم الحنون (غلاف دماغِيّ)
alanine	الانين (حِمض أمينيّ)
albumin	ألبُومين (بروتين يُوجَد في بلازما الدَّم، بياض البَيْض، والحليب)
serum albumin	ألبُومين المَصْل
machine	آلَة
gene machine	آلَة المُوَرِّثة
self-assembling molecular machine	آلَة تَجْميع ذاتِي جُزَيْئِي
duster	آلَة تَعْفِير
chapin plant and rose powder duster	آلَة تَعْفِير شابين للزَّهْرَة والنَّبات
molecular machine	آلَة جُزَيْئِيَّة
Air America Compressors	آلَة لِضَغْط الهَواء
immunoadhesin	إلتِحَام المَنَاعة
joining (J) segment	إلتحام شَدَفات على شكل J
soft laser desorption	إلتِفاظ ليزر خفيف
protein folding	إلتِفاف البروتين (حالته الوظيفيَّة)
plectonemic coiling	إلتِفاف المفاصِل (مفاصل يجْزَئ واحد تلتف بشكل طوبولوجي)
negative supercoiling	إلتِفاف سَلبيّ
positive supercoiling	إلتِفاف عالِي إيجابيّ
endocytosis	إلتِقام
receptor-mediated endocytosis	إلتِقام بِمُساعَدَة مُسْتَقْبِلات
epididymo-orchitis	إلتِهاب البُربَخ والخَصِيَّة

Arabic	English
إلتِهاب البرُوستَاتَة	prostatitis
إلتِهاب الجافِيَة	pachymeningitis
إلتِهاب الدِّماغ الفيرُوسيّ	viral encephalitis
إلتِهاب السَّحايا الطَّاعُوني	plague meningitis
إلتِهاب العُقد اللّمْفِيَّة	lymphadenitis
إلتِهاب العُقد اللّمْفِيَّة القاتِل	necrotizing lymphadenitis
إلتِهاب المَثانَة	cystitis
إلتِهاب المِهْبَل	vaginosis
إلتِهاب النُخاع الشَّوكِيّ	myelitis
إلتِهاب غُدَدٍ لِمْفاويّ عُنُقِيّ	cervical lymphadenitis
إلتِهاب مِفْصليّ	arthritis
إلتِهاب نِقي العَظْم	myelitis
إلتِهاب هَشاشَة عَظْم الفَخذ	epiphysitis
إلتِهام	ingestion
ألدوز (سُكّر يشتمل على زُمرة ألدهيد)	aldose
الذُّبَة (داء جلدي)	lupus
الصِّبْغِيّ y	y chromosome
الصَّفْراء	gall
الصَّفْراء (الإفراز الأساسيّ للكَبِد ويُخْزَن في المرارة)	bile
ألف نيوكلوتيدة	kilobase
ألفة	familiarity
ألفة	affinity
ألفة خَلَويَّة	cellular affinity
إلكترونيَّات جُزَيْئِيَّة حَيَويَّة	biomolecular electronics
إلكترونيَّات حَيَويَّة	bioelectronics
ألم مِفْصليّ	arthralgias
آلورون (مُكون غذائي في الحبوب الناضجة)	aleurone
ألياف ذائِبَة بالماء	water soluble fiber
ألياف ذَوَّابَة	soluble fiber
آلِيَّة دَقيقَة	micromachining
آلِيَّة مُستَقِلَّة لخَلايا T	T-cell independent mechanism
آلِيَّة مُعتَمِدَة لخَلايا T	T-cell dependent mechanism
أليسين (عقار لِتعزيز المناعَة يتكون من خُلاصَة الثوم)	alicin
أليسين (مُضادّ حَيَويّ وفِطْريّ قويّ يُستَخْلَص من الثوم)	allicin
ألِيْف الحَرارَة (مُحِبّ)	thermophile
ألِيف الحَرارَة المُعْتَدِلَة	mesophile
ألِيف المِلح	halophile
ألِيْف الهَواء القليل	microaerophile
ألِيف للدُّهن	lipophilic
أليل (صِبْغِيَّات مُتَضادَّة)	allele
أليل سائِد	dominant allele
أليل مُتَنَحٍّ (مُتَنَحِي)	recessive allele
أمّ الدَّم (أنورسما)	aneurysm
أمَاعَ	fluidized
أمان حَيَويّ	biosafety
أمبيسيلين (مُضادّ حَيَويّ واسِع الطَّيْف)	ampicillin
إمْتِصاص	absorption
إمْتِصاص	uptake
إمْتِصاص جلدِيّ	dermal absorption
إمْراض	pathogenesis
أمْراض حَيَوانيَّة المَصْدَر	zoonoses
إمسَاخ	teratogenesis
أمْعاء	bowel
إمكانيَّة إسْتِقبال البيئَة	potential receiving environment
أميلاز (انزيم هضمي يشطر النَّشا إلى وحدات أصغر من المالتوز)	amylase
أميلوبكتين (بروتين النَّشا)	amylopectin
أميلوز (المُكَوِّن الداخليّ للنَّشا)	amylose
أمينوبيريدين	aminopyridines
أنابيب دَقِيقَة أحاديَّة الكربون الجداريّ	single-walled carbon nanotube
أنْبوب بِبْتيدِيّ دَقِيْق	peptide nanotube
أنْبوب دَقِيْق	nanobot
أنْبُوب نانَوِيّ	nanotube
أنْبُوب نانَوِيّ كربونيّ	carbon nanotube
إنْتاج مَحْصول بدون حِراثة	no-tillage crop production
إنتاجِيَّة أوَّلِيَّة	primary productivity
إنتان	sepsis
إنْتِثار	dispersal
إنْتِثار	disseminating
انتجرين	integrin
إنْتِحاء	topotaxis

English	Arabic
tropism	إتِجاه
ionotropic	إتِجَاه أيوني
artificial selection	إنتِخاب إصْطِناعيّ
marker-assisted selection	إنتخاب بِمُساعدة الواسِمات الوراثية
normalizing selection	إنتِخاب تَطْبيعي
natural selection	إنتِخاب طَبيْعيّ
directional selection	إنتِخاب مُوَجَّه
interferon	إنترفيرون
α interferon	إنترفيرون ألفا
interferon- β	إنترفيرون بيتا
β interferon	إنترفيرون بيتا (مُضادّ فيرُوسات)
γ interferon	إنترفيرون جاما
interleukin	إنترلوكين
internaulin	إنترنولين
intron	إنترون
prevalence	إنتِشار
diffusion	إنتِشار
disseminating	إنتِشار
nosocomial spread	إنتِشار مُستَشْفَويّ
gel diffusion	إنتِشار هُلاميّ
meiosis	إنتِصاف
selection	إنتِقاء
directional selection	إنتِقاء إتِّجاهِيّ
stabilizing selection	إنتِقاء تَثبيتِيّ
in-vitro selection	إنتِقاء داخِل أنابيب زُجَاج
disruptive selection	إنتِقاء مُجَزّأ
disruptive selection	إنتِقاء مُمَزّق
catabolism	إنتِقاض
transition	إنتِقال
transmission of infection	إنتِقال العَدْوَى
disease transmision	إنتِقال المَرَض
horizontal disease transmision	إنتِقال المَرَض الأفقي
gene switching	إنتِقال المُوَرِّثات
near-infrared transmission	إنتِقال بالأشِعَّة تَحْتَ الحَمْرَاء
biologic transmission	إنتِقال حَيَويّ
indirect transmission	إنتِقال غيْر مُبَاشِر
mendelian transmission	إنتِقال مِنْدِلي
relapse	إنتِكاس
parapatric speciation	إنتِواع (تَشَكّل تطوريّ لنَوْع جَديد نتيجة التَمَدُّد لمناطق مُجاوِرَة حيث البيئة مُختلِفَة)
speciation	إنتِواع (تَشَكّل تطوري لنوع جديد)
sympatric speciation	إنتِواع الكائنات مُتّحِدَة المَوْطِن (تشكّل تطوري لنوع جديد)
intein	إنتين
anthocyanidin	أنثوسيانيدين (مادَّة صِباغيَّة نباتيَّة)
anthocyanin	أنثوسيانين (مادَّة صِباغيَّة نباتيَّة)
xenogenesis	إنْجاب المَغاير
introgression	إنْجِيال دَاخِليّ
chemotaxis	إنْجذاب كيميائِيّ (بين الكائِنات الحَيَّة)
entrainment	إنْجِرار
drift	إنْجِراف
genetic drift	إنْجِراف ورَاثِيّ
Angiogenin	أنجيوجينين (عديد ببتيد يدخُل في عملية تَوَلُّد الأوعيَة)
angiostatin	أنجيوستاتين (بروتين مُثبِّط تولد الأوعية الدَّمويَّة)
frameshift	إنْحِراف الإطار
lysis	إنْحِلال
cytolysis	إنْحِلال الخَلايا
glycolysis	إنْحِلال السُكَّريَّات
lysophosphatidylethanol amine	إنحِلال فوسفاتيدل أمينات الإيثان
depression	إنْخِفاض
inbreeding depression	إنخِفاض التَزَاوُج الدَاخِلي
protoplast fusion	إنْدِماج الجِبْلَة المُجَرَّدَة
cell fusion	إنْدِماج الخَلِيَّة
gene fusion	إنْدِماج المُوَرِّثة
endothelin	إندوثيلين (مُضَيِّق أوعية طبيعيّ)
endoglycosidase	إندوجليكوسيداز (انزيم يكسر الروابط بين جزيئات السكر)
endorphin	اندورفين
endostatin	إندوستاتين (مُثبِّط طبيعيّ لتَوَلُّد الأوعية الدمويَّة المُغذِّية للأورام)
enzyme	انزيم
DNA glycosylase	انزيم إزالة واستِبدال قواعِد دنا

Arabic	English
انزيم إضافة مَجْموعَة الميثيل لِلدَّنا	DNA methylase
انزيم أكسدَة الجلوكوز	glucose oxidase
انزيم الأكسدَة في نبات فِجل الخَيل	horseradish peroxidase
انزيم المُعايِش البُرودِيّ	psychrophilic enzyme
انزيم أوكسيداز الأوكسالات	oxalate oxidase
انزيم بَلمَرَة دنا خِلال التَّضاعُف	DNA polymerase
انزيم بَلمَرَة رنا المُعتَمِد على دنا	DNA-dependent RNA polymerase
انزيم بناء الجلوتامين	glutamine synthetase
انزيم بنكرياسِيّ يُحلّل الإلاستين	elastase
انزيم بُنْيَوِيّ	constitutive enzyme
انزيم تأكسُد الكوليسترول	cholesterol oxidase
انزيم تَحلُّل دنا	dnase
انزيم تَحلُّل دنا	DNase (deoxyribonuclease)
انزيم تَحويل الأسيل كارنيتين الى كارنيتين	acylcarnitine transferase
انزيم تَصْنيع حِمض الأمينوسايكلوبروبين كاربوكسيليك	aminocyclopropane carboxylic acid synthase
انزيم تَفارُغِيّ	allosteric enzyme
انزيم تَلاؤُمِيّ	adaptive enzyme
انزيم تيروزين كيناز بروتين	protein tyrosine kinase
انزيم حاصِد	harvesting enzyme
انزيم حالّ البروتين	proteolytic enzyme
انزيم حالّ للدُّهنيات	lipolytic enzyme
انزيم خَيْقِيّ	allozyme
انزيم ديسميوتيز سوبر اوكسايد البشري	human superoxide dismutase
انزيم رابط جَدائِل دنا	DNA ligase
انزيم رنا	ribozyme
انزيم سينثاز لِتَصْنيع الأسيتولاكتيت	acetolactate synthase
انزيم عَدَم الإشْباع	desaturase
انزيم فاصِل	dissociating enzyme
انزيم فَصْل جَديلة دنا	DNA helicase
انزيم فِلِزِيّ	metalloenzyme
انزيم قابل للكَظْم	repressible enzyme
انزيم كاربوكسيليز مُرافِق الأسيتيل نَوْع A	acetyl-coA carboxylase
انزيم لفّ دنا	DNA gyrase
انزيم مُؤكسِد جلايفوسيت	glyphosate oxidase
انزيم مُؤكسِد مُتَعَدِّد الوَظائِف	mixed-function oxygenase
انزيم مُتماثِل استوائِيّ	homotropic enzyme
انزيم مُثَبِّط تحويل الأنجيوتنسين	angiotensin-converting enzyme inhibitor
أنزيم مُحَرِّض	inducible enzyme
انزيم مُحَطِّم للبروتين خاصَة في عَمَلِيَّة مَوْت الخَلايا	caspases
أنزيم مُحَفِّز صناعَة وحْدات الطّاقة ATP	ATPase
انزيم مُحَلِّق الأدينين أحاديّ الفوسفات	adenilate cyclase
انزيم مُحَمِّل فارنيزيل	farnesyl transferase
انزيم مُحَوِّل الأنجيوتنسين	angiotensin-converting enzyme
انزيم مُصاوِغ شالكون	chalcone isomerase
انزيم مُصاوِغَة	isomerase
انزيم مُصاوِغة الجلوكوز	glucose isomerase
انزيم مُصنِّع الحِمض الدُّهنِيّ	fatty acid synthetase
انزيم مُصنِّع السِّتريت	citrate synthase
انزيم مُقطِّع	restrictive enzyme
انزيم مُنَظِّم	regulatory enzyme
انزيم نازِع الهيدروجين مُرتَبِط بالفلافين	flavin-linked dehydrogenase
انزيم نازِع هيدروجين فورم ألدهايد	formaldehyde dehydrogenase
انزيم ناقِل قِطَع الدَّنا	transposase
انزيم نَزْع الهيدروجين من الجلوتامات	glutamate dehydrogenase
انزيم نَزْع مجموعة الكاربوكسيل من حِمض الجلوتاميك	glutamic acid decarboxylase
انزيم هَضْم الحِمض النَّوَوِيّ	dicer enzyme
انزيم يعمل تحت ظروف صَعبة	extremozyme
انزيم يُعيد إشباع الحِمض الدُّهني	stearoyl-acp desaturase
انزيم يُفرَز من المَيتوكُندريا	rhodanese
انزيمات إزالة الهيدروجين	dehydrogenases
انزيمات إقتِطاع	restriction enzyme
انزيمات تَخَلّبات الحديد	ferrochelatase
انزيمات مُحَلّلة للسُّكَّرِيّات	glycosidases
انزيمات نَقل مَجْموعَة الأمين	aminotransferases

Arabic	English
انزيميّ	enzymatic
أنسال	breeding
إنسَال الطَّفَرَات	mutation breeding
أنسِجَة ما حَوْل السِّن	periodontium
إنسُولِيْن	insulin
إنسِياب المُوَرِّثات	gene flow
إنسِياق وراثِيّ	genetic drift
أنشأ	construct
إنشِطار الاورثوفوسفيت	orthophosphate cleavage
إنشِطار البَيرُوفوسفات (ثُنائِي الفوسفات)	pyrophosphate cleavage
إنشِطار حَلْمَهِي	hydrolytic cleavage
إنشِطار حِمْض الفلوريك	hydrofluoric acid cleavage
إنصِباب نَزْفِيّ جَنْبِيّ	hemorrhagic pleural effusion
إنصِهار (صَهْر)	melting
إنطِباق	conformation
إنعاش	resuscitation
إنعِدام الطَّرَف	ectromelia
أنغسْتروم (وحدة طول تساوي 10^{-8}سم وتستعمل للدلالة على الأبعاد الجُزيئية)	angstrom
إنفازين (انزيم)	invasin
إنفِصال	ablation
إنفِصال	dissociation
إنقاذ الجَنِيْن	embryo rescue
إنقاص	reduction
إنقِراض	extinction
إنقِسام الخَلِيَّة	cell division
إنقِسام السيتوبلازم	cytokines
إنقِسام خَلَوِيّ إختِزالِيّ	meiosis
إنقِسَام فَتِيْلِيّ	mitosis
إنقِسام مُباشِر	mitosis
إنقِطاع العُلَيْبَة	cassette cessation
إنقِلاب	inversion
إنقِلاب تَفاعُلِيّة المَصْل	seroconversion
إنقلاب تَفاعُلِيَّة المَصْل عَدِيْم الأعْراض	asymptomatic seroconversion
إنقِلاب سيرولوجِيّ	seroconversion
إنقِلاب سيرولوجِيّ عَدِيْم الأعْراض	asymptomatic seroconversion
إنكِسار	refraction
إنكفالين	enkephalin
أنْواع أكسجين رَجْعِيَّة التَفاعُلِيَّة (جُذور أكسجينية نَشِيْطَة لِلغايَة وأيونات أكسجين وبيروكسيد حُرَّة تَعْمَل على تدمير الخَلِيَّة)	reactive oxygen species
أنواع المُرْتَكز	keystone species
أنْواع المِظَلَّة	umbrella species
أنواع ألِيفة	domesticated species
أنْواع بَرِيَّة	wild type
أنْوَاع كاشِفَة	indicator species
أنْوَاع مَحَلِّيَّة	native species
أنواع مُهَدَّدة	threatened species
أُنَيْبِيب	microtubule
أُنَيْبِيبَات دَقِيقة	microtubule
إنيولين (نشا نباتي)	inulin
أنيون (أيون سالِب الشحنة)	anion
أهْداب (زوائِد هُدْبِيَّة)	cilia
أهْلِيَّة	competency
اورثولوج (مُوَرِّثات مُتَشابِهَة نَتجَت عن طريق التَنَوُّع)	ortholog
أوريوفاسين (من المُضادَّات الحَيَوِيَّة)	aureofacin
أوزموتين (بروتين في الباذنجانيَّات)	osmotin
أُوكراتُوكْسين	ochratoxin
أُوكْسالات	oxalate
أوكسليت الكالسيوم	calcium oxalate
اوكسيداز دُهني (انزيم)	lipoxidase
أوكسين (هرمون نَباتيّ)	auxin
أُوليئات (زَيتِيّ)	oleate
أوَّلِيَّات	protozoa
اوليغوز	oligos
اياس (سِنّ اليَأس)	menopause
إيجابيّ الغرام	gram-positive
إيدز (متلازمة نقص أو فقد المناعة المُكْتَسَبَة)	AIDS
إيروينيَّة كارتوفورا (بكتيريا)	erwinia caratovora
ايزوبيرين	isoprene
ايزوثيوسيانات	isothiocyanates

Arabic	English
ايزوفلافون (مُماثل الفلافون)	isoflavone
ايزوفلافونويد	isoflavonoid
ايزوفلافين	isoflavin
ايزوليوسين	isoleucine
أيسَريُّ التَّدْوير	levorotary
أيْض (بِنَاء وهَدْم) إسْتِقلابيّ	metabolism
أيْض النيتروجين	nitrogen metabolism
أيْض الهَدْم	catabolism
أيْض بنائِيّ (إبْتِناء)	anabolism
أيْضَة	metabolite
ايفين (مَرَض مُتَعلق بالطيور)	avain
ايكوسانويد	eicosanoid
إيْلاج المُوَرِّثَة	gene insertion
إيماس (قذف الخلية لمحتوياتها)	exocytosis
ايميدازول	imidazole
اينوسيتول	inositol
اينوسيتول دُهْنيّ	inositol lipid
اينول باروفيل شكيمات	enolpiruvil shikimate
اينول باروفيل شكيمات	enolpyruvil shikimate
أيو 4000 (نوع من أنواع المبيدات الحشرية)	AU4000
أيون	ion

ب

Arabic	English
بابِيّ	portal
باتولين (مُضاد حَيَويّ سامّ)	patulin
بادِئ	primer
بادِئَة تَعْني حَياة أو أحياء	bio
بَادِرَة	prodrome
باذِنْجانِيَّات (فصيلة من النباتات)	solanaceae
باراكوات (مُبيد عُشْبيّ سامّ)	paraquat
بارنيز (بروتين بكتيريّ)	barnase
باسيلاس ليشينفورميس (بكتيريا عصوية الشكل تمتلئ بالماء وتتشربه بالتربة)	bacillus licheniformis
باكانيه (إسْم فِطْر يُسَبِّب مَرَض الشتلة الحَمْقاء في الأَرُزّ)	bakanae
باكليتاكسل (دَواء مُضاد لِلأوْرَام السرطانيَّة)	paclitaxel
بَالميتات	palmitate
بِبْتُون	peptone
بِبْتيد	peptide
بِبْتيد T	peptide T
ببتيد أُذَيْنِيّ	atrial peptide
بِبْتيد سيسروفين a	cecropin a peptide
ببتيد عُبوريّ	transit peptide
ببتيد عُبوريّ للبلاستيدات الخَضْراء	chloroplast transit peptide
ببتيد مُعَدِّل لخلايا T	T-cell modulating peptide
ببتيداز (انزيم)	peptidase
بِبْتيدل ترانسفيريز (انزيم)	peptidyl transferase
بِبْتِيدُوغليكان	peptidoglycan
بِبْسين	pepsin
بت – 3	Pitt-3
بتيروستالبين (مُضادّ للأَكْسَدَة مَوجود في بعض أنواع الفاكهة)	pterostilbene
بَثّ	dissemination
بَخَّاخ	spray
بَخَّاخ ضَبَابيّ	aerosol spray
بَدْء	onset
بدائِيّ النَّواة	procaryote
بدائِيّ النَّواة	prokaryote
بَدَّالة ريبوسوميَّة	riboswitch
بَدِيئَة الذيفان	protoxin
بُذور الخِرْوَع	castor bean
بُذور حَيَوِيَّة	bioseed
بُذور مُتَمَرِّدَة	recalcitrant seed
بَرَاءَة إخْتِرَاع	patent
براديكينين	bradykinin
برازيين (مُحَلّي بروتينيّ نَباتيّ)	brazzein
بَرَالِس (جِنْس من السُّوس)	pyralis
بَرَّانِيّ	adventitious
بَرْسيم	alfafa
بروأنثوسيانيدين (مُضادّ التأكْسُد)	proanthocyanidin
بروبيلين غليكول (مُرَطِّب ومُذيب في الصَّيْدَلانِيَّات)	propylene glycol
بروتياز (انزيم بروتيني)	protease
بروتين	protein
بروتين C	protein C
بروتين lux	lux protein
بروتين S	protein S

English	Arabic
stress protein	بروتين الإجهاد
pathogenesis related protein	بروتين الإمْراض
fusion protein	بروتين الإنْدِماج
plasma protein	بروتين البلازما
adhesion protein	بروتين التِصاق
protein inclusion body	بروتين الجسم الضَّمِيْن (المُشْتَمَل)
heat-shock protein	بروتين الصَّدْمَة الحَرارِيَّة
hedgehog protein	بروتين القُنْفذ
heterologous protein	بروتين أجْنَبيّ المَنْشأ
single-cell protein	بروتين أحادي الخَلِيَّة
amyloid precursor protein	بروتين أوليّ شِبْه نَشَويّ
zinc finger protein	بروتين إصْبَعِيّ خارصينيّ
rho factor	بروتين إنْهاء النَّسْخ في بِدائيَّات النَّواة
Histone	بروتين بسيط
simple protein	بروتين بَسيْط
cry protein	بروتين بِلَّوْريّ
storage protein	بروتين تَخْزينِيّ
bone morphogenetic protein	بروتين تَشْكيل العِظام
cell-differentiation protein	بروتين تَمايُز الخَلِيَّة
intrinsic protein	بروتين داخِلِيّ المَنْشأ
lipoprotein	بروتين دُهنيّ
low-density lipoprotein	بروتين دُهني قليل الكثافة
cis-acting protein	بروتين ذو نَشاط تَجاذُبيّ
trans-acting protein	بروتين ذو نَشاط ناقِل
odorant binding protein	بروتين رابط ذو رائِحَة
ras protein	بروتين راس (ناتِج مُوَرِّثة راس له علاقة في تَضاعُف الخلية والموْت الخلويّ المُبَرْمَج)
syk protein	بروتين سايك
variable surface glycoprotein	بروتين سُكَّريّ مُتَغَيِّر السَّطح
amyloid plaque	بروتين شِبْه نَشَويّ مُتَجَمِّع في الخلايا العَصَبيَّة (مِن أعراض مرض الزهايمر)
high-density lipoprotein	بروتين شَحْمي عالي الكثافة
cold-shock protein	بروتين صَدْمَة البَرْد
miniprotein	بروتين صَغِيْر
membrane transporter protein	بروتين غِشائيّ ناقِل
coat protein	بروتين غِلافِيّ
unwinding protein	بروتين غيْر مُلْتَو
metalloprotein	بروتين فِلِزيّ
histone	بروتين قاعدي
desert Hedgehog Protein	بروتين قُنْفذِيّ صَحْراويّ
sonic hedgehog protein	بروتين قُنْفذِيّ صَوْتِيّ (سونيك هيدجهوك)
chimeric protein	بروتين كايميريّ
mitogen-activated protein kinases	بروتين كاينيز مُحَفِّز لِلانقِسام الفَتيْليّ
globular protein	بروتين كُرَويّ
nonheme-iron protein	بروتين لا يَرْتَبِط مَع الدَّم
finger protein	بروتين مُؤَشِّر
signaling protein	بروتين مُؤَشِّر
tumor-suppressor protein	بروتين مانِع الوَرَم
switch protein	بروتين مُبَدِّل
early protein	بروتين مُبَكِّر
late protein	بروتين مُتَأخِّر
green fluorescent protein	بروتين مُتَألِّق باللون الأخْضَر
visible fluorescent protein	بروتين مُتَألِّق مَرْئيّ
motor protein	بروتين مُحَرِّك (حَرَكِيّ)
viral transactivating protein	بروتين مُحَفِّز تَضاعُف الفيرُوسات
switch protein	بروتين مُحَوِّل
switch protein	بروتين مُحَوِّل
minimized protein	بروتين مُخَفَّض
chaperone protein	بروتين مُرافِق
conjugated protein	بروتين مُرافِق
antifreeze protein	بروتين مُقاوِم لِلتَّجَمُّد
catabolit gene activator protein (CGAP)	بروتين مُنَشِّط المُقَيِّضَة
transmembrane regulator protein	بروتين مُنَظِّم للنَقْل بين الأغشيَة
transport protein	بروتين ناقِل
acyl carrier protein	بروتين ناقِل الأسيل
transmembrane protein	بروتين ناقِل بين الأغشيَة
nucleoprotein	بروتين نَوَويّ
transactivating protein	بروتين يُفَعِّل النَّقل

Arabic	English
بروتينات الفلافين	flavoprotein
بروتينات بسيطة	histones
بروتينات سُكَّرِيَّة	glycoprotein
بروتينات مُتماثِلة	homologous protein
بروتيوسوم (مُركّبات بروتينيَّة خَلويَّة تُحطِّم بروتينات الخَليَّة)	proteasome
بروجستيرون (هرمون)	progesterone
بُروزات طِلائيَّة	epithelial projection
بروستاتة (غُدَّة)	prostate
بروستاغلاندين (أحماض دُهنِيَّة سُداسِيَّة)	prostaglandin
برولين	proline
بروميد الإثيديوم (مُركّب يستخدم لفصل جزيئات الدنا الضعفانية الطولية عن الدائرية)	ethidium bromide
بريون (جزيئات بروتينية تسبب العَدْوَى)	prion
بساي (وِحْدَة قِياس ضَغط: باوند لكل إنش مُربَّع)	psi
بَصْم دنا	DNA fingerprinting
بَصْمَة جُزَيئيَّة	molecular fingerprinting
بَصْمَة دنا	DNA fingerprint
بَصْمَة وراثِيَّة	fingerprinting
بَصْمَة وراثِيَّة	genetic fingerprinting
بضاعَة غيْر استِثنائيَّة	non-exclusive goods
بطانَة الأوعِيَة الدَّمَويَّة الوعائِيّ	vascular endothelium
بطانَة الرَّحِمْ	endometrium
بطانَة القلب اللِّمفاويَّة	lymphatic endothelium
بَعثَرَة	dispersion
بَعوض	mosquito
بَعِيْد	distal
بُقعَة	macule
بُقعَة ساخِنَة	hot spot
بُقعِيّ حَطاطِيّ	maculopapular
بُقوليّات (بَقل)	legume
بكتريوسين (مُضادّ بكتيريا)	bacteriocin
بكتيريا (قِسْم من الكائنات الحيَّة الدَّقيقة وحيدة الخلية)	bacteria
بكتيريا التَّأزُّت	nitrate bacteria
بكتيريا الحَدِيْد	iron bacteria
بكتيريا النَّترَتَة	nitrifying bacteria
بكتيريا أليفة الحَرارَة	thermophilic bacteria
بكتيريا تولاريميَّة	bacterium tularense
بكتيريا عَصَويَّة	e. coli
بكتيريا قولونِيَّة	coliform organism
بكتيريا لاهَوائيَّة	anaerobic bacteria
بكتيريا مُثَبِّتَة النيتروجين	rhizobium
بكتيريا مُثَبِّتَة النيتروجين في التُربة	rhizobia
بكتيريا مُحبَّة للتَّطرّف	extremophilic bacteria
بكتيريا مُحِبَّة للحديد	ferrobacteria
بكتيريا مُختَزِلة الكبريتات	sulfate reducing bacterium
بكتيريا مُزِيْلَة لِلنيتروجين	denitrifying bacteria
بكتيريا هَوائيَّة	aerobic bacteria
بلاديوم (عُنصُر فِلزي من المجموعة اللاتينية)	palladium
بلازما	plasma
بلازما الدَّم	blood plasma
بلازماوية (خَلِيَّة بلازمية)	plasmocyte
بلازمون سَطْحِيّ (المادَّة الجنينية خارج النواة)	surface plasmon
بلازميد تقليل الإستجابة للكالسيوم	low calcium response plasmid
بلازميد حاثّ الوَرَم	tumor-inducing plasmid
بلازميد حَلَقي مُستَرْخِي	relaxed circle plasmid
بلازميد خَمِيْرَة إيبوسومي	yeast episomal plasmid
بلازميد صارم (شَدِيْد)	stringent plasmid
بلازميد كَثِيْر الإلتِفاف	supercoiled plasmid
بلازميد مُتَعَدِّد النُسَخ	multi-copy plasmid
بلازميد مُستَرْخِي	relaxed plasmid
بلازميد ناقِل مَكُّوكِيّ	shuttle vector
بلازميدة (بُنْيَة جينية التركيب خارج الصِبْغِيَّات)	plasmid
بلاستيدات خَضْراء	chloroplast
بَلَد تَزْوِيْد الأصْل الوراثِيّ	country providing genetic resource
بَلَد مَنْشأ الأصْل الوراثِيّ	country of origin of genetic resource
بَلْعَم	macrophage
بَلْعَم سِنْخِيّ	alveolar macrophage
بَلْعَمَة	phagocytosis

Arabic	English
بُلعوم أنْفِيّ (الجُزْء الأنْفيّ للبُلعُوْم)	nasopharynx
بَلمَر	polymer
بلَوْرانيّ	crystalloid
بلَوْرانيَّات (أجسام بلوريَّة)	crystalloid
بلَوْرَة نانَويَّة	nanocrystal
بُلَيْعِم	microphage
بناء الطَوْر الصُلْب	solid-phase synthesis
بناء القُدْرات	capacity building
بناء ضَوئِيّ	photosynthesis
بِنْت	daughter
بنتوز (سُكّر خُماسِيّ)	pentose
بُنْدُقيَّة الجُسَيْم	particle gun
بنسلين مُمْتَدّ الطَّيْف	extended spectrum penicillin
بَنْك البُذور	seed bank
بنك المُوَرِّثات	gene-bank
بَنْك المُوَرِّثات في نَفْس المَكان	in-situ gene bank
بنك مَعلومات مَصادِر ورَاثيَّة حَيَوانيَّة	animal genetic resources databank
بنك مُوَرِّثات حَيَوانيَّة	animal genome (gene) bank
بَنَى	construct
بُنْيَة	structure
بُنْيَة البروتين	protein structure
بُنْيَة أوَّليَّة	primary structure
بُنْيَة رُباعيَّة	quaternary structure
بَوَّابَة القناة الأيونيَّة المُعْتَمِدَة على فرْق الجُهْد الكَهْربائيّ	voltage-gated ion channel
بَوْبَاء (الجزء من سطح البدن الذي تُوَجَّه إليه الأشعة)	port
بُوتاسيوم (عُنْصُر فِلزيّ لَيِّن)	potassium
بُور	fallow
بورفيرين	porphyrins
بورين (بروتين غشائي ناقل)	porin
بَوْغ	spore
بُوْغ داخِلِيّ	endospore
بوغيَّات (نَوْع من الطُّفَيْليَّات)	toxoplasma
بُوق (آلة موسيقية)	trombone
بوليماريز مُتَعَدِّد A (انزيم)	poly(A) polymerase
بُوليميراز (انزيم)	polymerase
بُوليميراز الرَّنا (انزيم)	RNA polymerase
بيئَة حَيَويَّة	biological environment
بيْئَة دَقيقَة	microenvironment
بيْئَة مَفتوحَة	open environment
بيْئَة مُنْتِجَة	production environment
بيْئَة مَيْكروبية	microenvironment
بَيانات	data
بيبَشَرِيّ	intradermal
بيتا- جلوكورونايديز	β -glucuronidase
بيتا-د جلوكورونايديز (انزيم مُحَفِّز تحليل جلوكورونايد شكل بيتا)	β -d-glucuronidase
بيتا سيكريتيز (انزيم)	β -secretase
بيتا لاكتيميز (انزيم بكتيريّ يجعلها مُقاومَة للمُضادَّات الحيويَّة البنسيلينيَّة)	β -lactamase
بَيرانُوز (سُكّر سُداسِيّ)	pyranose
بيرفورين (بروتين)	perforin
بيروكسيداز (انزيم)	peroxidase
بيروليزدين قلوي (مادَّة سَامَّة شِبْه قلويَّة تُفرزها بعض النباتات)	pyrrolizidine alkaloid
بيريميدين	pyrimidine
بيكو غرام (10^{-12} غرام)	picogram
بيكورنا (أشباه فيروسات)	picorna
بيلَة قيحيَّة	pyuria
بيليروبين (خِضاب الصَّفراء)	bilirubin
بيوتين (فيتامين ذوَّاب في الماء ينتمي الى مركب فيتاميناتB)	biotin
بيورين	purine
بيولوجيا تَوْليفيَّة	combinatorial biology
بَيولوجيا جُزَيئيَّة	molecular biology
بيولوجيا حِسابيَّة	computational biology
بيولوجيا خارجيَّة	exobiology
بيولوجيا عِرْقيَّة	ethnobiology
بيونيكا (تطبيق الصِّفات الحَيَويَّة على التِقنيَّات الحديثة)	bionics

ت

Arabic	English
تابون (غاز عصبي سامّ)	tabun
تاتا المُتجانِس (تَسَلْسُل من القواعد على الحِمض النووي على بداية	tata homology

Arabic	English
المُورِّث)	
تَاج	corona
تاك بوليماريز (انزيم)	taq polymerase
تاك دنا بوليماريز (انزيم)	taq DNA polymerase
تاكسُول (علامَة تجارية للأدوية المُضادَّة لمَرَض السَّرطان)	taxol
تالٍ للتَّعرُّض	postexposure
تانين إيلاجيك (من حِمض التَّانِّيك)	ellagic tannin
تآثُر الأدْوِيَة	drug interaction
تَآكُل وِراثيّ	genetic erosion
تَأبِير خَلطِيّ	cross-pollination
تَأتُّبِيّ (مُفْرِط حَساسيَّة)	atopic
تَأثير إنْتِقائي للإستروجين	selective estrogen effect
تَأثير جانِبِيّ	side effect
تَأثِيْر حَتْمِيّ	deterministic effect
تَأثِيْر حَيَوِيّ	biological effect
تَأثير خَفِيْف	mild effect
تأثير مُؤازِر	synergistic effect
تَأثير مُتَأخِّر	late effect
تَأثير مُزْمِن	chronic effect
تأثير مُصاحِب	synergistic effect
تَأثِيْر مُضاف	additive effect
تأثير مُنْشِئ	founder effect
تَأثير وِراثيّ	genetic effect
تَأشُّب مُتماثِل	homologous recombination
تَأشِيْر البروتين	protein signaling
تَأقلُم بالبُرودَة	cold acclimation
تَأكسُد بيتا	β oxidation
تَأكسُد حَلقِيّ	cyclooxygenase
تَألُق	luminescence
تَألُق	fluorescence
تَألُق أخْضَر مُصفَرّ	bright greenish-yellow fluorescence
تَألُق حَيَوِيّ	bioluminescence
تَألُق مَنَاعِي	immunofluorescence
تَأهِيْل النِّظام البِيْئِيّ	ecosystem rehabilitation
تَأيُّن	ionization
تَبادُل الغازات	gas exchange
تَبادُل المَعْلُومَات	information exchange
تَبْدال (تبادُل بين البورين والبريميدين في الدَّنا)	transversion
تَبْديل	mutagenesis
تَبْرِيد مُفاجِئ	chill
تَبَعْثُر	dispersal
تَبَلوُر	crystallization
تَبْلِيغ	notification
تَبَوُّغ	sporulation
تَتابُع ضابِط (مُقيِّد)	control sequence
تَتالٍ بِيئِيّ (تَتالي)	ecological succession
تَتالي	sequencing
تَثْبِيت النتروجين	nitrogen fixation
تَثْبِيْط	inhibition
تَثْبيط التَّغذيَة الراجِعَة	feedback inhibition
تَثْبيط نباتيّ الأصل	allelopathy
تِجارَة غير قانونية	illegal traffic
تَجَدُّد الأنْسِجَة	regeneration
تَجرُبَة حَقليَّة	field trial
تَجْرُبَة سَرِيْرِيَّة	clinical trial
تَجْرُبَة وَصفِيَّة	characterization assay
تَجَرْثُم الدَّم	bacteremia
تَجْرِيبِيّ	empirical
تَجَزُّء	fragmentation
تَجْفيد (تجفيف بالتَّجْميد)	lyophilization
تَجَلُّط	agglutination
تَجَلُّط	coagulation
تَجَلُّط الدَّم	blood clotting
تَجَلُّط تاجي	cornary thrombosis
تَجَمُّع تِلْقائِيّ	spontaneous assembly
تَجَمُّع دُهنِيّ	lipid raft
تَجَمُّع فوق جُزَيْئِيّ (مُؤَلَّف من عِدَّة جُزيئات)	supramolecular assembly
تَجْمِيْع	bulking
تَجْمِيع ذاتِيّ مُوَجَّه	directed self-assembly
تَجمِيْعَة المُورِّثات	gene pool
تَجْمِيْعِي	bulk
تَجويف	vacuole
تَجْوِيف حُوَيْصِلِيّ	vesicule
تَجويف دُهنِيّ	lipid vesicle
تَجْوِيف سايتوبلازمي	cytoplasmic vesicle
تحاسّ	transduction

Arabic	English
تَحت المِهَاد البَصَري (في الدِّماغ)	hypothalamus
تَحديد المَسَافة الوراثيَّة	genetic distancing
تَحْديد صِياغَة الصِّبْغين	chromatin remodeling
تَحْديد نَمَط دنا	DNA typing
تحرٍّ ذو إنتاجيَّة عاليَة أو ذو كفاءَة عاليَة	high-throughput screening
تَحَرٍّ للمُحتوى العالي	high-content screening
تَحَرُّك	locomotion
تَحَرِّي الحالات	case-finding
تَحْرِيض	induction
تَحَسُّس	Sensitivity
تَحَسُّن الجِنْس البَشَريّ وراثيًّا	eugenics
تَحَسُّن مُتَقارب	convergent improvement
تَحْسين	enhancement
تَحْسِيْن السُّلالة بخُطورَة	breed at risk
تَحْسِيْن السُّلالة بدون خُطورَة	breed not at risk
تَحْسين مُقيَّد	captive breeding
تَحقُّق من تَوثيق المِصداقيَّة	process validation
تَحقُّق من تَوْثيق المِصْداقيَّة	validation
تَحكُّم المُتقبِّل	acceptor control
تَحكُّم إيجابيّ	positive control
تَحكُّم حَيَويّ	biological control
تَحكُّم طِبِّي	medical control
تَحلُّل حَيَويّ	biodegradation
تَحْليل التَّبايُن	analysis of variance
تَحْليل تَدَفُّق الأيْض	metabolic flux analysis
تَحْليل تَعْبير المُوَرِّثة	gene expression analysis
تَحْليل تَعْبيْريّ	expression analysis
تَحْليل تَفَاعُل البروتين	protein interaction analysis
تَحْليل حَتْمِيّ	deterministic analysis
تَحْليل حَيَويَّة السُّكَّان	population viability analysis
تَحْليل خَطَر الآفات (الهَوامّ)	pest risk analysis
تَحْليل دنا	DNA analysis
تَحْليل لطَخَة سذرن (تحليل يُستخدم لتحديد نمط مُعين من الدنا في الخلية)	southern blot analysis
تَحْليل مائِيّ قلويّ	alkaline hydrolysis
تَحْليل مُتَسَلسِل لِلتَّعْبير الوراثيّ	serial analysis of gene expression
تَحْليل مُقارَن	comparative analysis
تَحْليل وَظيفة المُوَرِّثة	gene function analysis
تَحَمُّل	tolerance
تَحَمُّل البُرودَة	cold tolerance
تَحَمُّل الدَّواء	drug tolerance
تَحَمُّل المِلْح	salt tolerance
تَحَمُّل المُلوحَة	salinity tolerance
تَحَمُّل خَلطيّ	cross tolerance
تَحَوُّل	mutagenicity
تَحَوُّل	transformation
تَحَوُّل الخَليَّة	cell turnover
تَحويل	transformation
تَحويل الطاقة خَطيّ	linear energy transfer
تَحويل أرومِيّ	blast transformation
تَحويل حَيَويّ	biotransformation
تَحويل نَوَويّ	nuclear transfer
تَخَثُّر	coagulation
تَخَثُّر الدَّم	blood clotting
تَخَثُّر مُرتبط بالبروتينات الدُّهنيَّة	lipoprotein-associated coagulation
تَخَثُّر وعائِيّ مُنْتَشِر	disseminated intravascular coagulation
تَخَدُّر	narcosis
تَخْدير (تَبْنيج)	anesthesia
تَخْزين على دَرَجات حَرارة مُنْخَفِضة	cryogenic storage
تَخْطيط البِبْتيد	peptide mapping
تَخْطيط المَسار الخَلَويّ	cellular pathway mapping
تَخْطيط المُسْتَقْبِل	receptor mapping
تَخْطيط المُوَرِّثات	gene mapping
تَخْطيط تألُّقيّ	fluorescence mapping
تَخْطيط هَدَّام	disaster planning
تَخْفيف	dilution
تَخَلُّص	disposal
تَخَلُّق الأعْضاء	organogenesis
تَخَلُّق مُتَوالِي لِلسَّرَطان	cancer epigenetics
تَخْليق	synthesizing
تَخْليق جُزْئِيّ للأجسام المُضادَّة التَّحفيزيَّة	semisynthetic catalytic antibody
تَخْليق حَيَويّ	biosynthesis

English	Arabic
photosynthesis	تَخْليق ضَوئيّ
de novo synthesis	تَخليق مِن جَديد
fermentation	تَخَمُّر
RNA interference	تَداخُل الرَّنا
genetic manipulation	تَداوُل وِراثيّ
tuberculosis	تَدَرُّن
crown gall	تَدَرُّن تاجيّ
retrograde	تَدْريج تَراجُعِيّ (عَكسِيّ)
mesoscale	تَدْريج وَسَطِيّ
flow	تَدَفُّق
flux	تَدَفُّق
annotation	تَذْييل
polyadenylation	تَذْييل بعَديد الأدينيلات
agglutination	تَراصّ
hemagglutinin	تراصّ كُرَيّات الدَّم الحَمْراء
accumulation	تَراكُم
gene stacking	تَراكُم المُوَرِّثات
bioaccumulation	تَراكُم حَيَوِيّ
transferrin	ترانسفيرين (بيتاغلوبولين يَنقُل الحديد في بلازما الدَّم)
trichothecene mycotoxin	ترايكوثسين (ذيفان فِطْريّ تُنْتِجه فصائل فِطْر فيوزاريوم)
tricothecene	ترايكوثسين (ذيفان فِطْرِيّ)
breeding	تَرْبِيَة
mutation breeding	تَربِيَة الطَّفْرات
marker-assisted breeding	تربية بِمُساعدة الواسِمات الوراثية
molecular breedingtm	تَرْبِيَة جُزَيئِيَّة عَلامَة مُسَجَّلة
sequencing	تَرتيب
amino acid sequence	تَرْتيب حِمض أمينيّ
cDNA array	تَرْتيب مُتَمِّم دنا
translation	تَرْجَمَة
nick translation	تَرْجَمَة الصَدْعَة
recombination frequency	تَرَدُّد التَأشُّب (عَدَد المَأشوبات مقسوماً على العدد الكُلّي للنَسل)
settling	تَرْسيب
salting out	تَرْسيب بالمِلح
molecular profiling	تَرْسيم جُزَيئي
filtration	تَرْشيح
infiltration	تَرْشيح
bioleaching	تَرْشيح حَيَوِيّ
membrane filtration	تَرْشيح غِشائيّ

English	Arabic
ultrafiltration	تَرْشيح فائِق
gel filtration	تَرْشيح هُلاميّ
sentinel surveillance	تَرَصُّد مَخْفَرِيّ
configuration	تَرْكيب
structure	تَرْكيب
cell membrane structure	تَرْكيب الغِشاء الخَلَويّ
structural proteomics	تَرْكيب بروتينيّ
tertiary structure	تَرْكيب ثُلاثِيّ الأبعاد
structural genomics	تَرْكيب مجينيّ
nanocomposite	تَرْكيْب نانَويّ
concentration	تَرْكيز
critical micelle concentration	تَرْكيز الجُسَيمات شِبْه الغَرَوِيَّة الحَرِج
threshold concentration	تَرْكيز العَتَبَة
benchmark concentration	تَرْكيز العَلامَة المَوضِعِيَّة
reference concentration	تَرْكيز مَرْجِعِيّ
human equivalent concentration	تَركيز مُكافِئ للإنسان
lethal concentration	تَرْكيز مُميْت
gene repair	تَرْميم المُوَرِّثة
habitat restoration	ترميم المَوطن
ecosystem restoration	تَرْميم النِّظام البِيئيّ
domestication	تَرْويض
antidote	تِرْياق (مُضادّ ذيفان)
diphtheria antitoxin	تِرياق الخُناق
tryptophan	تريبتوفان (حِمض أميني)
Trypsin	تريبسين (انزيم تَحَلُّل البروتين)
inbreeding	تَزاوُج داخِلِي
testosterone	تستوستيرون (هرمون)
tachypnea	تَسَرُّع النَّفَس
sequencing	تَسَلْسُل
leader sequence	تَسَلسُل القائِد
whole-genome shotgun sequencing	تَسَلسُل المَجين البُنْدُقيّ
massively parallel signature sequencing	تَسَلسُل إشارَة مُتوازي ضخم
shotgun sequencing	تَسَلسُل بُنْدُقيّ
flanking sequence	تَسَلسُل جانبيّ
DNA sequencing	تَسَلسُل دنا
stochastic	تَسَلسُل عَشْوائِيّ (لِلمُتغيرات العشوائية)

English	Arabic
base sequence	تَسَلْسُل قواعِد
de novo sequencing	تَسَلْسُل مِن جَدِيْد
weaponization	تَسْلِيح
submunition	تَسْلِيح جُزئِيّ
delivery	تَسْلِيم
gene delivery	تَسْلِيم المُوَرِّثَة
intoxication	تَسَمُّم
poisoning	تَسَمُّم
toxemia	تَسَمُّم الدَّم
lathyrism	تَسَمُّمُ بالجُلُبَّان
marine toxin	تَسمُّم بَحري
botulism	تَسَمُّم سُجُقِيّ (ذيفان تُفرزه الوشيقيَّة توجد في بعض الأطعمة المُتفسخة)
synapsis	تَشابُك
homology modeling	تَشابُه النَّسَق
chaperonin	تشابيرونين (تَشَكُّل البروتينات المُرافِقة)
α -chaconine	تشاكونايِن ألفا
dispersion	تَشْتِيت
DNA diagnosis	تَشْخِيص دنا
retrospective diagnosis	تَشْخِيص سابِق
prenatal diagnosis	تَشْخِيص ما قبْل الوِلادَة (سابِق لِلوِلادَة)
DNA fragmentation	تَشْدِيف دنا
irradiation	تَشْعِيع
computer-assisted drug design	تَشْكِيل الأدْوِيَة بِواسِطَة الحاسُوب
malformation	تَشَوُّه
teratogenesis	تَشَوُّهات خَلقِيَّة
swingfog	تَشْوِيش مُتَأرْجِح (دلالة على عدم الاستقرار)
aging	تَشَيُّخ (كِبَر السِّنّ)
cis/trans isomerism	تَصاوُغ التَّقابُل
saponification	تَصَبُّن
induration	تَصَلُّب
arteriosclerosis	تَصَلُّب شِرْيانِيّ
atherosclerosis	تَصَلُّب عَصِيْدِيّ
multiple sclerosis	تَصَلُّب مُتَعَدِّد
drug design	تَصْمِيْم دَواء
rational drug design	تَصْمِيْم عَقار مَنْطِقِيّ
RNA processing	تَصْنِيع الرَّنا
DNA synthesis	تَصْنِيع دنا
cladistics	تَصْنِيف تَطوُّر السُّلالات
magnetic cell sorting	تَصْنِيف خلايا مِغناطيسِيًّا
biological warfare agent classification	تَصْنِيف عَمِيْل الحَرْب الحَيَوِيَّة (البيولوجيَّة)
autoradiography	تَصْوِير إشعاعِيّ ذاتِيّ
antibiosis	تَضادّ حَيَوِيّ
fluorescence multiplexing	تَضاعُف تألُّقِيّ
virus replication	تَضاعُف فيرُوسي
semiconservative replication	تَضاعُف مُحافِظ جُزْئِيًّا
aerosolize(d)	تَضْبِيب
aerosolizing	تَضْبِيب
axillary lymphadenopathy	تَضَخُّم العُقَد اللِّمفِيَّة الإبْطِيَّة
amplification	تَضْخِيم
gene amplification	تَضخِيم المُوَرِّثَة
splicing	تَضْفِير
protein splicing	تَضْفِير البروتين
gene splicing	تَضْفِير المُوَرِّثات
alternative splicing	تَضْفِير بَدِيْل
sequence homology	تَطابُق مُتوالي
application	تَطْبِيق
parasitism	تَطَفُّل
mutagenesis	تَطْفِيْر
directed mutagenesis	تَطْفِيْر مُوَجَّه
mutagenicity	تَطْفِيْرِيَّة
disinfection	تَطْهِير
evolution	تَطوّر
phylogenetic	تَطوُّر السُّلالات
molecular chaperone	تَطوُّر جُزَيئي
molecular evolution	تَطوُّر جُزَيئي
in-vitro evolution	تَطوُّر داخِل أنابيب زُجَاج
phyletic evolution	تَطوُّر شُعْبَوِيّ (مُتَعلِّق بالشُّعبَة النباتيَّة أو الحَيَوانيَّة)
early development	تَطوُّر مُبَكِّر
co-evolution	تَطوُّر مُشْتَرَك
directed evolution	تَطوُّر مُوَجَّه
sustainable development	تَطْوِير مُسْتَدام
symbiosis	تَعايُش

Arabic	English
تَعْبير	expression
تَعبير	expressivity
تَعْبير البروتين	protein expression
تَعْبير المُورِّثة	gene expression
تَعَجُّز	clubbing
تَعْداء (عدوى خليَّة بالحِمض النوويّ لفيرُوس ما، ثمّ تضاعُفه في تلك الخلية)	transfection
تَعْداء حادّ	acute transfection
تَعَدُّد الأشكال	polymorphism
تَعَدُّد الأنواع	species diversity
تَعَدُّد النَّمَط الظَّاهِريّ	pleiotrophy
تَعَدُّد أشكال أحادي النُّوكْليوتيد	single-nucleotide polymorphism
تَعَدُّد أشكال دنا	DNA polymorphism
تَعَدُّد أشكال شُدْفات الدنا	restriction fragment length polymorphism
تَعْديل	conformation
تعديل البروتين بعد التَّرجَمَة	post-translational modification of protein
تَعْديل الصِّبْغِيْن	chromatin modification
تَعْديل المُورِّثات	gene modification
تَعْديل دَقيق	micromodification
تَعْديل دنا	DNA shuffling
تَعديل ورَاثيّ	genetic modification
تَعديل وراثيّ	transgenesis
تَعَرُّض	exposure
تَعَرُّض حادّ	acute exposure
تَعَرُّض للاِسْتِنْشاق	inhalation exposure
تَعْريف خَلَويّ	cell recognition
تَعزيز مَنَاعي	immuno-enhancing
تَعطيل الفَعّالية بالليزر	laser inactivation
تَعَفُّن أسْمَر (مرض فِطْريّ يُصيب النباتات بالإسمرار وموت الأنسجة)	brown stem rot
تَعَقُّب الإتِّصال	contact tracing
تَعَقُّب مَصْدَر المَيكروبات	microbial source tracking
تَعَقُّد (وُجود العُقَد)	nodulation
تَعْقيم	disinfection
تَعْقيم	sterilization
تَعْقيم بالموصَدَة (جهاز تَعْقيم بالبُخار المَضغوط)	auto-claving
تَعَلُّم بالطَّبْع	imprinting
تَعَنْقُد	clustering
تَعْوِيْض (مُعاوَضَة)	compensation
تَعْويض السَّوائِل (إمْهَاء)	rehydration
تَغايُر الزَيْجُوت (اللاقِحَة)	heterozygosity
تَغايُرِيَّة	heterogeneity
تغايُرِيَّة	heterology
تَغْطِيَة مُسْتَمِرَّة	continuous perfusion
تَغَلُّف	encapsidation
تَغْليف	encapsulated
تَغْليف الحِمض النَّوَويّ لفيرُوس ما بغِطاء بروتيني	transcapsidation
تَغَوُّط مُدْمِي	hematochezia
تَغْيير الوَضْع (مُناقلة)	transposition
تَغيير للأفضل (إزْدِياد الخُصوبَة بعد التَّهْجين)	heterosis
تَغيير مَناخِيّ	climate change
تَغْيير مَوقِع المُورِّثة	gene translocation
تفارُغ (تَغَيُّر فعالية انزيم ما بارتباطه بمادَّة أخرى غير ركيزته)	allosterism (allosteric)
تَفارُق	dissociation
تَفاعُل النِيْنهيدْرين (لِكَشْف البروتينات)	ninhydrin reaction
تَفاعُل أخْتِزال وأكْسَدَة	oxidation-reduction reaction
تَفاعُل إضافة مَجْموعَة الميثْل لِلدَّنا	DNA methylation
تَفاعُل إضافة مجموعة الهيدروكسيل	hydroxylation reaction
تَفاعُل بروتين مع بروتين آخَر	protein-protein interaction
تَفاعُل بُوليميراز سِلْسِلِيّ	polymerase chain reaction
تَفاعُل خَلطيّ	cross reaction
تفاعُل ضارّ	adverse reaction
تَفاعُل ضَعيف	weak interaction
تَفاعُل ماصّ لِلطاقة	endergonic reaction
تَفاعُل مُطلق للطاقة	exergonic reaction
تَفاعُل ميلارد	maillard reaction
تَفاعُلِيَّة خَلطيَّة	cross reactivity

English	Arabic
variance	تَفاوُت
mitosis	تَفَتُّل
evacuation	تَفْرِيغ
differentiation	تَفريق
outbreak	تَفَش (مَرَض ما)
disease outbreak	تَفَشِّي المَرَض
transactivation	تَفعيل النَقل
phocomelia	تَفقُّم الأطْراف
dissimilation	تَفَكُّك مُطْلَق لِلطاقة
epistasis	تَفَوُّق مورفي
aging	تَقادُم(تأثر بمرور الزمن)
polarity	تَقاطُب
assessment	تَقدير
diversity estimation	تَقدِير التَنَوُّع
bioassay	تَقدير كَمْيّ حَيَوِيّ
ulceration	تَقَرُّح
hardening	تَقسيَة
induration	تَقسيَة
eschar	تَقَشُّر الجِلْد
risk reduction	تقليل المُخاطَرَة
biosensor technology	تِقنيَّات المِجَسّ الحَيَوِيّ
greenleaf technologies	تقنيات الورق الأخضر
biotechnology	تِقنيَّات حَيَوِيَّة
agrobiotechnology	تِقنيَّات حَيَوِيَّة زراعيَّة
anti-sense technology	تِقنيَّات مانِع الإحْساس
systeomics	تِقنيَّات نظمية (دمج البروتيومكس، الجينومكس والميتابونكس)
microsystems technology	تِقْنِيَّة الأنظِمَة المِجْهَرِيَّة
radioimmunotechnique	تِقنِيَّة المَناعيَّة الشُّعاعيَّة
traditional breeding technique	تِقنِيَّة تربيَة تَقليديَّة
suppuration	تَقَيُّح
phylogenetic constraint	تَقييد تَطوُّر السُّلالات
valuation	تَقيِيم
assessment	تَقيِيم
evaluation	تَقيِيم
needs assessment	تَقيِيْم احتِياجَات
risk assessment	تَقييم المُخاطَرَة
sexual reproduction	تَكاثُر جِنْسِيّ
apomixis	تَكَاثُر لا تَعَرُّسِيّ
apomixis	تَكاثُر لا جِنْسِيّ
asexual reproduction	تَكاثُر لاجِنْسِيّ
substantial equivalence	تَكافُؤ ماديّ
biomagnification	تَكْبِير حَيَوِيّ
sustainable intensification of animal production systems	تَكثيف مُستَدام لأنظِمَة الإنتاج الحيَوانيّ
platelet aggregation	تَكَدُّس الصُّفَيحات
accumulation	تكديس
accumulation	تَكْديس
gene frequency	تِكْرار المُورِّثات
simple sequence repeat	تِكْرار بَسِيْط مُتَعاقِب
replication	تَكَرُّر
hydrazinolysis	تكسير روابط الأميد باستخدام هايدرازين
opportunity cost	تَكْلفة الفُرْصَة البَديْلة (الضائعة)
private opportunity cost	تَكْلُفَة الفُرْصَة الشَّخْصيَة
external cost	تَكْلفة خارجيَّة
technology	تكنولوجيا
nanotechnology	تِكنولوجيا الجُزَيْئات النانَويَّة
agglomeration	تَكَوُّم
ulceration	تَكَوُّن القَرْحَة
erythropoiesis	تَكَوُّن الكُرَيَّات الحَمْراء
neoplasia	تَكَوُّن الوَرَم
oncogenesis	تَكَوُّن الوَرَم
formulation	تَكْوِيْن
protein conformation	تَكوين البروتين
β conformation	تَكْوين بيتا
native conformation	تَكْوِيْن مَحَلّيّ
adaptation	تَكَيُّف
fitness	تَكَيُّف
induced fit	تَلاؤُم مُحَرَّض
induced fit	تَلاؤُم مُسْتَحْدَث
thermal hysteresis protein	تَلاكُؤ البروتين الحَراريّ
annealing	تلْدِين (بالحرارة)
southern blotting	تَلْطيخ سذرن (تحليل اختباري لفحص التماثل والتطابق بين جزيئات الدنا)
northern blotting	تَلْطيخ نورثرن
decay	تَلَف
cross-pollination	تَلْقِيح خَلطِيّ

Arabic	English
تلقيح مفتوح	open pollination
تلوُّث	contamination
تلوّث الغذاء	food contamination
تلوُّث حيَويّ	biological contamination
تليُّف المثانَة	cystic fibrosis
تليُّف كِيْسِيّ	cystic fibrosis
تماثل	homology
تمارُض	simulation
تماصّ (قُدْرَة على الإمْتِصاص)	absorbance
تمايُز	differentiation
تمايُز الخَلِيَّة	cell differentiation
تمثّل	uptake
تمثّل حيَويّ	biologic uptake
تمثّل حيَويّ	biological uptake
تمثيل غِذائِيّ	assimilation
تمثيل ورَاثيّ	genetic assimilation
تمَخْلُب (إتِّصال شارِدَة معدنية بجُزَيء عُضويّ يُمْكِنها الإنفصال عنه فيما بعد)	chelation
تمْديد	extension
تمَسُّخ	denaturation
تمْسيخ	denaturation
تمْسيخ أنزيميّ	enzyme denaturation
تمْنِيَة إصْطِناعيَّة	artificial insemination
تمَيُّؤ	hydration
تميم الانزيم	holoenzyme
تمَيُّه	hydration
تناضُح	osmosis
تناضُح عكْسِيّ	reverse osmosis
تنافس	competition
تنافُع	mutualism
تنَبُّؤ بتَرْكيب مُورِّث من البدايَة	ab initio gene prediction
تنْبيذ	centrifugation
تنْبيذ مَدرَوج الكثافة	density gradient centrifugation
تنْبيغ (من طرُق تَبادُل المادَّة الوراثيَّة في الجراثيم)	transduction
تنَسُّخ	replication
تنَشُّؤ	neoplasm
تنْشيط البَلاعِم	macrophage activiation
تنْشيط فعّال	superactivated
تنْشيط مُقاوَمَة جهازِيّ	systematic activated resistance
تنْظِيْر الطَّيْف بَصَرِيًّا بِتِقْنِيَّة رامان	raman optical activity spectroscopy
تنْظير طَيْفِيّ بالأشِعَّة تَحْتَ الحَمْرَاء	near-infrared spectroscopy
تنْظيم سُفْلِيّ	down regulating
تنَفُّس	respiration
تنَفُّس خَلَوِيّ	cell respiration
تنْقِيب عن مَعْلومات	data mining
تنَوُّع	diversity
تنَوُّع الحَيَوانات الأليفَة	domestic animal diversity
تنَوُّع تَعْويْضِيّ	compensating variation
تنَوُّع جُزَيْئي	molecular diversity
تنَوُّع حَيَوِيّ	biodiversity
تنَوُّع حَيَوِيّ	biological diversity
تنَوُّع حَيَوِيّ أليف	domestic biodiversity
تنَوُّع حَيَوِيّ زراعِيّ	agricultural biodiversity
تنَوُّع حَيَوِيّ زراعِيّ	agricultural biological diversity
تنَوُّع حَيَوِيّ زراعِيّ	agrobiodiversity
تنَوُّع زراعيّ	cultural diversity
تنَوُّع نَتيجَة إخْتِلاف التَّوطين	allopatric speciation
تنَوّع وراثيّ	genetic diversity
تَهايُؤ مُطْلَق	absolute configuration
تَهْجين	hybridization
تَهْجين الحِمض النَوَوِيّ	nucleic acid hybridization
تَهْجين تألّقِيّ في الدّاخِل	fluorescence in situ hybridization
تَهْجين خَلطِيّ	cross-hybridization
تَهْجين خَلطِيّ	outcrossing
تَهْجين سذرن (تحليل سذرن لعملية التهجين في الدنا)	southern hybridization
تَهْجين شَمالِي	northern hybridization
تَهْجين عكْسِيّ	backcross
تَهْجين مُسْتَعْمَرِيّ	colony hybridization
تَهْديد حَيَوِيّ	biological threat
تَهْديد مَوْثوق	credible threat
تَهْوِيَة	aeration
تَهَيُّجيَّة	irritability
توازُن ذاتي	homeostasis

English	Arabic
bio availability	تَوافُر حَيَويّ
histocompatibility	تَوافُق نَسيجيّ
sexual reproduction	تَوالُد جِنْسِيّ
tuberculin	توبركولين (سائِل بروتيني مُعقَّم يُستَخلص من البكتيريا ويُستَخدَم في اختبارات السُلّ)
tropism	تَوَجُّه
heritability	تَوْريث
genetic inheritance	تَوْريث وِراثيّ
dispensing	تَوْزيع
distribution	تَوْزيع
dilatation	تَوَسُّع
dilatation	تَوْسيع
tandem affinity purification tagging	تَوْسيم تَرادُفِيَّة ألفة التَّنقية
magnetic labeling	تَوسيم مِغناطيسيّ
protein splicing	تَوصيل البروتين
rational expectation	تَوَقُّع مَنْطِقِيّ
quick-stop	تَوَقُّف سَريْع
tocopherols	توكوفيرول (مَجْموعَة الكُحُولِيّات الذوّابة بالدُّهن مِنها فيتامين E)
tularemia	تولاريميَّة (مرض عدوائِي بكتيري حيواني المصدر)
typhoidal tularemia	تولاريميَّة تيفيَّة
ulceroglandular tularemia	تولاريمية غُدِّيَّة تَقَرُّحيَّة
angiogenesis	تَوَلُّد الأوعِيَة
abiogenesis	تَوَلُّد بيولوجي
combinatorial	تَوْليف
attenuation	تَوْهين
terpene	تيربين (مركب عطري يستخرج من النباتات)
Tyrosine	تيروزين (حِمض أميني)
pharmacovigilance	تَيَقُّظ دَوائِيّ
tocotrienol	تيكوترينول (مُضادّ أكسدة قويّ مُكوِّن فيتامين E مع تيكوفيرول)
telomerase	تيلوميريز (انزيم يُساعد في انقسام الخلية عند طرف نهاية الصِّبغيّ)
tubulin	تيوبيلين (بروتين كَرَويّ وهو المُكوِّن الأساسيّ للأنَيْبِيْبَات الخَلَويَّة)

ث

English	Arabic
carbon dioxide	ثاني أكسيد الكربون
supercritical carbon dioxide	ثاني أكسيد كربون حَرِج جِداً
thymoleptics	ثايموليبتكس (عقار دَوائيّ مُضادّ للاكتِئاب)
stability	ثَبات
thrombomodulin	ثرومبوموديولين (بروتين غِشائي)
thrombin	ثرومبين (بروتين تَجَلُّط الدَّم)
nanopore	ثُقب نانَويّ
triploid	ثُلاثِيّ الصِّيْغَة الصِّبْغِيَّة
triglyceride	ثُلاثي الغليسريد
triacylglycerol	ثُلاثي أسيل الغليسرول
triacyglyceride	ثُلاثي أسيل جلسيرايد
two-dimensional	ثُنائِيّ الأبْعاد
bivalent	ثُنائِيّ التَّكافؤ
diglyceride	ثنائي الجليسرايد
lipid bilayer	ثُنائي الطبَقات الدُّهنية
bipolar	ثُنائِيّ القُطب
biphasic	ثُنائِيّ المَرْحَلَة
diacylglycerol	ثُنائِي أسيل الجليسرول
protective clothing	ثِياب واقِيَة
metallothionein	ثيانين فِلِزيّ
threonine	ثيريونين (حِمض أميني)
thale cress	ثيل كرس (الإسم الشائع لنبات *(thaliana Arabidopsis*
thymidine kinase	ثيميدين كايناز (انزيم مُتعلق بالغُدَّة الزَّعترية)
thymine	ثيمين (قاعِدَة نَوَويَّة في الدنا)
thioesterase	ثيواستيراز (انزيم)
thioredoxin	ثيوريدوكسين (بروتينات تدخل في اختِزال مركبات الثيول)

ج

English	Arabic
pandemic	جائِح
α galactoside	جالاكتوزيد ألفا

Arabic	English
جالاكتومانان (كربوهيدرات مُعدّلة وراثيا)	galactomannan
جامِد	solid
جايريز (انزيم)	gyrase
جبريلازيا (نَوْع فِطْر)	gibberella zeae
جبريلين (هُرمون نُموّ نَباتيّ)	gibberellin
جِبْلَة	protoplasm
جِبْلَة الخَلِيَّة	cytoplasm
جِبْلَة النَّواة	nucleoplasm
جِبْلَة جُرثوميَّة	germ plasm
جِبْلَة جُرثومية	germplasm
جِبْلَة مُجَرَّدَة	protoplast
جُبَيلة اليَخْضُور (خَلِيَّة نباتيَّة تختوي على الكلوروفيل)	chloroplast
جَدارَة	competency
جُدَرِيُّ القِرَدَة	monkeypox
جُدَرِيُّ النَّسْناس	monkeypox
جَدير بالإهْتِمام	credible threat
جَديلة	strand
جَدّ	ablation
جَذْرُ اليَبْروح (اللُّقاح)	mandrake root
جَذْر أكسُجيني حُرّ (اكسجين مُتَطرِّف حر)	oxygen free radical
جَذْر حُرّ	free radical
جَذْرِيّ	radicular
جُذَيْرَة	rhizobium
جرانيولوسيدين (بروتين تنتجه خلايا الدم البيضاء)	granulocidin
جَرَب	scab
جُرْثومَة (واحِدَة البكتيريا)	bacterium
جَرْد مَخْزون البَضائع	inventorying
جُرْعَة	dose
جُرْعَة الكلور	chlorine dose
جَرَيان	flux
جُزْء	moiety
جُزْء التَّرْميز من المُوَرِّث	coding parts of a gene
جُزْء لا سُكَّرِيّ (ناتِج من تحليل جُزَئ الجليكوزيد)	aglycon
جُزْء لا سُكَّرِيّ (ناتِج من تحليل جُزَئ الجليكوزيد)	aglycone
جُزْء مُصاب	affected part
جُزْء مِن المُوَرِّث لا يُرَمِّز	non-coding parts of a gene
جُزْء وَظيفيّ من الانزيم	holoenzyme
جُزَئ الإلتِحام الخَلَويّ	cellular adhesion molecule
جُزَئ التِّصاق (التِئام)	adhesion molecule
جُزَئ بِلَّوْرِيّ نانَويّ	nanocrystal molecule
جُزَئ حَيَويّ	biological molecule
جُزَئ سامّ	toxic molecule
جُزَئ سُكَّر	sugar molecule
جُزَئ ضَخْم	macromolecule
جُزَئ قُطْبِيّ	polar molecule
جُزَئ كيميائِيّ	chemical molecule
جُزَئ مُؤَشِّر	signaling molecule
جُزَئ مُرافِق	chaperone molecule
جُزَئ مَعْلوماتِيّ	informational molecule
جُزَئ مُلْصِق ما بين الخَلايا	intercellular adhesion molecule
جُزَئات مُرْتَبِطة	aptamer
جُزَيْئات قُطْبِيَّة مُحِبَّة وكارِهَة لِلماء	amphiphilic molecules
جُزَيْئات مُتَقابِلة الزُّمَر	amphipathic molecules
جُزيئات مِغناطيسيَّة	magnetic particle
جُزَيْئات نانويَّة فوق مُمَغْنَطة	superparamagnetic nanoparticle
جَساوَة	induration
جَسَدِيّ	somatic
جِسْر جُزَيْئي	molecular bridge
جِسْم أصفَر	luteolin
جِسْم سَهْل الإنْكِسار	refractile body
جِسْم عُلْوِيّ (إبيسوم)	episome
جِسْم مِخْبَرِيّ	examination body
جِسْم مُشْتَمَل	inclusion body
جِسْم مُضادّ	antibody
جِسْم مُضادّ كايميريّ	chimeric antibody
جِسْم مُضادّ لِمُثَبِّط النَّمَط الذاتيّ	anti-idiotype antibody
جِسْم مُضادّ لِمُثَبِّط عديد السُّكَّرِيَّات غيْر المناعيّ	anti-o-polysaccharide antibody
جِسْم مُضادّ مُسْتَشِعّ	direct fluorescent antibody
جِسْم مُضادّ مِغناطيسيّ	magnetic antibody

Arabic	English
جِسْم مُضادّ مُهَنْدَس وراثِيًّا	engineered antibody
جِسْمِيّ	somatic
جُسور دنا	DNA bridges
جُسَيْم	particle
جُسَيْم الضَّبوب	aerosol particle
جُسَيْم ألفا	α particle
جسيم بدئي (مُرَكَّب بروتيني ضَروريّ لِبدء تركيب شَدَفات الدنا أثناء التَّنَسُّخ)	primosome
جُسَيْم دَقيْق	microparticle
جُسَيم دُهنيّ	liposome
جُسَيْم نانَويّ	nanoparticle
جُسَيْم نَوَويّ	nucleosome
جُسَيْمات بروتينية عَدْوائِيَّة	proteinaceous infectious particle
جُسَيْمات زَيْتِيَّة	oleosome
جُغْرافيا حَيَوِيَّة	biogeography
جَفاف	dehydration
جِلّ الأكريلاميد	acrylamide gel
جلايستين	glycetein
جلايستين	glycitein
جلايستين	glycitin
جلايسين	glycine
جلايسينين	glycinin
جلايفوسات ترايميزيوم (مركب يستخدم كمبيد حشري)	glyphosate-trimesium
جلايفوسيت	glyphosate
جلايكوساينولات (مادَّة زيت الخردل)	glycosinolate
جلايكوفورم (بروتين يحتوي على كربوهيدرات)	glycoform
جُلْبَة	scab
جِلْد	skin
جلطة (خَثْرَة)	thrombus
جلوتاثيون	glutathione
جلوتامات	glutamate
جلوتامين (حِمض أمينيّ)	glutamine
جلوتين	gluten
جلوتينين	glutenin
جلوفوسينيت	glufosinate
جلوفوسينيت	gluphosinate
جلوكاجون (هرمون البنكرياس)	glucagon
جلوكان (نوع من عديدة السُّكَرِيَّات)	glucan
جلوكان بيتا	β -glucan
جلوكوساينوليتس	glucosinolates
جلوكوسيريبروسايديز (انزيم)	glucocerebrosidase
جلومالين (نوع بروتين سُكَّرِيّ)	glomalin
جليسير ألدهيد	glyceraldehyde
جليكوجين (مُرَكَّب سُكري موجود في الحيوانات)	glycogen
جليكوسيد (سُكَّر ثنائي)	glycoside
جليكوسيدك (سُكري)	glycosidic
جَماعَة	cohort
جَمْرَة خَبيثَة جِلْدِيَّة	cutaneous anthrax
جَمْع بَيانات	data collection
جَمْعِيّ	additive
جِنْس	genus
جِنْس جراثيم من فصيلة الإيروينيَّة (بكتيريا اردوفورا الإيروينية)	erwinia uredovora
جِنِسْتين (ايزوفلافون فول الصويا مانِع للتَّجَلط)	genestein
جنستين (فلافون فول الصُّويا)	genistin
جنيستين (فلافون فول الصُّويا)	genistein
جَنِيْن	embryo
جَنِيْن فائِض	surplus embryo
جهاز المَنَاعة	immune system
جهاز إحساس ورَاثيّ	genosensor
جِهاز تناسُلِيّ بوليّ	genitourinary tract
جهاز للإدخال الوَريدِيّ	port-a-cath
جهاز نانوميتر	nanometer
جُهْد الفَسْفَتَة	phosphorylation potential
جَهيزَة سوائِل مِجْهَرِيَّة دقيْقة القناة	microchannel fluidic device
جَوّ ناقِص الأكْسُجين	oxygen deficient atmosphere
جوانيليت	guanylate
جَوْدَة البروتين	protein quality
جُوْع	fame
جَوْف/غِشَاء الصِّفاق	peritoneal cavity/membrane

Arabic	English
جَوْهَرَة	gem
جَيِّد التغذيَة	eutrophication
جِيل	generation
جين وَرَمي مُخَلِّد	immortalizing oncogene
جِيْنَائِيّ	polygenic
جُيوب دُهنيَّة	lipid raft

ح

Arabic	English
جيوكيْمياء حَيَوِيَّة	biogeochemistry
حاتِمَة (الجُزء المُستَهدَف لردّ الفِعل المناعيّ)	epitope
حاجِز دَمّ الدِّماغ	blood-brain barrier
حادِث	accident
حاسّة	sense
حاسّة مناعية	immunosensor
حاشيَة تفسيريَّة	annotation
حاصِن	protectant
حالّ الخَثْرَة	thrombolytic agent
حالّ للبرُوتين	proteolytic
حالَة	case
حالة بِحالة	case-by-case
حالة دَمويَّة	hemolysin
حالة مُصاحِبَة	concomitant
حامِضِيَّة أو قاعِدِيَّة مُثْلى	optimum pH
حامِل	carrier
حامِل الخاصَّة التألُّقِيَّة	fluorophore
حامِل الخاصَّة الدَّوائيَّة	pharmacophore
حامِل الرَّنا	RNA vector
حُبّ الحرارة المُفرط	hyperthermophilic
حَبَل	gestation
حَبَن (تَجَمُّع السَّوائل في تجويف البطن)	ascites
حُبَيْبات مِغناطيسيَّة	magnetic bead
حَثّ	induction
حَثَل عَضَليّ نَمَط دوشين	Duchenne Muscular Dystrophy
حَجْر صِحِيّ	quarantine
حَجْر صِحِيّ لِلآفة	quarantine pest
حَجَر كَرِيْم	gem
حَجْز غِلاف حَيَوِيّ	biosphere reserve
حَجْم	volume
حَجْم الإختِلاص	volume rendering
حَجْم الخَلِيَّة	cell size
حَجْم صَغِيْر جدّاً	minute volume
حَدّ السَّقف	ceiling limit
حَدّ أعلى	ceiling limit
حَدَثْ	event
حَدَثْ وراثيّ	genetic event
حُدوث	occurrence
حُدوْث	incidence
حَدِيْقة	garden
حَذْف (في جُزْء من المادَّة الوراثيَّة من الصِّبْغِيّ)	deletion
حَرائِك دَّوائيَّة	pharmacokinetics
حِراثة المُحافظة	con-till
حِراثة أدْنَى	minimum tillage
حِراثة تَحَفُّظِيَّة	conservation tillage
حَرارَة مُثْلى	optimum temperature
حَراريّ	thermal
حَرْب	warfare
حَرْب بيولوجيَّة	biological warfare
حَرْب بيولوجيَّة	biowarfare
حَرْب حَيَوِيَّة	biological warfare
حَرْب حَيَوِيَّة	biowarfare
حَرْب كيميائيَّة	chemical warfare
حَرَكَة حَدِّيَّة	transboundary movement
حَرَكَة حَدِّيَّة غيْر مُتَوَقَعَة	unintended transboundary movement
حَرَكِة غير قانونية	illegal traffic
حَرَكِيّ	kinetic
حَرِيْر	silk
حَرِيْر حَيَوِيّ	biosilk
حُزمَة أشعَّة خارجيَّة	external-beam radiation
حَساسِيَّة	sensitivity
حَساسِيَّة وراثيَّة	genetic sensitivity
حَشَرَة	insect
حَصاد	harvesting
حِصَّة يُمكِن نَسَبُها	attributable proportion
حَصِيرَة مَيكروبيَّة	microbial mat
حَصِيلة	product
حَضَانَة	incubation

Arabic	English
حَضيْضيّ	nadir
حَفّار الذُّرَة	corn borer
حَفّار الذُّرَة الآسْيَوِيّ	asian corn borer
حَفّار الذُّرة الأوروبي	European Corn Borer
حَفّار ثَمَرَة القَهْوَة	coffee berry borer
حَفز	catalysis
حَفِظ	conserved
حِفظ	conservation
حِفظ التَّنَوُّع الحَيَوِيّ	conservation of biodiversity
حِفظ المَصادِر الوراثِيَّة لِحَيَوانات المَزْرَعَة	conservation of farm animal genetic resource
حَفظ تَخْمِيرِيّ	ensiling
حِفظ صِحَّة الإنسان والبِيئَة	protection of human health and environment
حَقن بُنْدُقِيّ للمُوَرِّثات داخِل الخلايا	biolistics
حَقن دَقِيْق	microinjection
حَقن مُسْتَمِرّ	continuous perfusion
حَقن مَيكروبي	microinjection
حُقوق المُحَسِّن	breeder's rights
حَقيبَة الظهر	knapsack
حَقيقِيّ النَّواة	eukaryotic
حَقِيقِيّ النَّواة	eucaryote
حَكَّة	itching
حِكِّيّ	pruritic
حَلزونِيّ	helix
حَلزونيّ مُزْدَوَج	double helix
حَلزونيّ نانَوِيّ	nanocochleate
حَلقة (لِشدّ المفصل)	washer
حَلقة z	z-ring
حَلقة الإزاحَة	displacement loop
حلقة دبوس الشعر	hairpin loop
حَلقة صَدْعِيَّة (إحدى سِلْسِلَتي دنا مُنْصَدِعَة خلال اسْتِخْلاصه)	nicked circle
حَلقِيّ	cyclic
حَلْمَهَة (التحلل المائي)	hydrolysis
حَلْمَهَة قلويَّة	alkaline hydrolysis
حَلِيلَة (مادَّة يجري تحليلها)	analyte
حِمايَة التَّنَوُّع الوراثِي لِحَيَوانات المَزْرَعة في نَفس المَكان	in-situ conservation of farm animal genetic diversity
حِمايَة خارج المَكان	ex-situ conservation
حِمايَة خارج المَكان للتَنَوّع الوراثيّ الحَيَوانيّ	ex-situ conservation of farm animal genetic diversity
حِمايَة في المَكان نَفسُه	in-situ conservation
حِمض	acid
حِمض الابسيسيك	abscisic acid
حِمض الأراكيدونيك	arachidonic acid
حِمض الأسبارتيك	aspartic acid
حِمض الأسكوربيك (فيتامين ج)	ascorbic acid
حِمض الأمينوسايكلوبروبين كاربوكسيليك	aminocyclopropane carboxylic acid
حِمض الأوكساليك	oxalic acid
حِمض الأولئيك	oleic acid
حِمض الإيكوسابنتوينيك (حِمض دُهنيّ أوميجا 3 يوجد في زيت السَّمك)	eicosapentanoic acid
حِمض الإيكوسابنتوينيك (حِمض دُهنيّ أوميجا 3 يوجد في زيت السَّمك)	eicosapentaenoic acid
حِمض الإيكوساتيترونيك	eicosatetraenoic acid
حِمْض البالميتيك	palmitic acid
حِمض البرُوبْيُونيك	propionic acid
حِمض البوليتيك	boletic acid
حِمض التَّانِّيك	tannin
حِمْض الجاسمونيك	jasmonic acid
حِمض الجلوتاميك	glutamic acid
حِمض الحصالبان	rosemarinic acid
حِمض الرُومِيْنيك	rumenic acid
حِمض السَّاليسيليك	salicylic acid
حِمض السِتريك (حِمض الليمون)	citric acid
حِمض الستياريك	stearic acid
حَمض السَّياليك	sialic acid
حِمض الصَّفراء	bile acid
حِمض الفوليك رُباعيّ الماء	tetrahydrofolic acid
حِمض الفوماريك	fumaric acid
حِمض اللوريك (أحد الاحماض الدهنية)	lauric acid
حِمض اللينوليك	linoleic acid
حِمض اللينولينك	linolenic acid

حِمض اللينولينك نَوْع a	a-linolenic acid
حِمض أمينيّ	amino acid
حِمض أمينيّ أساسِيّ	essential amino acid
حِمْض أميني غير أساسِيّ	nonessential amino acid
حِمض أمينيّ مُثير	excitatory amino acids
حِمض أميني مُشبَع بدَرَجة كبيرة	highly unsaturated fatty acid
حِمض أمينيّ مُكَوِّن للجلوكوز	glucogenic amino acid
حِمض إيلاجيك	ellagic acid
حِمض دُهْنِيّ أساسِيّ	essential fatty acid
حِمض دُهْنِيّ أساسِيّ غيْر مُشْبَع	essential polyunsaturated fatty acid
حِمض دُهني حُرّ	free fatty acid
حِمض دُهْنِيّ غيْر مُشْبَع	unsaturated fatty acid
حِمض دُهْنِيّ مُشْبَع	saturated fatty acid
حِمض دُهْنِيّ مَفروق	trans fatty acid
حِمض دوكوساهيكسانويك (حِمض دُهنيّ مُتَعَدِّد غير مُشْبَع يوجَد في الأسماك وزيت السَّمَك)	docosahexanoic acid
حِمض دوكوساهيكسانويك (حِمض دُهنيّ مُتَعَدِّد غير مُشْبَع يوجَد في الأسماك وزيت السَّمَك)	docosahexaenoic acid
حِمض رومينيك ألفا (حِمض مَعديّ)	α -rumenic acid
حِمض ستياريدونيك (حِمض دُهني أساسي تُنتِجُه طبيعيًا بذور نبات القِنَّب)	stearidonic acid
حِمض فيتيك	phytic acid
حِمض فيوزريك	fusaric acid
حِمض مُتَعَدِّد هايدروكسي الألكونوات	polyhydroxyalkanoic acid
حِمض نَوَوِيّ	nucleic acid
حِمض نَوَوِيّ رايْبوزِيّ	ribonucleic acid
حِمض نَوَوِيّ رايْبوزِيّ مَنْقوص الأكسُجين	deoxyribonucleic acid
حِمض نَوَوِيّ ريبوزِيّ مَنقوص الأكسجين نوع a	a-DNA
حِمض نَوَوِيّ ريبوسوميّ	ribosomal ribonucleic acid
حَمْل	gestation
حُموضَة	acidosis
حُمَّى	pyrexia
حُمَّى الأرانب	tularemia
حُمَّى الأرانب تيفيَّة	typhoidal tularemia
حُمَّى نَزْفِيَّة فيرُوسيَّة	viral hemorrhagic fever
حَميْد	innocuousness
حَميْد	benign
حُوَيْصِلة	vesicle
حُويْصلَة دُهنيَّة	lipid vesicle
حُوَيْصِلة مُغَلَّفَة	coated vesicle
حَيّ	organism
حَياة نَباتيَّة	flora
حَيْطة الإتِّصال	contact precaution
حَيْهَوائِيّ	aerobe
حَيَوائِيّ	aerobe
حَيَوائِيّ	aerobic
حَيْوان مُعَدَّل وراثيًا	transgenic animal
حَيَوَانات الأوالِيّ (شُعْبَة مِن المَمْلَكَة الحَيَوانيَّة)	protozoa
حَيَوانات حُقْبَة أو مِنْطقة	fauna
حَيَوانيّ المَصْدَر	zoonotic
حَيَوِيّ	biologics
حَيَوِيّ	biotic
حَيَوِيَّات (نَباتات مِنْطقة وحَيَواناتها)	biota
حَيَوِيَّة نانَوِيَّة (جُزْء من مِليون)	nanobiology

خ

خارج الجِسْم الحيّ	ex vivo
خارج الخَلِيَّة	extracellular
خَارج الكائِن الحيّ	in-vitro
خارج المُقْلة	extraocular
خارِجِيّ	exogenous
خارِجِيّ لِلخَلِيَّة	extracellularly
خارطة الإقتِطاع	restriction map
خارطَة التَّتابُع	sequence map
خاصّ بِنَوْع مُحَدَّد	species specific
خاصيَّة	character
خَاطِف	fulminant

English	Arabic
oil-free	خالِي من الزَّيْت
deletion	خَبْن
malignant	خَبيث
gene imprinting	خَتْم المُورِّثة
thrombosis	خُثار
anesthesia	خَدَر (بُطْلان الحِسّ)
ecosystem service	خِدْمَة النِّظام البيْئِيّ
juncea	خَرْدَل
hose	خُرْطوم
hapmap	خريطة المَجين الأحادِيّ البَشَرِيّ
gene map	خَريطة المُورِّثات
linkage map	خَريطة إرْتِباط
genetic linkage map	خَرْيطة إرْتِباط ورَاثيّ
gene map	خَريطة جينية
chromosome map	خَريطة صِبْغيَّة (تُمَثِّل مواضع المُورِّثات على الصِّبْغيَّات)
physical map	خَريطة فِيْزيائيَّة
chromosome map	خَريطة كروموسومية
haplotype map	خريطة نَمَط فَرْدانيّ
genetic map	خَرْيطة ورَاثيَّة
biopsy	خُزْعَة (فحص عينة نَسيج حيّ)
paresis	خَزَل (شَلَل خفيف أو جُزئيّ)
plant functional attributes	خَصائِص النَبات الوَظيْفِيَّة
fecundity	خُصُوبَة
fertility	خُصوبَة
hemoglobin	خِضاب الدَّم
zigzag	خَطّ مُتَعَرِّج
bio-bar code	خَطّ مُشَفَّر حَيَوِيّ
oversight	خَطأ غير مَقصود
functional plan	خُطَّة فعَّالة
residual risk	خَطر المُتَبَقِّيات
biohazard	خَطر حَيَوِيّ
health hazard	خَطر على الصِّحَّة
individual risk	خَطر فَرْدِيّ
latency	خَفاء
mitigation	خَفْف
mitigation	خَفْف
t lymphocytes	خلايا T اللِّمْفاويَّة
naïve T cell	خلايا T بَسيْطَة
suppressor t cell	خلايا t كابِتَة
plasma cell	خلايا المَصْل
β cells	خَلايا بيتا
adult stem cell	خلايا جِذْعِيَّة بالِغَة
multipotent adult stem cell	خَلايا جِذْعِيَّة بالِغَة مُتَعَدِّدَة القُدْرَات
embryonic stem cell	خَلايا جِذْعِيَّة جَنينِيَّة
pluripotent stem cell	خَلايا جَذْعِيَّة مُتَعَدِّدة القُدْرَات
erythrocyte	خَلايا دَمّ حَمْراء
hela cell	خلايا سَرَطانيَّة
epithelial cell	خَلايا طِلائِيَّة
endothelium	خَلايا طِلائِيَّة رَقيقة
filler epithelial cell	خلايا طِلائيَّة مالِئَة
dendritic langerhans cell	خَلايا لانجرهانز المُتَشَجِّرَة
trait	خَلَّة (سِمَة)
mixing	خَلْط
hemostatic derangement	خَلَل إرْقائيّ
cell	خَلِيَّة
B cell	خلية B (خلية لمفية تتشكل في عظم الثدييات)
T-cell	خلية T
killer t cell	خلية t القاتِل
helper T cell	خلية T المُساعدة
haploid cell	خلية أحادية الصبغيَّات
blast cell	خَلِيَّة أرومِيَّة
primary cell	خَلِيَّة أوَّلِيَّة
facultative cell	خَلِيَّة إختياريَّة
human embryonic stem cell	خلية إنسان جذعيّة جنينية
endothelial cell	خَلِيَّة بطانيَّة
bifidobacteria	خلية بكتيريَّة ثُنائِيَّة
plasma cell	خَلِيَّة بلازميَّة
phagocyte	خَلِيَّة بَلْعَمِيَّة
phagocytic cell	خَلِيَّة بَلْعَمِيَّة
oocyte	خَلِيَّة بَيضِيَّة
gamete	خَلِيَّة تناسُلِيَّة
mast cell	خلية ثَدي
stem cell	خَلِيَّة جِذْعِيَّة
mesodermal adult stem cell	خَلِيَّة جِذْعِيَّة بالِغَة للأديْم المُتَوَسِّط
mesenchymal adult stem cell	خَلِيَّة جِذْعِيَّة بالِغَة للُحْمَة المُتَوَسِّطَة
totipotent stem cell	خَلِيَّة جِذْعِيَّة قادِرَة على التَّمايُز

English	Arabic
mesenchymal stem cell	خَلِيَّة جِذْعِيَّة لِلُحْمَة المُتَوَسِّطَة
somatic cell	خَلِيَّة جِسْمِيَّة
germ cell	خَلِيَّة جِنسِيَّة
eukaryotic cell	خَلِيَّة حَقِيقِيَّة النَّواة
adipocyte	خَلِيَّة شَحْمِيَّة
plastid	خَلِيَّة صانِعَة نَباتِيَّة (بلاستيدة)
Host cell	خلية عائِل
neuron	خَلِيَّة عَصَبِيَّة
natural killer cell	خَلِيَّة قاتِلة طَبِيْعِيَّة
langerhans cell	خَلِيَّة لانجرهانز (تُقوي المناعَة)
cytotoxic killer lymphocyte	خَلِيَّة لِمْفِيَّة لِقَتْل الخَلايا السَّامَّة
dendritic cell	خَلِيَّة مُتَشَجِّرَة
granulocyte	خلية مُحَبَّبَة
cultured cell	خَلِيَّة مَزروعَة
mast cell	خلية مُصْمَتة
diploid cell	خَلِيَّة مُضاعَفَة
enterocyte	خَلِيَّة مِعَوِيَّة
stem cell bone	خَلِيَّة مَنْشَأ الخلايا الجِذْعِيَّة من نُخاع العَظْم
vegetative cell	خَلِيَّة نَباتِيَّة
histiocyte	خَلِيَّة نَسِيجِيَّة
mononuclear cell	خَلِيَّة وَحِيدَة النَّواة
yeast	خَمائِر
rennin	خميرَة الإنْفَحَة (انزيم تَخَثُّر الحليب)
algorithm	خُوارِزْمِيَّة
allogeneic	خَيْفِيّ (آتٍ مِن فَرْد آخَر مِن نَفْس النَّوع)
chimera	خَيْمَر (كائِن يحتوي على أنسجة مُختلفة التركيب الوراثيّ)
DNA chimera	خَيمَر دنا
microfilament	خُيُوط دَقِيقَة
neutropenic	خُيُوط دَقِيقَة مُتَعادِلَة

د

English	Arabic
leishmaniasis	داء اللَّيشْمانِيَّات
sequela	دَاء ثانَوِيّ (نتيجة مَرَض ما)
x-linked disease	داء مُرْتَبِط بالصِّبْغِيّ x
phytoalexin	داحِرَة نَباتِيَّة
intradermal	داخِل الأدَمَة (أدَمِيّ)
in-silico	داخِل الحَاسوب
intracellular	داخل الخلايا
utility function	دالّة المَنفَعَة
dalton	دالتون (وحْدَة الكُتلة الذَّرِّيَّة)
dipel	دايبل (مُبيد حَشَريّ حَيَوِيّ)
daidzen	دايدزن (ايزوفلافون فول الصُّويا استروجين نَباتيّ)
daidzein	دايدزين (ايزوفلافون فول الصُّويا مُضادّ للإلتهابات)
dynafog	دايناڤوغ (آلَة مُضَبِّبَة)
smoke	دُخان
endosome	دُخلول (جُسَيم داخلي في الحيوانات الأوالي)
cohort study	دِراسَة الأتْراب
prospective study	دِراسَة إسْتِبَاقِيَّة
case study	دِراسَة حالَة
observational study	دِراسَة مُراقَبَة
DNA profiling	دِراسَة مَقطَع من دنا
grade	دَرَجَة
melting temperature	دَرَجَة الإنْصِهار
temperature	دَرَجَة الحَرارَة
DNA melting temperature	دَرَجَة إنْصِهار دنا
nadir	دَرْك أسْفَل
callus	دُشْبُذ (نَسيج خَلَوِيّ غيْر مُتمايز)
dextran	دكستران
bucket	دَلْو
biologic indicator of exposure study	دَليل أحْيائِيّ من دِراسَة مُتَعَرِّضة
electroporation	دَمْج كَهْرَبِيّ
hematogenous	دَمَوِيّ المَنْشَأ
T-DNA	دنا T
DNA	دنا (مُخْتَصَر الحِمض النَّوَوِيّ الرِّيبي مَنقوص الأكسجين)
satellite DNA	دنا التَّابع
microsatellite DNA	دنا التَّابِع مَيْكروني
recombinant DNA	دنا المَأشوب
recombinant DNA	دنا المُتَوَحِّد
transferred DNA	دنا المُحَوَّل
transfer DNA	دنا النَّاقِل

دنا النَوَويّ	nuclear DNA
دنا الوَرَم	tumor DNA
دنا أحادي الجَدْلَة أو السِلْسِلة	single-stranded DNA
دنا بيتا	β -DNA
دنا تَتْميمِيّ	cDNA
دنا دائِرِيّ	ccc DNA
دنا ذو النِّهايَة المُغلقة	blunt-end DNA
دنا سيتوبلازميّ	cytoplasmic DNA
دَنَا غيْر فاعِل في تَكوين البروتين	junk DNA
دنا قصير مُتَشابِه التَسَلْسُل	homeobox
دنا كايميريّ	chimeric DNA
دنا مُتَعَرِّج	z -DNA
دنا مُتَقَدِّرِيّ	mitochondrial DNA
دنا مُتَمَسِّخ	denatured DNA
دنا مُجَرَّد	naked DNA
دنا مُزْدَوَج	duplex DNA
دنا مُكَمِّل	complementary DNA
دنا مُكَمِّل ثُنائِيّ الجَدِيلة	double-stranded complementary DNA (dscDNA)
دنا مَنسوخ	copy DNA
دنا نَوْع a	a-DNA
دنا نَوْع b	b-DNA
دنا نَوْع c	c-DNA
دنا نَوَوِيّ أجْنَبِيّ المَنْشَأ	heterologous DNA
دندرايمر (عَمَل شجرة مُتشعبة من الأجزاء لتوصيف الدنا)	dendrimer
دُهْن	fat
دُهْن	lipid
دُهْنِيّ	adipose
دُهنِيّ فُسْفُورِيّ	phospholipid
دُهُون	fats
دُهون احاديَّة غير مُشْبَعَة	monounsaturated fat
دُهون ثُلاثية مُتَوَسِّطة السِلسِلة	medium chain triglyceride
دُهون سُكَّرِيَّة	glycolipid
دُهون مُشبَعَة مُتَوَسِّطة السِلسِلة	medium chain saturated fats
دواء لا فعل له	placebo
دَواء يَتيم	orphan drug
دودَة الأرْض	earthworm
دودَة الجُذور	rootworm
دوْدَة الذُرَة	corn earworm
دودَة الذُرَة (القُطن)	helicoverpa zea
دُوْدَة القُطن	bollworms
دوْدَة جُذور الذُرَة	corn rootworm
دُودَة جُذور الذُرَة الشَمالِيَّة	northern corn rootworm
دُودَة مَمْسودَة (دودَة مُدَوَّرَة)	nematode
دَور التَّعَرُّض للضَّوء	photoperiod
دَوَران بِاتِّجاه اليَمين	dextrorotary
دَوَران سَرِيْع	spinning
دَورَة النتروجين	nitrogen cycle
دَوْرَة حِمض السِترِيك	citric acid cycle
دَوْرَة حَياة الخَلِيَّة	cell cycle
دَوْرَة خَلَوِيَّة	cell cycle
دَوْرَة عَبَثِيَّة (للانزيمات)	futile cycle
دَوْرَة كريبس (دورة الحموض الثلاثية)	krebs cycle
دَورِيَّة	periodicity
دولة الصُومال	somalia
دُوَيْن الإستِنساخ	subcloning
دُوَيْن السَّرِيرِيّ	subclinical
ديادزين (ايزوفلافون فول الصُويا استروجين نَباتِيّ)	diadzein
ديدزين (ايزوفلافون فول الصُويا مُضادّ للسَّرطان)	daidzin
ديفنزنز (مُضادّ حَيَوِيّ مُتعدِّد الببتيد)	defensins
دَيْلَزة	dialysis
ديناميكا (فِرْع من عِلم الفيزياء يبحث في أثر القوة على الأجسام الساكنة والمُتحركة)	dynamics
دينوكوكس راديوديورنس (بكتيريا)	deinococcus radiodurans

ذ

ذئبة خمامية	lupus erythematosus
ذاتِيّ التَّجْميع	self-assembly
ذاتِيّ التَّغذِيَة	autotroph
ذاتِيّ التَّغذِيَة الكيميائِيَّة	chemo-autotroph
ذاتِيّ التَّلقيح	self-pollination

Arabic	English
ذاتيّ المَنْشَأ	autologous
ذُبابَة البَحْر الأبْيَض المُتَوَسِّط	mediterranean fruit fly
ذُبابَة الفاكِهَة	drosophila
ذَخائر	munition
ذَخائر مُتَعَدِّدة العُمَلاء	multi-agent munition
ذُرَة شَمْعِيَّة	waxy corn
ذُرَة صَفْراء	corn
ذُرِّيَة	lineage
ذُرِّيَّة	strain
ذو إنتاجيَّة عالِيَة (كفاءَة)	high-throughput identification
ذو سَبَلَة	whiskers
ذَوَّاب (قابل للحلّ)	soluble
ذوفان (ذيفان مُعَطَّل)	toxoid
ذيفان	toxin
ذيفان فِطْرِيّ	vomitoxin
ذيفان الإنْدِماج	fusion toxin
ذيفان البروتين	protein toxin
ذيفان الخَلايا	cytotoxic
ذيفان الخُناق	diptheria toxin
ذيفان الشيغيلَّة الزُحارِيَّة	shiga toxin
ذيفان الكُزاز	tetanus toxin
ذيفان الكوبْرَا الشَلَلِيّ (شَلَل)	paralytic cobra toxin
ذيفان الكوليرا	cholera toxin
ذيفان المَحار	brevetoxin
ذيفان المَحار الشَلَلِيّ	paralytic shellfish toxin
ذيفان المِطَثِّيَّة الحاطِمَة	clostridium perfringens toxin
ذيفان إيسلون	epsilon toxin
ذيفان باطِنِيّ	endotoxin
ذيفان بكتيريّ	bacterial toxin
ذيفان بوتولين (ذيفان يُؤَثِّر على الأعصاب)	botulin toxin
ذيفان تَأَقِيّ (سموم تُحَفِّز الحساسيَّة)	anaphylatoxin
ذيفان حَيَوانِيّ	zootoxin
ذيفان خارجيّ	exotoxin
ذيفان خارجي بروتيني	protein exotoxin
ذيفان داخِلِيّ دَلْتا	delta endotoxin
ذيفان طُحْلُبِيّ	algal toxin
ذيفان فِطْرِيّ	mycotoxin
ذيفان فِطْرِيّ	rubratoxin
ذيفان فِطْرِيّ	satratoxin
ذيفان فِطْرِيّ	fungal toxin
ذيفان للخلايا	cytotoxic
ذيفان مُرْتَبِط بقنَاة الأيونات	ion-channel-binding toxin
ذيفان مَرجانيّ	palytoxin
ذيفان مِعَوِيّ	enterotoxin
ذيفان مِمْرَاض	pathogen toxin
ذيفان مُمِيْت	lethal toxin
ذيفان مَنَاعِيّ	immunotoxin
ذيفان مُوَلِّد لِلحُمَّى	pyrogenic toxin
ذيفان نَباتِيّ	phytotoxin
ذيفان نَباتِيّ	plant toxin
ذيفان وَشِيقِيّ	botulinum toxin

ر

Arabic	English
رابط	linker
رابطَة بِبْتيديَّة	peptide bond
رابطة فُسْفوريَّة ثُنائيَّة الإستر	phosphodiester bond
رابطة هيدروجينية	hydrogen bond
راسيمات (مزيج غير فعَّال ضوئياً لِمُتَصاوِغَيْن مُيمِّن ومُيَسِّر)	racemate
راسيمِيّ	racemic
رامِزَة (الشفرة الوراثية لتعاقب ثلاث نيوكليوتيدات في الحِمض النووي)	codon
رامِزَة الإنهاء	termination codon
رامِزَة التَّوقُّف	stop codon
رامِزَة إبْتِدائيَّة	initiation codon
رامِزَة إنْفِساخ	degenerate codon
رامِزَة تَنَكُّس	degenerate codon
رامِزَة عَديمَة القِيْمَة	nonsense codon
رامِزَة هُرائيَّة	nonsense codon
رَاموز وراثيّ	genetic code
رُباعِيّ الصِّيغَة الصِّبْغِيَّة	tetraploid
رَبَّبَ	conserved
رَبْط	ligation
رَبْط النِّهايات المُتَساوِيَة	blunt-end ligation
رَبْط النِّهايَة الكَليلة	blunt-end ligation
رَحَلان كَهْرَبائِيّ شَعْرِيّ	capillary electrophoresis

English	Arabic
capillary zone electrophoresis	رَحَلان كَهْرَبائِيّ في منطقة دقيقة
electrophoresis	رَحَلان كَهْرَبيّ
electroporesis	رَحَلان كَهْرَبيّ لِلدّقائِق المُعَلّقة
gel electrophoresis	رَحَلان كَهْرَبيّ هُلاميّ
agarose gel electrophoresis	رَحَلان كَهْرَبيّ هُلاميّ أجرُوزيّ
denaturing gradient gel electrophoresis	رَحَلان كَهْرَبيّ هُلاميّ بالتّفْكيك
denaturing polyacrylamide gel electrophoresis	رَحَلان كَهْرَبي هُلاميّ بالتّفْكيك بِمُتَعَدِّد الأكريليه
polyacrylamide gel electrophoresis	رَحَلان كَهْرَبيّ هُلاميّ لِمُتَعَدِّد الأكريليه
capillary isotachophoresis	رَحَلان مُتَساوي سريع شَعْريّ
capillary isotechophoresis	رَحَلان مُتَساوي شَعْريّ
isotachophoresis	رَحَلان مُتّسِق السُرعَة
mole	رَحَى (كُتْلة أو وَرَم لحْمِي)
flaccid	رَخْو
chemokine	رَدّ فِعْل عُضْويّ لِمُؤثّر كيميائيّ
redement napole	رديمنت نابول (مُورِّثَة في الخنزير تنتج لحم اكثر حموضة من اللحم الطبيعي)
spray	رَدّ
nozzle	رَذّاذ
portable spray	رَذاذ مَحْمول
Nebulizer	رَذّاذة
push package	رُزْمَة مُتَكامِلَة
approvable letter	رسالة الموافقة
chromosome painting	رَسْم صِبْغيّات
stability	رُسُوْخ
mist blower	رَشّاش (قاذِفة ضَبَاب)
aspergillus fumigatus	رَشّاشِيَّة دَخْناء
aspergillus flavus	رَشّاشِيَّة صَفْراء
magic bullet	رَصاصة سِحْريَّة
supportive care	رعايَة داعِمَة
avidity	رَغابَة
graft rejection	رَفْض التّطعيْم
hyperacute rejection	رَفْض شديد الحِدَّة
microfluidic chip	رَقائِق سَوائِل مِجْهَريَّة
protein chip	رُقاقة بروتين
biochip	رُقاقة حَيَويَّة
protein biochip	رُقاقة حَيَويَّة لِلبروتين
DNA chip	رُقاقة دنا
proteome chip	رُقاقة لِمَجْموعَة البروتينات لكائن حَيّ
gene chip	رُقاقة مُورِّثَة
graft	رُقعة
copy number	رَقم النُّسْخَة
hypostasis	رُكود الدم
substrate	رَكيزَة
Rh	رمز عُنصُر الروديوم
micro-RNAs	رنا- الدَّقيْق
RNA	رنا (مُخْتَصَر الحِمض النَّوَويّ الرِّيبي)
information RNA	رَنا الإعلاميّ
small RNA	رنا الصَّغيْر
messenger RNA	رَنا المِرْسال
transfer RNA	رنا الناقِل
ribosomal RNA	رنا ريبوسوميّ
rRNA	رنا ريبوسوميّ
satellite RNA	رنا ساتِل (التابع)
small interfering RNA	رنا صَغيْر مُتَداخِل
small nuclear RNA	رنا صَغيْر نَوَويّ
antisense RNA	رنا غيْر مَنْطِقِيّ
short interfering RNA	رنا قصير مُتَداخِل
catalytic RNA	رنا مُحَفّز
complementary RNA	رنا مُكَمِّل
heterogeneous nuclear RNA	رنا نَوَويّ مُتَغاير المَنْشأ
surface plasmon resonance	رَنيْن البلازمون السَطْحِيّ
nuclear magnetic resonance	رَنيْن مِغناطيسي نَوَويّ
rubitecan	روبيتيكان (اسم عقار طِبِيّ ذو فعاليَّة عِلاجيَّة ضِدّ مَرَض السَّرطان)
wind	رياح
replicon	ريبْليكُون (جزء وظيفي من الدنا)
ribose	ريبُوز (سُكّر خُماسِيّ)
ribosome	ريبوسوم
retinoid	ريتينالِيّ الشَّكل

Arabic	English
ريزفراترول (مُركّب نَباتيّ يعمل كمُضادّ للتأكسُد، مُضادّ للتَّطفير، ومُضادّ للإلتِهاب)	resveratrol
ريسين (مادَّة سامَّة في بُذور الخِرْوع)	ricin
ريكومبنيز (انزيم التَأشُّب)	recombinase
رينين (انزيم كلويّ لتنظيم ضغط الدَّم)	renin

ز

Arabic	English
زِئبَق	mercury
زاعِجَة مُنَقَّطة بالأبْيَض (إسم عِلميّ للبَعوضَة)	aedes albopictus
زانثوفيل (أصْباغ صَفراء في النبات)	xanthophylls
زايجوت	zygote
زراعَة أنْسِجَة	tissue culture
زراعَة جُزَيئيَّة عَلامَة مُسَجَّلة	molecular pharmingtm
زراعَة خَلايا	cell culture
زراعَة خلايا الثدييّات	mammalian cell culture
زراعَة خَلايا الحَشَرات	insect cell culture
زراعة داخِل أنابيب زُجَاج	in-vitro culture
زراعَة مائيَّة	aquaculture
زراعَة مُورِّثات	pharming
زراعِيّ (ما يَنْسَب إلى الزراعة أو يتَّصل بها)	agricultural
زُرَاق	cyanosis
زُراق الأطراف	acro-cyanosis
زَراقِم (قِسْم بكتيريا بدائيّ النَّواة)	cyanobacteria
زُراقِيّ	cyanotic
زَرْع	transplantation
زَرْع الأعْضاء	organ culture
زَفِيْر	expiration
زَلِيْلِيّ	synovial
زَوائِد مُتَشَجِّرَة لِتَفرُّعات الخَلايا العَصَبِيَّة	dendrite
زَواج الأقارب	inbreeding
زَوْج قواعِد	base pair
زيادَة صِبْغيَّة	hyperchromicity
زيادة عن الحاجة	redundancy
زيازانثين (مادَّة نباتية صَفراء)	zeaxanthin
زَيْت الخِرْوع	castor oil
زيت نباتي مُحَسَّن نوعيَّة الزَّيْت	mid-oleic vegetable oil
زَيْجُوت مُتَغايرة الألائِل (لاقِحَة)	heterozygote
زَيْجُوت مُتماثِلة الألائِل (لاقِحَة)	homozygote
زيراليِنون (ذيفان فِطْريّ صِناعِيّ)	zearalenone
زَيْغ صِبْغَويّ	chromosomal translocation

س

Arabic	English
سائِد	dominant
سَائِد مَنَاعياً	Immunodominant
سائِل	liquid
سائِل حَرج ثابت (يسخن فوق درجة الغليان أو يبرد تحت درجة التجمد ويبقى في الحالة السائلة)	supercritical fluid
سَائِل دَمْعيّ	lachrymal fluid
سار (ساري)	communicable
ساكسيتُوكسين (ذيفان عصبيّ في الرخويات)	saxitoxin
سامّ للمُورِّثات	genotoxic
سايتوستانول (مادَّة كيماوية تعمل على تخفيض نسبة الكوليسترول في الدَّم عند الإنسان)	sitostanol
سايتوستانول بيتا	β sitostanol
سايتوستانولb	b-sitostanol
سايتوستيرول بيتا	β sitosterol
سايكلودكسترين	cyclodextrin
سايكلوسبورين	cyclosporin
سايكلوسبورين	cyclosporine
سايكلوهكسيميد (مُضادّ للفِطْريَّات الرمَّامة)	cycloheximide
ساينابتوتاجمين (مُضادّ حيويّ)	synaptotagmin
ساينوكلين ألفا	α -synuclein
سباينوساد (مُبيد حشري)	spinosad
سباينوسين (مُبيد حشري)	spinosyn
سَبَب غيْر مُبَاشِر	indirect source
سَبْحِيَّات	mitochondria

Arabic	English
سبلايسيوسوم (جُزَئ بروتيني يساعد على توصيل رنا المرسال في خلية حقيقية النواة)	spliceosome
سَبِيل	pathway
سَبِيل تَنَفُّسِيّ (جِهاز تَنَفُّسِيّ)	respiratory tract
ستاكيوز (سُكَّر رُباعي يوجد في دَرَنات الأرضي شوكي الصيني)	stachyose
ستاكيوز (سُكَّرِيَّات أحادية تنتج طبيعياً من فول الصويا)	stacchyose
ستانول استر (مادَّة كُحولية صلبة مع ملح عضوي)	stanol ester
ستانول حمض دهني استر (مادَّة كحولية مع حمض دهني وملح عضوي)	stanol fatty acid ester
ستربتافايدين (بروتين رُباعي القُسَيْمات تنتجه كائنات شبيه بالفِطريات)	streptavidin
ستروميلايسين (بروتين يدخُل في تحطيم البُنيَة الداخلية للخلية)	stromelysin
ستيارات (ملح أو استر من حِمض الستياريك)	stearate
ستياريدونيت (مادَّة دُهنيَّة تنتج من بذور بعض النباتات)	stearidonate
ستيرول (مركب ستيرويدي ذو سلسلة جانبية الفاتية طويلة على الكربون رقم 17)	sterol
ستيرول نَباتِيّ	phyto-sterol
ستيرول نَباتِيّ	phytosterols
ستيرول نَباتِيّ	plant sterol
ستيرويد (لِبيدات حَلَقية)	steroid
ستيغما ستيرول (ستيرول نَباتِيّ)	stigmasterol
سَحَق	powdered
سَحْل	milling
سُخونَة	pyrexia
سِرايَة	contagion
سَرَطان	cancer
سَرْطَنَة	carcinogenicity
سِرِّيّ	covert
سَرِير	bed
سَطْح تَهْجِيني	hybridization surface

Arabic	English
سِعَة	capacity
سِعَة الحَمْل	carrying capacity
سُعْر حَرارِيّ	calorie
سُقوط مُتَمِّم	complement cascade
سُكّان	population
سُكْر	intoxication
سُكَّر الفاكِهة (سكريات قليلة من سلاسل قصيرة من الفركتوز)	fructooligosaccharide
سُكَّر الفاكِهة (سكريات قليلة من سلاسل قصيرة من الفركتوز)	fructose oligosaccharide
سُكَّر أحادي	monosaccharide
سُكَّر ثُنائي	disaccharide
سُكَّر ثُنائِي الفوسفات نُوكلِيوزيد	nucleoside diphosphate sugar
سُكَّر جلوكوز	glucose
سُكَّر خُماسِيّ مَنْقوص الأكسُجين	deoxyribose
سُكَّر سُداسي	hexose
سَكَّن	mitigation
سكوالين (مادَّة تستخلص من أسماك القرش)	squalene
سُكُون	dormancy
سكويلامين (مُضادّ يَنشأ من كبد أسماك القرش تُستخلص منه أدوية لعلاج السرطان)	squalamine
سُلّ	tuberculosis
سِلاح	weapon
سِلاح حَيَوِيّ (بيولوجيّ)	bioweapon
سِلاح سامّ	toxin weapon
سِلاح كيميائِيّ	chemical weapon
سُلالات تَتَشابَه في الصِّفات الوراثِيَّة المَوْروثة عن الأسْلاف	clade
سُلالة	breed
سُلالة	lineage
سُلالة	strain
سُلالة اللِقاح الحيّ	live vaccine strain
سُلالة حَرِجَة	critical breed
سُلالة حَرِجَة التربية ومُهَدَّدة بالإنقِراض	critical-maintained breed and endangered-maintained breed
سُلالة مَحَلِّيَّة	landrace

سُلالة مَحْمِيَّة مُهَدَّدَة بالإنقِراض	endangered-maintained breed
سُلالة مُنْقرِضَة	extinct breed
سُلالة مُهَدَّدَة بالإنقِراض	endangered breed
سَلامَة مَأمونَة	safe safety
سَلبيّ الغرام	gram-negative
سَلبيّ المَصْل	seronegative
سَلْخ مِجْهَرِيّ مُراقب بالليزر	laser capture microdissection
سِلْسِلَة	strand
سِلْسِلَة (بنية تتكون من ارتباط مكونات ذات احجام وحدوية بشكل السلسلة)	concatemer
سِلْسِلَة التَّرْميز	coding sequence
سِلْسِلَة أسيل جلسرايد ثُلاثيَّة مُتَوَسِّطة	medium chain triacyglyceride
سِلْسِلَة تَفاعُلات الأيْض	metabolic pathway
سِلْسِلَة دنا	DNA sequence
سِلْسِلَة كوزاك (مكونة من خمس نيوكليوتيدات تقع قبل رامزة البداية)	kozak sequence
سِلْسِلَة مانِع التَّرْميز	anticoding strand
سِلْسِلَة مُتَناظِرَة (مُتَشَقْلِبَة)	palindromic sequence
سِلْسِلَة مُعَرِّفَة	recognition sequence (site)
سلسيوس (مِقياس الحرارة المِئَوِيّ)	celsius
سُلْطَة كَفُوَّة	competent authority
سِلْعَة عُمومِيَّة	public good
سَلَف	precursor
سلفورافين (مُضادّ للسَّرطان يوجد في نبات البروكلي)	sulforaphane
سلفوسيت (مُبيد أعشاب كبريتي)	sulfosate
سَلفيت الصوديوم	sodium sulfite
سِلك كَمِّيّ	quantum wire
سِلك نانَوِيّ	nanowire
سَلْمونيلة (جِنْس جَراثيم من الأمْعائِيَّات)	salmonella
سَلْمونيلة تيفِيَّة فأرِيَّة	salmonella typhimurium
سَلْمونيلة مُلْهِبَة للأمْعاء	salmonella enteritidis
سليُلاز (انزيم قادر على شطر السليلوز إلى غلوكوز)	cellulase
سليلوز	cellulose
سُمّ الخَلايا	cytotoxic
سُمّ داخِلِيّ	endotoxic
سُمّ عَصَبِيّ	neurotoxin
سَماكَة مِنْطَقة الإتِّصال	contact zone thickness
سُمِّيَّة	toxicity
سُمِّيَّة الألومنيوم	aluminum toxicity
سُمِّيَّة الخَلايا	cytotoxicity
سُمِّيَّة حادَّة	acute toxicity
سنترومير (بُنْيَة تظهر على طول الصِّبْغِيّ ويُمكن رُؤيتها بالمِجْهَر الضوئي على شكل عُقْدَة)	centromere
سوء التَّغذيَة	malnutrition
سَوائِل مِجْهَرِيَّة	microfluidics
سَوائِل نانَوِيَّة	nanofluidics
سِواغ (مادَّة غيْر عِلاجِيَّة تُستَخدم كَواسِطة صيدلانيًا)	vehicle
سَواغ الدَّواء	excipient
سِواغ جُزيئِيّ	molecular vehicle
سوبر أكسايد ديسميوتيز (انزيم يحلل فوق الأكسيد)	superoxide dismutase
سُورالين (مُستَخْلَص نَباتِيّ يُستَخْدَم في عِلاج البُهاق والصَدَفِيَّة)	psoralen
سُورالين (مُستَخْلَص نَباتِيّ يُستَخْدَم في عِلاج البُهاق والصَدَفِيَّة)	psoralene
سوس بروتين (المسؤول عن تحفيز إطلاق العوامل المساعدة في عملية إصلاح دنا)	SOS protein
سَوْط	flagella
سُوق بَديل	surrogate market
سولانين (دواء الربو القصبي)	solanine
سولانين ألفا	α -solanine
سوماتاكرين (هرمون للنُموّ يقوم بإطلاق عوامل مساعدة)	somatacrin
سوماتوستاتين (هرمون تُفرزه خلايا تحت السرير البصري في الدِّماغ)	somatostatin
سوماتوميدين (مُركَّبات يُفرزها	somatomedin

Arabic	English
الكبد لِتنبيه تكوين العِظام)	
سومان (سلاح كيميائيّ من مُركَّبات الفسفور يعمل كغاز سامّ على النهايات العصبية)	soman
سُوَيد (مَرَض طفيلي نباتي)	smut
سُوَيْداء (نسيج مُغذي محيط بالجنين في بذور النباتات)	endosperm
سياحَة بيْئيَّة	ecotourism
سِيَادَة غيْر كَامِلة	incomplete dominance
سِياق تَضاعُف مُستَقِل	autonomous replicating sequence
سِياق عامّ	consensus sequence
سِياق مُتَناظِر	palindrome
سِياق مُتَوافِق	consensus sequence
سِيَاق مُنَظِّم (سياق دنا يُنَظِّم تعبير المُوَرِّث)	regulatory sequence
سيانوجين (غاز سامّ)	cyanogen
سيتوبلازم (الحَشْوَة: بروتوبلازما الخَليَّة أو مادَّتها الحَيَّة باستثناء النَّواة)	cytoplasm
سيتوزين (قاعِدَة نيتروجينيَّة)	cytosine
سيتوستيرول (ستيرولات توجد في بعض النباتات بتراكيز عالية تساعد على تخليق الهرمونات الستيرويدية)	sitosterol
سيتوكروم	cytochrome
سيتيل بيريدينيوم (مُطَهِّر مَوْضِعِيّ)	cetylpyridinium
سيدوفوفير (دواء مُضادّ للفيرُوسات المُضخِّمة للخلايا)	cidofovir
سيرتوين (بروتين)	sirtuin
سيرُوتُونين (مادَّة عصبية فعَّالة في الأوعية)	serotonin
سيرولوجيا	serology
سيريبروز (غالاكتوز)	cerebrose
سيرين (حِمض أميني)	serine
سيسبلاتين (دَواء مُضادّ لِلأوْرام)	cisplatin
سيستئين	cysteine
سيسترون	cistron
سيستين	cystine
سيسروفين	cecrophin
سيسروفين a	cecropin a
سَيْطرة ذاتيَّة	autogenous control
سَيْطرَة سَلبيَّة	negative control
سيفازولين (مُضادّ حَيَويّ)	cefazolin
سيفترايكسون (مُضادّ حَيَويّ من مجموعة سيفالسبورات)	ceftriaxone
سيكيون (تَوائُر)	sequon
سيللولوز خَشَبي	lignocellulose
سيليكا (ثنائيّ أكسيد السيلسيوم)	silica
سينثاز (انزيم)	synthase

ش

Arabic	English
شائع	vulgaris
شارَة ميتابونوميك	metabonomic signature
شاش (مِنْشَفة)	lawn
شافٍ	curative
شاكراباراتي	chakrabarty
شاكونين (مادَّة سامَّة تُؤثر على المَركِز العَصَبيّ وموجودة طبيعياً بمستويات مُنخفضة في البطاطا)	chaconine
شَبَكة إندوبلازمية	endoplasmic reticulum
شَبَكة غِذائيَّة	food web
شَبَكة مَواد مَئيْضَة مُتَصلِة بواسطة مَجموعَة انزيمات مُعقَّدَة	metabolon
شِبه تيربينيّ	terpenoid
شِبْه رَاتِيْنِيّ	retinoid
شبيه الشَّبَكيَّة	retinoid
شَبيه الطُّفَيلِيّ	parasitoid
شَبَيْه المُخَاط	mucoid
شَبيه بالبكتيريا	bacteremic
شَجَرَة النَّسَب	pedigree
شَجَرَة النِّيم	neem tree
شَحْم	lipid
شَحْمِيّ	adipose
شَخْص	person
شَخْصِيّ	personal
شَدِيْد (مُفَوَّع)	virulent
شَدِيْد الإقناع	stringency

Arabic	English
شُذوذ	inversion
شَراب عِرق الذَّهَب	syrup of ipecac
شَرْجِيّ	anal
شَرعِيَّة المِصْداقِيَّة	process validation
شَرْعِيَّة الهَدَف	target validation
شَرِكَة	company
شَرِيْط	cassette
شَطْب	deletion
شُعَب هَوائِيَّة	bronchi
شُعْبَة (قِسْم رئيْسِي يَضُم عِدَّة أقسام فرعية)	phylum
شَعْر اللِحْيَة (شَعْر الشَّاربين)	whiskers
شَعْرِيَّات آدِمَة (جِنْس من فِطْرِيَّات التربة)	trichoderma harzianum
شَعِيْر	barley
شِقّ الصِّبْغِيّ	chromatid
شَلال	cascade
شَلال بروتين كاينيز مُحَفِّز لِلإنقِسَام الفَتِيْلِيّ	mitogen-activated protein kinase cascade
شلال تَعْبير المُوَرِّثَة	gene expression cascade
شَلَّال جازمونات (سِلسِلَة من التفاعُلات النَّباتية للدفاع عن نفسه)	jasmonate cascade
شُمول الوُسْع	totipotency
شَوْكَة التَّضاعُف	replication fork
شُيَاخ	progeria
شَيْخوخَة	senescence
شَيَّد	construct

ص

Arabic	English
صابونين	saponnin
صابونين (مجموعة من الغليكوزيدات)	saponin
صاروخ	rocket
صالِح لِلتَّنَفُّس	respirable
صامِد لِلحَرَارَة	thermoduric
صانِع اليَخْضُور	chloroplast
صِبِغْ كاروتيني	carotenoid
صِبْغَة الكُونْغو الحَمْراء	congo red
صَبْغة غرام	gram stain
صِبغَة مُشِعَّة	flourescent dye
صَبْغَة مُطْفِئَة (خامِدَة)	quencher dye
صِبْغَوِيّ	chromosomal
صِبْغِيّ	chromosome
صِبْغِيّ x	x chromosome
صِبْغِيّ بكتيريّ مُصنَّع	bacterial artificial chromosome
صِبْغِيّ جِسَدِيّ	autosome
صِبْغِيّ جِنْسِيّ	sex chromosome
صِبْغِيّ خَمِيْرَة صِناعِيّ	yeast artificial chromosome
صِبْغِيّ خَميرَة ضَخْم اصطِناعيّ	mega-yeast artificial chromosome
صِبْغِيّ لا جِنْسِيّ	autosome
صِبْغِيَّات إنسان صناعية (كروموسوم إنساني اصطناعي)	human artificial chromosome
صِبْغِيَّات مُتَنَقِّلة	chromosome walking
صِبْغِيات ورَاثِيَّة مُتَماثِلة	Homologous chromosome
صِبْغين	chromatin
صبغين مُغاير	heterochromatin
صِحَّة بِيْئِيَّة	environmental health
صَدَأ الحُبُوب	rust
صَدْعَة	nick
صَدْمَة	shock
صَدْمَة إنتانِيَّة	septic shock
صَدِيْد	pus
صِراع	warfare
صَرَامَة	stringency
صُعوبَة التَّعبير بالكَلام	expressive dysphasia
صَغِيْر	mini
صَفائِح الدَّم	blood platelet
صِفات مُتَكَيِّفة	adaptation traits
صِفَة تَحَمُّل الجَفاف	drought tolerance trait
صِفَة تَشْرِيحِيَّة	autopsy
صِفَة غير مَألوفة	novel trait
صِفَة مُنْتِجَة	production trait
صُفَيْحَة	platelet
صلاحِيَّة التَّطبيق	applicability
صُلْب	solid

صِلة وَثيقة	liaison
صليبيات (نباتات الفصيلة الصليبيَّة)	cruciferae
صَمَّام أمان التَّركيب الشَّكْليّ	safety-pin morphology
صَمْت المُورِّثة بَعْد النَّسْخ	post-transcriptional gene silencing
صَمَم	deafness
صَمِيْم الإنزيم	apoenzyme
صَمِيْم بروتين شَحْمِيّ	apolipoprotein
صِناعة نَباتيَّة	phyto-manufacturing
صِنْف	cultivar
صوديوم	sodium
صوديوم دودسيل سلفات $Na_4SO_{25}H_{12}C$	sodium dodecyl sulfate
صوديوم لوريل سلفات $SNa_4SO_{25}H_{12}C$	sodium lauryl sulfate
صَوْغ	modeling
صَوْلَجان	wand
صِيانَة	conservation
صَيْدَلانيَّات حَيَويَّة	biopharmaceutical

ض

ضائِقة تَنَفُّسيَّة	Respiratory distress
ضادَّة	antagonist
ضاغِط	compressor
ضاغِط هوائيّ لا زيتيّ – ستانلي بوستيتش	stanley bostitch oil-free air compressor
ضَبائِب توباز	TOPAS aerosol
ضَباب	aerosol
ضَبَاب	fog
ضَبَاب رَقيْق	mist
ضَبَاب مُعْدٍ	infectious aerosol
ضِدّ الإرْهاب	counterterrorism
ضِدّ التَّيَّار	upstream
ضِدّ الرَّامِز	anticodon
ضِدّ تَوَلُّد الأوْعِيَة	antiangiogenesis
ضِدّ ذيفان الخُناق	diphtheria antitoxin
ضِدّ مُتَعَدِّد النَّسائِل	polyclonal antibody
ضَرْبَة صارِعَة	Knockout
ضَرْبَة قاضِيَة	knockdown
ضَرَر حَدِّيّ	transboundary harm
ضِعْفانِيّ	diploid
ضَغْط	pressure
ضَغْط تَناضُحِيّ	osmotic pressure
ضغط دم مُرتفع	high blood pressure
ضَفيرَة مُتَبايِنَة	splice variant
ضَمَّة كوليْريَّة	vibrio cholerae
ضِمْخَلَوِيّ	intracellular
ضُمور العَضَلات نَمَط دوشين	Duchenne Muscular Dystrophy
ضُمُور الكَبِد	hepatatrophic

ط

طائِرَة	airplane
طائفة (في تصنيف النبات)	guild
طارِئ	emergency
طارِئ حَيَوِيّ	biological emergency
طاعُون	plague
طاعُون إنْتان الدَّم	secondary septicemic plague
طاعُون دَبْلِيّ (يُصيب الغُدَّة الليمفاويَّة)	bubonic plague
طاعون رِئَوِيّ ثانَوِيّ	secondary pneumonic plague
طافٍ (طافي)	supernatant
طافِرَة	mutant
طاق	strand
طاقة التَّأسِيْس	establishment potential
طاقة تَنْشِيْط	activation energy
طاقة حُرَّة	free energy
طاقة حَيَوِيَّة	bioenergy
طاقة مَجْموعَة الفوسفات	phosphate-group energy
طاهِيَة (مادَّة ترتَبِط بالمُسْتَضِدّ تمهيداً لِلبَلْعَمَة)	opsonin
طِبّ تَكميليّ	complementary medicine
طِبّ تَكميليّ وبَدِيْل	complementary and alternative medicine
طِبّ نَفْسِيّ عَصَبِيّ	neuropsychiatric
طِباعَة حَجَرِيَّة جُزَيْئِيَّة	molecular lithography
طِباعَة حَجَرِيَّة نانَوِيَّة	nanolithography

Arabic	English
طِباعَة على المَعْدَن إعْتِماداً على البروتين	protein-based lithography
طِباعَة قلميَّة على المَعْدَن	dip-pen lithography
طِباعَة قلميَّة على شَرائح ميكروسكوبيَّة	dip-pen nanolithography
طَبَقة أديْميَّة ظاهِرَة أو خارجيَّة	ectodermal
طَبَقة داخِليَّة	endodermal
طحالِب	algae
طحْن	milling
طِراز جيني	genotype
طَرْد مَرْكَزيّ	centrifugation
طَرْد مَرْكَزيّ فائق	ultracentrifuge
طَرْد مَرْكَزيّ مَدرَوج الكَثافة	density gradient centrifugation
طُرُز شَكَليَّة	phenotype
طَرَف الأصْل	party of origin
طَرَف المَنْشأ	party of origin
طَرَف تَصْدير	party of export
طَرَف عُبور	party of transit
طَرَف مُسْتَقْبِل	receiving part
طَرَف مُسْتَوْرِد	party of import
طَرْق	knockin
طِرهالوز (سُكَّر ثُنائي تُفرزُه بعض الحشرات)	trehalose
طَرِيقة الإستِنْساخ بُنْدُقِيّ	shotgun cloning method
طَرِيْقة الإنْفِجار	explosion method
طَرِيْقة التَّعرُّف على عَمِيْل الحَرْب الحَيَويَّة (البيولوجيَّة)	biological warfare agent identification method
طريقة بس	bess method
طَرِيْقة تربيَة تَقليديَّة	traditional breeding method
طَعَام أمْثَل	optimum food
طعام مُتَوَسِّط	medifoods
طُعْم	graft
طُعْم أجْنَبيّ	xenograft
طُعْم غَيْرَوِيّ	xenograft
طَفَايَة	extinguisher
طَفَح	rash
طَفْرَة	mutation
طَفْرَة المُعَزِّز المُقَلِّلة	down promoter mutation
طَفْرَة بُنْيَويَّة	constitutive mutation
طَفْرَة تَقَدّميَّة	forward mutation
طَفْرَة راشِحَة (سَرِبَة)	leaky mutant
طَفْرَة رَجْعِيَّة	back mutation
طَفْرَة صامِتَة	silent mutation
طَفْرة فُقدان الفِعْل	loss-of-function mutation
طَفْرَة قُطْبِيَّة	polar mutation
طَفْرَة كابِتَة	suppressor mutation
طَفْرَة لا قِيْمَة لهَا	nonsense mutation
طَفْرَة مُدْخَلَة	insertion mutation
طفرَة مُسَبِبة لانحِراف الإطار	frameshift mutation
طَفْرَة مُكْتَسَبَة	acquired mutation
طَفْرَة مُمِيْتَة	lethal mutation
طَفْرَة مُوَجَّهَة المَوقع	site-directed mutagenesis
طَفْرَة نُقطِيَّة	point mutation
طَفْرَة هُرَائِيَّة	nonsense mutation
طَفْرَة ورَاثِيَّة	genetic mutation
طُفَيل	parasite
طُفَيلِيّ	parasitic
طِلائِيّ	epithelial
طلب أكْسُجين حَيَويّ	biological oxygen demand
طليعَة	precursor
طليعَة الإنْزيم	proenzyme
طَلِيْعَة الحَيَويَّات	probiotics
طَلِيْعَة الفيتامين	provitamin
طَلِيْعَة الفَيروس	provirus
طليعَة المُوَرِّث الوَرَمِيّ	proto-oncogene
طَلِيْعَة النَّواة	pronucleus
طِهَايَة	opsonization
طَوْر استِشْراب عَكْسِيّ	reverse phase chromatography
طور الإستِقْرَار (في نُمُوّ الجراثيم)	stationary phase
طور التَّلَكُؤ	lag phase
طَوْر النُمُوّ الأسيّ	exponential growth phase
طَوْر النُمُوّ اللوغاريتمي	log growth phase
طَوْر أوّل (في الإنْقِسام الخَلويّ)	prophase
طَوْر إسْتِوائيّ	metaphase
طَوْر ضِعْفانيّ	diplophase
طَوْر فَرْدانيّ	haplophase
طَوْر لوغاريتمي	log phase

English	Arabic
logarithmic phase	طوْر لوغاريتمي
metaphase	طوْر وَسَطيّ
raft	طوْف
amplified fragment length polymorphism (AFLP)	طوْل الجُزْء المُضخَّم مُتعَدِّد الأشكال
facilitated folding	طيّ مُسَهَّل
willingness to pay	طِيْبَة النَّفس لِلعَمَل
spectrum	طَيْف
wide spectrum	طَيْف عَريض
broad spectrum	طَيْف واسِع
broad-specturm	طَيْف واسِع
slime	طين (مادَّة لزجَة أو غروية)

ظ

English	Arabic
in-situ condition	ظروف الدَّاخِل (المَكَان نَفْسُه)
epithelial	ظِهاريّ

ع

English	Arabic
channel-blocker	عائِق القناة
host	عائِل
immunocompromised host	عَائِل مَنقوص المَنَاعة
alu family	alu عائِلة
phage	عاثِيَة
bacteriophage	عاثِيَة (فيرُوس آكِل البكتيريا)
transducing phage	عاثِيَة نابِغَة
accident	عارِض
biological incident	عارِض حَيَويّ
biological shield	عازِل حَيَويّ
fluorescence activated cell sorter	عازِل خَلايا تألُّقيّ
environmist	عالِم بيْئَة
generic	عَامّ (غير محدود المُلكيّة)
agent	عامِل
oxidizing agent	عامِل الأكْسَدَة
initiation factor	عَامِل الإبْتِدَاء
capture agent	عامِل الإنتزاع
chaotropic agent	عامِل التَّشويش (مادَّة تُنتج أيونات تُحلّل التَّركيب الجُزيئيّ)
partitioning agent	عامِل التَّقاسُم
chemical warfare agent	عامِل الحَرْب الكيميائيَّة
uncertainty factor	عامِل الشَّكّ
risk factor	عامِل المُخاطَرَة
competence factor	عامِل المُنافسَة
transcription factor	عامِل النَّسْخ
growth factor	عامِل النُموّ
cartilage-inducing factor	عامِل إحْداث غُضْروفِيّ
azurophil-derived bactericidal factor	عامِل إستِخْراج مُبيد للبكتيريا بصِباغ لازَوَرد
peptide elongation factor	عامِل إطالة البِبْتيد
chemotactics factor	عامِل إنْجِذاب كيميائِيّ
fusogenic agent	عامِل إنْدِماج خَلايا جسْميَّة
bacterial agent	عامِل بكتيريّ
environmental factor	عامِل بيْئِيّ
environmental etiological agent	عامِل بيْئِيّ مُسَبِّب لِلمَرَض
chromatin remodeling element	عامِل تَحْديد صياغَة الصِّبْغين
biological control agent	عامِل تَحَكُّم حَيَويّ
bioconcentration factor	عامِل تَرْكيز حَيَويّ
platelet activating factor	عامِل تَنْشيْط الصَّفائح
biological threat agent	عامِل تَهْديد حَيَويّ
angiogenesis factor	عامِل تَوَلُّد الأوعِيَة
fibrinolytic agent	عامِل حَالّ للفِبْرين
biologic agent	عامِل حَيَويّ
biological agent	عامِل حَيَويّ
aerosolized biological agent	عامِل حَيَويّ مُضَبَّب
fertility factor	عامِل خُصوبَة
risk worker	عامِل خَطِر
agonists	عامِل دوائِيّ مُساعِد (له القابلية على تنبيه مُستَقبِلات الخلايا التي تُنَبَّه عادة بمواد طبيعية)
toxin agent	عامِل سُمِّيّ يُفرَز عند الأيْض
curing agent	عامِل شِفاء
ciliary neurotrophic factor	عامِل عَصَبِيّ هُدْبِيّ
viral agent	عامِل فيرُوسِيّ
nonmass casualty agent	عامِل قَتْل مُحَدَّد

Arabic	English
عامِل كيميائيّ	chemical agent
عامِل مُثَبِّط لِنُموّ المَحْصول	anticrop agent
عامِل مُحَفِّز المُستَعْمَرات	colony stimulating factor
عامِل مُحَفِّز النَّوَاء	megakaryocyte stimulating factor
عامِل مُحَفِّز لمُستعمرات الخلايا المُحَبَّبَة	granulocyte colony stimulating factor
عامِل مُحَوِّر	modifying factor
عامِل مِخْلَبِيّ	chelating agent
عامِل مُدِرّ الصوديوم أُذَيْنِيّ	atrial natriuretic factor
عامِل مُساعِد	co-factor
عامِل مُساعِد التَّدْوير	co-factor recycle
عامِل مُضادّ المادَّة	antimateriel agent
عامِل مُضادّ الميكروبات	antimicrobial agent
عامِل مُضادّ النَّاعور (التَّعلُّق بالدَّم)	antihemophilic factor
عامِل مُضادّ فيرُوسات	antivirial agent
عامِل مُضادّ للعَدْوى	anti-infective agent
عَامِل مُضْعِف	incapacitating agent
عَامِل مُعْدٍ	infectious agent
عامِل مُعَدِّل	modifying factor
عامِل مُمْرِض	pathogenic agent
عامِل مُمْرِض	etiological agent
عامِل مَوْت الوَرَم	tumor necrosis factor
عامِل ناقِل	transfer factor
عامِل نَسْخ يُحَفَّز بواسطة لَجِين	ligand-activated transcription factor
عامِل نُموّ الأرومَة الليفيَّة	fibroblast growth factor
عامِل نُموّ البَشَرَة	epidermal growth factor
عامِل نُموّ الخلايا الجِذْعِيَّة	stem cell growth factor
عامِل نُموّ العَصَب	nerve growth factor
عامِل نُموّ أرومَة لِيْفِيَّة حامِضِيَّة	acidic fibroblast growth factor
عامِل نُموّ أساسِيّ للأرومَة اللِيْفِيَّة	basic fibroblast growth factor
عامِل نُموّ خلايا T	T-cell growth factor
عامِل نُموّ عُضَيّات الدَّم	hematologic growth factor
عامِل نُموّ مُتَعلِّق بالصَّفائح	platelet-derived growth factor
عامِل نُموّ مُتَعلِّق بالصَّفائح عند الجُرْح	platelet-derived wound growth factor
عامِل نُموّ مُتَعلِّق بالصَّفائح عند إلْتِئام الجُرْح	platelet-derived wound healing factor
عامِل نُموّ مُكَوِّن الدَّم	hematopietic growth factor
عامِل نُموّ وعائِيّ المَنْشأ	angiogenic growth factor
عَبَّاد الشَّمْس مُحَسَّن نوعيَّة الزَّيْت	mid-oleic sunflower
عبْر الأدَمَة	transdermal
عبْر الجِلْد	transcutaneous
عُبُور أجزاء من المادَّة الوراثيَّة (بين كروماتيدين متماثلين غير شقيقين في اثناء الطور التمهيدي الاول من الانقسام المنصف)	crossing-over
عِتاد الحَرْب	munition
عَجْز	incapacitation
عَدّ البكتيريا	bacteria count
عَدّ تَدفق الكُرَيّات	flow cytometry
عَدَد الصِّبْغِيَّات مُضاعَف عن الأصل	euploid
عَدَد تَقَلُّبِيّ	turnover number
عَدِلات	neutrophils
عَدِلة	neutrophil
عَدْوائِيّ	infectious
عَدْوائِيّ	infective
عُدْوانيّ	invasive
عَدْوَى	contagion
عَدْوَى	infection
عَدْوَى انْتِهازِيَّة	opportunistic infection
عَدْوَى بالطُّفَيْلِيَّات	infestation
عَدْوَى بكتيريَّة	baterial infection
عَدْوَى خَلَطِيَّة	cross-infection
عَدِيْد البِبْتيد	polypeptide
عَدِيْد الرَّايبوسومات	polyribosome
عَدِيْد الرَّايبوسومات	polysome
عَدِيْد السَّكَّاريد	polysaccharide
عديد السُكَّريات الدُهنيّ	lipopolysaccharide
عديد السُكَّريات الدُهنيّ	lopopolysaccharide
عَدِيْد الفينول	polyphenol
عَدِيْد النوكليوتيد	polynucleotide
عَدِيْد سُكَّرِيَّات لا نَشَوِيّ	non-starch

English	Arabic
polysaccharide	
multigenic	عَديْدَة المُوَرِّثات
glycoalkaloid	عديدة سُكريات قلوية
innocuousness	عَديْم الضَرَر
truck	عَرَبَة بَضائِع أو شاحِنَة
wagon	عَرَبَة نَقل بأرْبَعَة دَوالِيْب
van	عَرَبَة نَقل مُغْلَقة
symptom	عَرَض
phage display	عَرْض العاثِيَة
differential display	عَرْض تَمايُزِيّ
nonspecific symptom	عَرَض غيْر مُحَدَّد
adventitious	عَرَضِيّ
convention	عُرْف
isolation	عَزْل
niche	عُشّ
jimson weed	عُشْبَة جِمْسون
pungi stick	عَصا بونجي
neuron	عَصْبون
neural	عَصَبِيّ
tertiary period	عَصْر ثالِثِيّ (عَصْر جيولوجي)
bacillus	عَصَوِيَّة (جِنْس بكتيريا من فصيلة العَصَوِيَّات)
bacillus thuringiensis	عَصَوِيَّة تُورنْجِيَّة
bacillus anthracis	عَصَوِيَّة جَمْرِيَّة
bacillus subtilis	عَصَوِيَّة رَقيقة
myocardium	عَضَلِيّ قَلْبِيّ
organ	عُضُو
xenogeneic organ	عُضُو أجْنَبِيّ
xenogenetic organ	عُضُو أجْنَبِيّ ورَاثِيًّا
xenogenic organ	عُضُو أجْنَبِيّ ورَاثِيًّا
alien species	عُضْوِيَّة غَرِيْبَة
organelle	عُضَيَّة
aromatic	عِطْرِيّ (ذو رائِحَة طيِّبة)
incapacitation	عَطْل القوَّة أو القُدْرَة على العَمَل
gall	عَفْصَة (جَوْزَة العفص)
mold	عَفَن
gibberella ear rot	عَفَن عرنوس جبريلي
neurologic sequelae	عَقابيل عَصَبِيَّة
sequela	عُقبول
knottin	عُقَدْ (يصبح ذو عقدة)
node	عُقْدَة
ganglion	عُقْدَة عَصَبِيَّة
streptococcal	عِقْدِيّ (مُتَعلّق ببكتيريا العِقْدِيَّات)
streptococcal enterotoxin	عِقْدِيَّات الذيفان المِعَوِيّ
streptococcus	عِقْدِيَّة (جنس من البكتيريا)
streptococcus mutan	عِقْدَيَّة طَافِرَة
male-sterile	عُقم ذكَرِيّ
nodule	عُقَيْدَة
central dogma	عَقيدَة مَرْكَزِيَّة
sterile	عَقِيْم
dissimilation	عَكس التَمَثُّل
antiparallel	عَكْسِيّ التَّوازي
turbidity	عُكُورَة
radiotherapy	عِلاج بِالأشِعَّة
alternative medicine	عِلاج بَدِيْل
adoptive cellular therapy	عِلاج خَلَوِيّ مُتَبَنَّى
curative	عِلاجِيّ
liaison	عَلاقة مُتَبَادَلة
bacterial expressed sequence tag	عَلامات تَسَلْسُل بكتيريَّة مَعْروفة
tag	عَلامَة
affinity tag	عَلامَة أليفَة
expressed sequence tag	عَلامَة سِلسِلَة مُعَبَّر عنها
quantum tag	عَلامَة كَمِيَّة
acute illness	عِلَّة حادَّة
embryology	عِلم الأجِنَّة
biology	عِلم الأحْياء
structural biology	عِلم الأحياء التركيبيّ
microbiology	عِلم الأحياء المِجْهَرِيَّة
pharmacology	عِلم الأدْوِيَة
meteorology	عِلم الأرْصاد الجَوِّيَّة
serology	عِلم الأمصال
oncology	عِلم الأوْرَام
paleontology	عِلم الإحاثَة (عِلم دِراسَة المُسْتحاثات)
ecology	عِلم البِيْئَة
agroecology	عِلم البيئَة الزراعِيّ
nutritional epigenetics	عِلم التَّخلُّق الغِذائِيّ
morphology	عِلم التَّركيب الشَّكلِيّ
taxonomy	عِلم التَّصْنِيف
nutrigenomics	عِلم التَغْذِيَة الوِرَاثِيّ
combinatorics	عِلم التَّوْليف

Arabic	English
عِلم الجراثيم البكتيريَّة	bacteriology
عِلم الحَراج الزراعِيّ	agroforestry
عِلم الحَيَاة باستِخدَام الحَاسوب	in-silico biology
عِلم الدِّيناميكا الهوائيَّة (الإيروديناميات)	aerodynamic
عِلم الشُّحوم	lipidomics
عِلم العَقاقِيْر	pharmacognosy
عِلم العَقاقِيْر الكيميائِيّ	chemopharmacology
عِلم الغابات	silviculture
عِلم الغُدَد الصَمَّاء	endocrinology
عِلم الكِيْمياء الحَيَويَّة	biochemistry
عِلم المَجين	genomics
عِلم المَجِيْن الدَّوائِيّ	pharmacogenomics
عِلم المَظْهَر الورَاثِيّ (دِرَاسَة المَظْهَر مع مَعْرِفة التَّكوين الورَاثِيّ)	phenomics
عِلم المَعلومات الطِبِّي	medical informatics
علم المُوَرِّثات التطبيقي الشامل	mass-applied genomics
عِلم الورَاثة	genetics
عِلم الورَاثة البِيْئيّ الدَّوائِيّ (تفاعُل العوامِل البيْئيَّة مع التَّكوين الورَاثِيّ لكائِن ما لِتَحديد استِجابَتِه لِلدَّواء)	pharmacoenvirogenetics
عِلم الورَاثة الدَّوائِيّ	pharmacogenetics
عِلم الورَاثة المَعْكوس	reverse genetics
عِلم الوَظَائِف المَرَضِيّ	pathophysiology
عِلم أسْباب الأمْراض	etiology
عِلم إختلاف الأجناس	heterology
عِلم حيوية السُّكَّريات	glycobiology
عِلم حَيَويَّة الميكروبات الأرضيَّة	geomicrobiology
عِلم دِراسَة السُّكان	demography
عِلم دِراسَة السُّلالات الحَيَويَّة	ethnobiology
عِلم سُمِّيَّة البيْئَة	ecotoxicology
عِلم نانَوِيّ	nanoscience
عِلم وراثة الخَلِيَّة	cytogenetics
عِلم وَظائِف الأعْضَاء	physiology
عِلم وَظائِف البكتيريا	bacterial physiology
عِلم وَظائِف المَيْكروبات	microbial physiology
عِلم يَدْرُس البروتينات التي تُعَبِّر عنها المادَّة الورَاثيَّة في الكائِنات الحَيَّة	proteomics

Arabic	English
عَلَنِيّ	overt
عُلوم مَجينيَّة	genomic sciences
عُلَيْبَة	cassette
عُلَيْبَة (غِلاف بروتينيّ لِدقائِق الفيرُوس)	capsid
عُلَيْبَة المُنْهي	terminator cassette
عُمْر (مُتَوَسِّط الحياة)	lifetime
عُمْر المَصْل	serum lifetime
عَمَل مَوْزون	contained work
عَمَلِيَّة الإمْراض	pathologic process
عَمَلِيَّة حَيَويَّة	biological operation
عَمَلِيَّة حَيَويَّة	bioprocess
عَمَلِيَّة رَبْط جُزَيْئات البيوتين مع بَعْضِها	biotinylation
عَمِيْل الحَرْب الحَيَويَّة (البيولوجيَّة)	biological warfare agent
عُنْصُر الألومنيوم	aluminum
عنصر الفُسْفور	phosphorus
عُنْصُر الكالسيوم	calcium
عُنْصُر الكلور	chlorine
عُنصُر الهيدروجين	hydrogen
عُنْصُر آرس (مجموعة عناصر تبدأ عملية تضاعف الدنا في الخميرة yeast)	ars element
عُنْصُر إستِجَابَة هُرْمونية	hormone response element
عُنْصُر سابِق	retroelement
عُنْصُر عائِل	host factor
عُنْصُر مُحَوِّل أو مُتَرْجَم أو مَنْقول	transposable element
عُنْصُر مِنْطَقة إتِّصال	contact zone element
عُنْصُر مُنَظِّم	regulatory element
عُنْصُر ورَاثِيّ مُتَحَرِّك (مُتَنَقِّل)	movable genetic element
عُنْصُر وراثِيّ مُحَوِّل أو مُتَرْجَم أو مَنْقول	transposable genetic element
عُنْقود	cluster
عُنْقوديّ (مُتَعَلِّق ببكتيريا المُكَوَّرَة العُنْقوديَّة)	staphylococcal
عَوالِق نَباتِيَّة	phytoplankton
عَوَز الأكْسِجين	oxygen deficiency
عَوَز مَنَاعِي	immunodeficiency
عَونِيّ التَّغذِيَة	auxotroph

English	Arabic
titer	عِيَار
environmental sample	عَيِّنَة بيئيَّة
acute sample	عَيِّنَة حادَّة
continuous sample	عَيِّنَة مُستَمِرَّة

غ

English	Arabic
primary forest	غابَة أوَّليَّة
secondary forest	غابَة ثانَويَّة
natural forest	غابَة طَبيْعيَّة
insidious	غَادِر
gas	غاز
aeromonas	غازيَّة (جِنْس جراثيم من فصيلة الضميَّات)
displacement loop	غانَة الإزاحَة
dust	غُبَار
gland	غُدَّة
endocrine gland	غُدَّة صَمَّاء
anterior pituitary gland	غُدَّة نُخاميَّة أماميَّة
vitafood	غِذاء حَيَويّ
functional food	غِذاء وَظيفيّ
colloid	غَرَاوان (مزيج من مادتين لا تمتزجان بحيث تكون جُسَيمات الواحدة منها صغيرة جداً)
colloidal	غَرَوانِيّ
heterologous	غريْب (نسيج في موضع غير سويّ)
spinning	غَزْل
invasive	غَزَويّ
membrane	غِشَاء
dura mater	غِشاء الأم الجافيَة (غِشاء دِماغِيّ)
nanotube membrane	غِشاء أنْبُوب نانَويّ
plasma membrane	غِشاء بلازْمِيّ
cell membrane	غِشَاء خَلَويّ
plasmalemma	غِشاء خَلَويّ (بلازمِيّ)
cytoplasmic membrane	غِشاء سيتوبلازمي (الغِشاء المُحِدّ لبلازما الخَليةّ)
intracellular membrane	غِشَاء ضِمْخَلَويّ
epithelium	غِشاء طِلائِيّ
mucous membrane	غِشاء مُخاطِيّ
respiratory mucosa	غِشاء مُخاطِيّ تَنَفُّسِيّ
plasma membrane	غِشاء هَيُولِيّ
branch	غُصْن
placebo	غُفْل
T-shell	غِلاف T
nuclear envelope	غِلاف النُّواة
biosphere	غِلاف حَيَويّ (مُحيط حيّ لِلأرض)
rhizosphere	غِلاف مُحيط بالجُذَيرَة
galactose	غلاكتوز
buffy coat	غِلالة شَهْباء
mucous membrane	غِلالة مُخاطِيَّة
γ globulin	غلوبولين جاما
antihemophilic globulin	غلوبولين مُضادّ النَّاعور (التَعَلُّق بالدَّم)
immunoglobulin	غلوبولين مناعيّ (مجموعة من بروتينات الجلوبين في الجسم تعمل كمُضادّ حيويّ)
Abiotic	غيْر حَيَوِيّ
benign	غيْر خَبِيْث
nontraumatic	غير رَضْحِي
nonvolatile	غير طَيَّار
inorganic	غيْر عُضْوِيّ
bioinorganic	غيْر عُضْوِيّ حَيَوِيّ
heterogeneous	غيْر مُتَجانِس
noninvasive	غير مُتَعَدِّي
hydrophobic	غير مُحِبّ للماء
afebrile	غيْر مَصْحُوب بِحُمَّى
nonenteric	غير مِعَوِيّ
noninvasive	غير مُنْتَشِر
nonproliferation	غير مُنْتَشِر
antisense	غيْر مَنْطِقِيّ
heterologous	غَيرَوِيّ
hetero-	غَيرِيّ -
heterotrophic	غيريّ التَّغَذِّي
heterotroph	غيريّ التَّغَذِّي

ف

English	Arabic
age group	فِئَة عُمْرِيَّة
spreader	فارِشَة
surfactant	فاعِل بالسَّطْح

Arabic	English
فاكِهَة لا بِذْرِيَّة	seedless fruit
فالين (حِمض أميني أساسي)	valine
فانكوميسين (مُضادّ حَيَوِيّ)	vancomycin
فايبرونكتين (بروتين لاصِق للخَلايا)	fibronectin
فأر الحَقل الأرْجنتينيّ	calomys colosus
فأريّ	murine
فِبرين	fibrin
فتحَة مِرَش صَغيْرَة	nozzle
فتْرَة الحَضانَة	incubation period
فترة الحَمْل	gestation period
فتْرَة السَّرَيان (العَدْوَى)	communicable period
فتْرَة تَغيُّرات جيولوجيَّة	pleistocene
فتْرَة رُباعيَّة	quaternary period
فترة ضوئيَّة	photoperiod
فترة كُمون	latency period
فجْوَة	vacuole
فجْوَة تَشابُكيَّة	synaptic gap
فحْص تِقَنِيّ	technical testing
فحْص حَقْلِيّ مَحْدود	confined field testing
فحْص طِبِيّ حَيَوِيّ	biomedical testing
فحْص مِجْهَرِيّ	microscopy
فحْص مِجْهَرِيّ بالقُوَّة الذرِّيَّة	atomic force microscopy
فحْص مَناعَة انزيميّ	enzyme immunoassay
فحْص مَناعَة مُتَعلّق بالانزيم	enzyme-linked immunoassay
فحْص مَناعِيّ إسْتِشرابيّ مُتَعلّق بالانزيم	enzyme-linked immunosorbent assay
فحْص مَناعِيّ باللَّمَعان الكيميائيّ	chemiluminescent immunoassay
فحْص ورَاثيّ	genetic testing
فحْم نَباتِيّ مُنَشَّط	activated charcoal
فرَاشَة ضَخْمَة	monarch butterfly
فرْد	gun
فرْد غيْر مُمَنَّع (غير مُحَصَّن بالمناعَة)	unimmunized individual
فرْدٌ مُلَقَّح سابقاً	previously-vaccinated individual
فرْز خَلايا	cell sorting
فُرْشاة تَعْمَل بضَغْط الهَواء	airbrush
فرَضيَّة البُطْلان	null hypothesis
فرَضيَّة غايا	Gaia hypothesis
فرْط التَحَسُّس	hypersensitivity
فرْط الصوديوم	hypernatremia
فرْط كوليسترول الدم	hypercholesterolemia
فرْع	branch
فروكتان (مكثور الفركتوز)	fructan
فُسْفاتاز (انزيم)	phosphatase
فُسْفاتيديل الكولين (ليسيتين)	phosphatidyl choline
فُسْفاتيديل سيرين	phosphatidyl serine
فسفاتين (بروتين تُفرزه الخلايا الدُهنيَّة المِعَويَّة محاكٍ للأنسولين)	visfatin
فسْفَتَة (إدخال زُمْرة فُسْفات إلى الجزيء)	phosphorylation
فسْفَتَة أكسَدِيَّة	oxidative phosphorylation
فسْفَتَة ضَوئيَّة	photophosphorylation
فسفرة	phosphorylation
فسْفَرَة تَخليق ضَوئِيّ	photosynthetic phosphorylation
فسفرة حلَقِيَّة	cyclic phosphorylation
فُسْفودايستِراز (انزيم)	phosphodiesterase
فسفور مُتواجِد بكميَّات كبيرَة	highly available phosphorous
فُسْفوليباز (انزيم)	phospholipase
فسفينوترايسين (مُبيْد أعْشاب)	phosphinotricine
فسفينوثريسين (مُبيْد أعْشاب)	phosphinothricin
فُصال عَظْمِيّ	osteoarthritis
فصْل الألياف المُجَوَّفَة	hollow fiber separation
فصْل الأيونات	ionizing
فصْل إسْتِشرابيّ	exclusion chromatography
فصْل غِشائِيّ	dialysis
فصْل كَهْرَبائِيّ دَقيق	capillary electrophoresis
فصْل مُتَخالِف	transgressive segregation
فِطْر	fungus
فعاليَّة	efficacy
فعاليَّة الماء	water activity
فقاعَة جِنْسيَّة	pheromone
فقر الدَّم	anemia
فقر دَم لا تَنَسُّجِيّ	aplastic anemia

فقر دَمّ ناتِج عن عَوَز الحديد	iron deficiency anemia
فقرَة ديلاني	delaney clause
فلافونولات	flavonols
فلافونويد	flavonoid
فلافين	flavin
فلافين أحاديّ النيوكليوتيد	flavin mononucleotide
فلافين أدينين ثنائيّ نيوكليوتيد FAD))	flavin adenine dinucleotide
فلافين نيوكليوتيد	flavin nucleotide
فلافينويد	flavinoid
فلتَرَة بواسِطة الغِشاء	membrane filtration
فَلْخ مَشْبَكِيّ	synaptic cleft
فلوروكونيولون	fluoroquinolone
فَمَويّ بُلعومِيّ	oropharyngeal
فوتوراهدس لومينسين (حَشَرَة)	photorhabdus luminescen
فوتوفور (عُضو مُضيئ في الأسْماك البحرية)	photophore
فوتون (وِحْدَة الكَمّ الضَوئيّ)	photon
فورانوز (نوع من السكريات)	furanose
فورانوكومارين (مادة كيماوية مُبيدَة للحشرات)	furanocoumarin
فوروكومارين (مادة سامَّة مُسَبِّبة للغثيان، التقيُؤ والتشنج للإنسان)	furocoumarin
فوسجين (غاز ثنائي كلوريد الكربونيك)	phosgene
فوسفات الصوديوم	sodium phosphate
فوسفاتاز قلويَّة (انزيم)	alkaline phosphatase
فوْعَة (شِدَّة الفيرُوس)	virulence
فوْق صَوْتِيّ	ultrasonic
فول (إسْم علمي)	glycine max
فوليسيتين (مُثير حَشَرات)	volicitin
فوماراز (انزيم)	fumarase
فوّهة الثُغور	stomatal pore
فُوّهَة رَذاذيَّة مَيْكرونيريَّة	micronair spray nozzle
في الأحْيَاء	in-vivo
في الأنْبُوب	in-vitro
في الجِسْم الحَيّ	in-vivo
في الدَّاخِل	in-situ
في المُخْتَبَر	in-vitro
في مَكانِه الطبيعِيّ	insitu
في مَوضِعِه	in-situ
فِيتاز (انزيم)	phytase
فيتامير (مادَّة ذات فعالية فيتامينية)	vitamer
فيتامين (مادَّة عُضوية تعتبر عاملاً غذائياً ضرورياً بكميات ضئيلة للشخص العادي)	vitamin
فيتوفثورا (فِطْر العَفَن)	phytophthora
فيتوكروم (صِباغ بروتيني نباتي)	phytochrome
فيتوين (وحدة صغيرة من تراكيب نباتية)	phytoene
فيتيت	phytate
فيرودكسين	ferrodoxin
فيرُوس (عامِل مُحْدِث للمرض)	virus
فيرُوس التِهاب السَّحايا والمشيمات اللّمْفاوي	lymphocytic choriomeningitis virus
فيرُوس الحُمَّى الصَّفراء (جِنْس من الفيرُوسات)	flavivirus
فيرُوس العَوَز المناعيّ البشريّ	HIV
فيرُوس العَوَز المناعيّ البَشَريّ	Human Immunodeficiency Virus
فيرُوس أورْا (ينتمي للفيرُوسات الألفاويَّة)	aura virus
فيرُوس إرتجاعِيّ	retrovirus
فيرُوس تَبَقُّع اللُوبْياء	cowpea mosaic virus
فيرُوس جَدَريّ البَقَر	cowpox virus
فيرُوس حُمَّى أبو الرُكَب	dengue fever virus
فيرُوس رَيَويّ (فيروس تَنَفُّسِيّ مِعَويّ)	reovirus
فيرُوس سن نومبير (كلمة إسبانيَّة تعني فيروس بدون اسم من العائلة البُنْياويَّة)	sin nombre virus
فيرُوس سندبس (الفيروسة الألفاويَّة التي تُسَبِّب الحُمَّى)	sindbis virus
فيرُوس مُضَخِّم لِلخَلايا	cytomegalovirus
فيرُوس ناقِص (فيه خَلَل او عَيْب)	defective virus
فيرُوس هانتا	hantavirus
فيرُوس وَرَمِيّ	tumor virus
فيرُوس يَتَكاثَر في خلايا أجْنَبيَّة	xenotropic virus
فيرُوسات ألفا	α virus
فيرُوسات إرتجاعيَّة ناقِلة	retroviral vecto

فيرُوسات بُنياويَّة (فصيلة من الفيرُوسات)	bunyaviridae
فيرُوسات بيكُورناويَّة (فصيلة من الفَيرُوسات)	picornaviridae
فيرُوسات رَبْديَّة	rhabdoviridae
فيروسات ريَويَّة (تُصيب الجهاز التَّنَفُسِيّ)	reoviridae
فيرُوسات طخائيَّة	togaviridae
فيرُوسات عَصَويَّة	baculovirus
فيرُوسات غُدَّانيَّة	adenoviridae
فيروسات مُخاطانيَّة (فصيلة منَ الفَيروسات)	paramyxoviridae
فيرُوسات مُصَفِّرَة (فصيلة من الفيرُوسات)	flaviviridae
فيرُوسات وَريديَّة (تُسَبِّب الحُمَّى)	phlebovirus
فيرُوسة الجُدَريّ	poxvirus
فيرُوسة بابُوفيَّة	papovavirus
فيرُوسَة غُدَّانيَّة	adenovirus
فيرُوسيّ	viral
فيرُوسيّ الشَّكّل	viroid
فيرومون (مادَّة تُفرَز للخارج فيُحدِث شمُّها تفاعُلاً في شخص آخر)	pheromone
فيريتين (من نتائج أيض الهيموجلوبين)	ferritin
فيريون (جُزَئ فيرُوسيّ عدوائِيّ كامل من الدنا والرنا مُحاط بغِشاء بروتيني)	virion
فيزياء حَيَويَّة	biophysics
فيزياء طبيعيَّة	biophysics
فِيْلم حَيَويّ	biofilm
فيلوفيريدي (نوع من طُفَيليَّات دودة القرع)	filoviridae
فيمونسين (ذيفان فِطْريّ)	fumonisin
فينيل ألانين (حِمض أميني)	phenylalanine
فيوزاريوم الحُبوب	fusarium graminearum
فيوزاريوم مونيليفورم	fusarium moniliforme

ق

قائِد	leader
قائِفَة (أداة رَسْم)	tracer
قابل للإمْتِلاء ثانية	refillable
قابل لِلتَّحَلُّل الأحيائيّ	biodegradable
قابِليَّة التَّطبيق	applicability
قابليَّة العَدْوَى	infectibility
قابليَّة وراثيَّة	genetic predisposition
قابليَّة وراثيَّة	genetic predisposition
قاتِل البكتيريا (مُبيد)	batericidal
قاتِل طَبِيْعيّ	natural killer
قارُورَة	bottle
قاعِدَة	Base
قاعِدَة التَّفاعُل	substrate
قاعِدَة بَيانات تَفاعُلات البروتين	DPI
قاعِدَة نَوَويَّة	nucleic base
قاعِدَة مُتَوالِيَة	base sequence
قاعِدَة نيتروجينية	nitrogenous base
قاعدة نيتروجينية (جوانين)	guanine
قالب	mold
قالب	template
قامِع	quelling
قانون كيفاوفر	kefauver rule
قَبْط	uptake
قبْل الأحْياء	prebiotics
قبْل السَّريريّ	preclinical
قبول الدَّفْع	willingness to pay
قبيْلَة	phylum
قُدْرَة	capacity
قُدْرَة ذاتيَّة على التمايُز	totipotency
قُدْرَة على العَدْوَى	infectivity
قُدْرَة كائِن حَيّ على الإستِجابة للبيئة المُحيطة به	vagility
قذْف بالأشِعَّة المَيْكرويفيَّة	microwave bombardment
قرار شاكرابارتي	chakrabarty decision
قِران تَمايُزيّ	differential splicing
قُرْحَة مَيِّتَة	necrotic ulcer
قُرْص	disk
قُسَيْم طرَفِيّ (للصِّبْغيَّات)	telomere

قُسَيْم مَرْكَزِيّ	centromere
قِشْرَة الجَرْح	slough
قِشْرَة نانَوِيَّة	nanoshell
قصَبات هوائيَّة	bronchi
قطا	pica
قطْع	excision
قطْع مُتَمايل	staggered cut
قِطْعَة تَضاعُف مُسْتَقِل	autonomous replicating segment
ُقطَيْرَة	droplet
قعِدَة (خلية تتلوَّن بالأصْباغ القاعدية)	basophil
قُفَيْصَة مُنَوَّاة	nucleocapsid
قلوانِيّ	alkaloid
قلوِيّ	alkali
قلوِيّ	alkaline
قليل الببْتيد	oligopeptide
قليْل السُكَّرِيَّات	oligosaccharide
قليْل المَوحودات	oligomer
قليْل النُوكْليوتيد	oligionucleotide
قليل النُوكْليوتيد	oligonucleotide
قليْل سُكَّر الفاكِهَة	oligofructose
قليل سُكَّريات مانان	mannan oligosaccharide
قليْل فروكتان	oligofructan
قليلة سُكَّرِيَّات ناقِلة لِلجالكتوز	transgalacto-oligosaccharides
قنابِل عُنقودِيَّة	submunition
قنَاة الأيون	ion channel
قنَاة الغِشاء	membrane channel
قِنَاع	mask
قِناع مُتَعَدِّد الطبَقات عالي فعَالِيَّة تَنقِيَة الهَواء	multi-layered high-efficiency particulate air mask
قُنْبُلة	bomb
قُنْبُلَة مُلَوِّثة	dirty bomb
قَوْباء مَنْطِقِيَّة (مرض جِلدي فيرُوسِيّ)	zoaster
قُوَّة الإجْتِذاب	avidity
قُوَّة الهَجين	hybrid vigor
قِياس حَيَوِيّ	biological measurement
قِياس خَلَوِيّ	cell cytometry
قياسات كيميائِيَّة	chemometrics
قِياسِيّ	standard
قَيْح	pus
قِيَم أخْلاقِيَّة	ethical values
قِيْمَة اسْتِعْمَال لا فاعِلَة	passive use value
قِيْمة الإرْث بِتَوصِيَة	bequest value
قِيْمَة الإسْتِعمال	use value
قيمة التأمين	insurance value
قِيْمَة التَّطوُّر	development value
قِيْمَة الخَيَار	option value
قِيْمَة الخِيَار الجُزئِيّ	quasi-option value
قِيْمَة الخِيَار الظاهِرِيّ	quasi-option value
قِيْمَة السَّقف	ceiling value
قِيمَة أوَّلِيَّة	primary value
قِيْمَة إسْتِعمال مُبَاشِر	direct use value
قِيْمَة إقتِصادِيَّة كُلِيَّة	total economic value
قِيْمَة بيئِيَّة كُلِيَّة	total environmental value
قِيْمَة تَحَفُّظِيَّة	conservation value
قِيْمَة ثانَوِيَّة	secondary value
قِيْمَة حالِيَّة صافِيَّة	net present value
قِيْمَة خاصَّة	private value
قِيْمَة دنا الخَلَوِيّ	c value (cellular DNA value)
قِيْمَة عُليا	ceiling value
قِيمَة غيْر مُسْتَهْلَكَة	non-consumptive value
قِيْمَة غير نافِعَة	non-use value
قِيْمَة مُقَدَّرَة	valuation
قِيْمَة وُجود	existence value

ك

كائِن حَقيقِيّ النَّواة	eukaryote
كائِن حَيّ	organism
كائِن حيّ دَقيْق	microorganism
كائِن حَيّ غير مُسْتَهْدَف	nontarget organism
كائِن حَيّ قادِر على الإستِجابة للبيئَة المُحيطة به	vagile
كائِن حيّ مِجْهَرِيّ	micro-organism
كائن حي مُحَسَّن	living modified organism
كائِن حيّ نَموذَج	model organism
كائِن دَقيْق	micro-organism

Arabic	English
كائِن مُمْرِض	pathogenic organism
كائِنات حَيَّة ذات صِفات نادِرَة	organisms with novel traits
كابح بكتيري (مُوَقِّف لِنُموّ البكتيريا)	bacteriostat
كابح نَسْخِيّ	transcriptional repressor
كاتالاز (انزيم)	catalase
كاتيكولامين (مُرَكَّبات مُشتقة من الكاتيكول مثل الأدرينالين تُؤثرعلى الجهاز العَصَبيّ)	catecholamine
كاتيكين (مادَّة قابضَة)	catechin
كاتيون (أيون مُوجَب الشحنة)	cation
كاديرين (بروتينات لاصِقة بين الخَلايا)	cadherin
كاربيتيمر (بوليمر صِناعِيّ مُضادّ للسُّموم)	carbetimer
كارنيتين (حِمض أمينيّ)	carnitine
كاروتين بيتا	β carotene
كاظِمة (مادَّة يُنْتِجُها المُوَرِّث الكاظِم)	repressor
كافئين	caffeine
كافُوْر	camphor
كافيولا	caveolae
كافيولين	caveolin
كالبين – 10	calpain-10
كالمودولين (بروتين رابط الكالسيوم)	calmodulin
كالوري	calorie
كالييايج (طَفْرَة في المواشي تُسَبِّب الأرداف الحَمِيلَة)	callipyge
كامبستيرول (ستيرول نباتي)	campestrol
كامبستيرول (ستيرول نباتي)	campsterol
كامبستيرول (ستيرول نباتي)	campesterol
كامبيل هوسفيلد	Campbell Hausfeld
كامتوسيثينز (كالوميد ثنائي مُضادّ السَّرطان)	camptothecins
كانابينويد (مركب شبيه بالكانابيديول)	cannabinoid
كانافانين	canavanine
كاندا	canda
كانولا	canola
كايميرا	chimera
كَبْت المُقَيِّضَة	catabolite repression
كَبْت المَناعة	immunosuppressive
كَبْت انزيم	enzyme repression
كَبِد	liver
كبريت الهيدروجين	hydrogen sulfide
كِبْريتات المَغنيسيوم	magnesium sulfate
كُتْلة جُزَيئِيَّة	molecular mass
كُتْلة حَيَوِيَّة	biomass
كَثافة	density
كَثافة أحْيائِيَّة	biomass
كَثْرَة اللَّمْفاوِيَّات	lymphocytosis
كَثْرَة خَلايا السَّائِل النُّخاعِيّ	pleocytosis
كَثِيْر الإلتِفاف	supercoiling
كُحول إثيلِيّ	ethanol
كربوهيدرات	carbohydrate
كربوهيدرات دُهنيَّة	lipopolysaccharide
كُرَة مِكْرَوِيَّة	microsphere
كُرْش (في المُجْتَرَّات)	rumen
كركمين	curcumin
كَرْنَب	juncea
كروماتيد	chromatid
كروماتين	chromatin
كروماتين مُغاير	heterochromatin
كروماتين مُغاير بُنْيَوِيّ	constitutive heterochromatin
كروموسوم	chromosome
كروموسومي	chromosomal
كرياتينين (بقايا الكرياتين العضلي)	creatinine
كُرَيَّة الدَّم الحَمْراء	red blood cell
كُرَيَّة بَيْضاء	white corpuscle
كُرَيَّة بَيضاء مُتَعَدِّدَة النَّوَى	polymorphonuclear leukocyte
كُرَيَّة دَم بَيْضاء	leukocyte
كُرَيَّة دَم بَيْضاء	white blood cell
كُرَيَّة مُفَصَّصَة	polymorphonuclear granulocyte
كُرَيَّة ناسِجَة	histoblast
كسافا (نَبات ذو جُذور نَشَوِيَّة)	cassava
كَسِيْح	incapacitation

كَشْف عن الثُّقب النانَويّ	nanopore detection
كَظْم	repression
كَفاءَة التَّحْويل	transformation efficiency
كلاثرين (مادَّة مُضادَّة لِلتَّجَلُّط)	clathrin
كُلفة الفُرْصَة الإجتماعيَّة	social opportunity cost
كَلْوَرَة (إضافة الكلور لتنقية الماء)	chlorination
كلوروفورم	chloroform
كلوروفيل (صِبْغات نَباتيَّة خَضْراء لها وظيفة استلام الطاقة الضَّوئية في عملية التخليق الضوئي)	chlorophyll
كليندامِيسين (مُضادّ حَيَويّ)	clindamycin
كَمّ نُقطِيّ	quantum dot
كَمَّامة تَصْفيَة هَواء خاصَّة بفعاليَّة عاليَة	high-efficiency particulate air filter mask
كُمون	latency
كناميسين (مضاد حيوي)	kanamycin
كِنان سُكَّري (غِطاء بروتيني سُكَّريّ يُغطي العديد من الخلايا)	glycocalyx
كَهْرَبيّ الحَدّ	electrostatic
كَهْرَضَغْطِيّ	piezoelectric
كَهْرَل (مُنْحَلّ بالكَهْرَباء)	electrolyte
كَهْرَل غَرَوانِيّ	colloidal electrolyte
كَهْرَل مُذَبْذَب	amphoteric electrolyte
كولاجين (بروتين ليفي)	collagen
كولاجيناز (انزيم يهضم الكولاجين)	collagenase
كولشيسين (مُرَكَّب قلوي يمنع تَكَوُّن الخيوط المغزلية أثناء إنقسام الخلية)	colchicine
كولوديال (سائِل دَبِق يُخَلِّف غِشاء ضِدّ الماء)	collodial
كوليسترول	cholesterol
كوليسين (بروتين تفرزه بعض الجراثيم القولونية)	colicin
كوليكالسيفرول	cholecalciferol
كولين (مادَّة في الصَّفراء ضروريَّة لأداء الكَبِد الوظيفيّ)	choline
كونجلاسينين بيتا	β -conglycinin
كونجلايسنين b	b-conglycinin
كونزو (اسم مرض)	konzo
كويرسيتين (مركب ذو مفعول وعائي)	quercetin
كوينتز مُثَبِّط التربسين	kunitz trypsin inhibitor
كوينولون (مُضادّ حيوي)	quinolone
كيتوز (سُكَّر أحادي بسيط يحتوي على مجموعة كاربونيل في غير النهاية الطرفية)	Ketose
كيتين (مادَّة قرنيَّة تُشَكِّل الغِلاف الخارجيّ للحَشَرات)	Chitin
كيتينيز (انزيم)	chitinase
كيراتين (بروتينات في الانسِجَة المُتَقَرِّنَة)	keratin
كيلو دالتون (وحدَة لقياس الوزن تساوي 1000 دالتون)	kilodalton
كيلو قاعِدة	kilobase
كيلو قاعِدة (وحدَة قياس طول في البيولوجيا الجزيئيَّة تساوي 1000 قاعِدة زوجيَّة)	kb
كيلو قاعِدة زوجيَّة	kilobase pair
كَيْمَأة	chemicalization
كيموسين (انزيم تَخَثُّر الحليب رينين)	chymosin
كيمياء تَوْليفيَّة	combinatorial chemistry
كيمياء نَظيْرَة	coordination chemistry
كيْميائِيّ حَيَويّ	biochemical
كيميائِيّ نَباتِيّ	phytochemical
كِينار البروتين C	protein kinase C
كيناز (انزيم يعمل على إضافة مجموعة فوسفاتية الى ركيزته)	kinases
كِيناز البروتين (انزيم)	protein kinase
كيناسين	kinesin
كينوم (عملية فسفرة البروتينات باستخدام انزيم كاينيز)	kinome
كُيَيْس	cyst
كُيَيْس وَرَمِيّ	ganglion

ل

Arabic	English
لا حَياتِيّ	abiotic
لا عُضْوِيّ	inorganic
لا عُنُقِيّ	sessile
لا مِعَوِيّ	nonenteric
لا هَوائِيَّة إختيارِيَّة	facultative anaerobe
لاجِنْسِيّ	asexual
لاحِقة بمعنى انزيم	ase
لاطِئ	sessile
لاقِحَة	zygote
لاقِم البكتيريا	bacteriophage
لاقِم لامدا	lambda phage
لاكاز (انزيم)	laccase
لاكتوبيروكسيداز (انزيم)	lactoperoxidase
لاكتوفيريسين	lactoferricin
لاكتوفيرين	lactoferrin
لاكتونيز (انزيم)	lactonase
لاهَوائِيّ	anaerobe
لاهَوائِيّ	anaerobic
لايباز (انزيم)	lipase
لايغاز (انزيم رابط)	ligase
لِثَــة	ula
لجْين (جُزَئ يلتَحِم بجُزئ آخر)	ligand
لُزوجَة	viscosity
لُصاقة التَّوسيم	label
لطَخَ	contaminate
لطْخَة بَثْرِيَّة	maculopapular
لطخة ساوثوستيرن (طريقة للكشف عن البروتين المُرتبط بالدنا باستخدام الرَّحلان الهُلامي)	southwestern blot
لُغم المَدْفعِيَّة	artillery mine
لِغنان	lignan
لغنين (مادَّة عُضويَّة في النسيج الخشبي للنبات)	lignin
لِفت	brassica campestre
لِفت	Brassica campestris
لِفت	brassica napus
لفحَة الأرُزّ (مَرَض فِطْرِيّ)	rice blast

Arabic	English
لِقاح	vaccine
لِقاح دنا	DNA vaccine
لِقاح صالِح لِلأكل	edible vaccine
لِقاح مُتَعَدِّد التَّكافُؤ	polyvalent vaccine
لقيْحَة	inoculum
لكتين	lectin
لمَعان	luminesce
لمَعان كيميائِيّ	chemiluminescence
لمْعَة	lumen
لِمْفاوِيَّات بائِيَّة	B lymphocyte
لِمْفاوِيَّة	lymphocyte
لمفوكين	lymphokine
لوازم المُستَقبِل	receptor fitting
لوتين	lutein
لوَّثَ	contaminate
لوريت (أحد الأحماض الدهنية)	laurate
لوسيفرين	luciferin
لوسيفيراز	luciferase
لوْلَب ألفا	α -helice
لوْلَبِيّ ألفا	a-helix
لوْلَبِيّ ألفا	α helix
لولبِيّ مُزْدَوَج	double helix
لومن (الوحدَة الدُّولِيَّة لِلفيض الضِّيائِيّ)	lumen
لُوَيْحَة	plaque
ليبتين	leptin
ليزارويد (مركب يستعمل لمعالجة بعض الامراض)	lazaroid
ليزوزايم	lysozyme
ليزين	lysine
لِيستَرِيَّة مونوسايتوجين (جنس من البكتيريا)	listeria monocytogene
ليسيثين (صَفار البَيْض)	lecithin
ليفين	fibrinogen
ليكوبين	lycopene
ليكوترين (وسيط التِهاب قوِيّ)	leukotriene
ليمونين	limonene
لينولينيك ألفا	α linolenic
ليوسين	leucine
ليوكروم (فلافين)	lyochrome

م

Arabic	English
مُؤَاكِل	commensal
مُؤَثِّر	effector
مُؤَشِّر حَيَوِيّ	bioindicator
مُؤَكْسِد	oxidant
مُؤكسِد ومُختَزِل الجلايفوست	glyphosate oxidoreductase
مُؤَهَّل مَنَاعيّاً	immunocompetent
مَئِيْضَة	metabolite
ما وَراء البُلْعوم	retropharyngeal
ماء غيْر مُلوَّث	uncontaminated water
مَاء مُعقَّم	sterile water
مائِيّ	aqueous
ماجنين	magainin
مادَّة أوَّلِيَّة للتَّصْنيع	precursor
مادّة حَامِلة لِمُسَبِّب الأمْراض	formite
مادّة حَفازَة	catalyst
مادّة خَطِرَة	hazardous substance
مادّة سامَّة	toxin
مادّة غرَوِيَّة	sizing
مادّة فعّالة	active ingredient
مادّة كاشِفَة	reagent
مادّة ماصَّة حَيَوِيَّة	biosorbent
مادّة مُساعِدَة	adjuvant
مادّة مُقَلِّدَة حَيَوِيَّة	biomimetic material
مادّة مُوَلِّدَة لِلسَّرطان	carcinogen
مادّة ناشِرَة	surfactant
مادّة وِراثِيّة	genetic material
مَاسّ	diamond
ماكروليد (مُضادّ حَيَوِيّ ماكْروليدِيّ)	macrolide
مَاكِنَة	machine
مانان (مادة سُكّرية)	mannan
مانِع الإسْتِعْمال	contraindication
مانِع الإنْدِماج	fusion inhibitor
مانِع تَأكْسُد	antioxidant
مانِع تَخَثُّر (مُضادّ تَخَثُّر)	anticoagulant
مانِع تكاثُرِيّ	antiproliferative
مانع للتَّجَلط	heparin
مانوجالاكتان (مادة صِمْغيَّة)	mannogalactan
مايسين	maysin
مايكورايزا (فِطْرِيَّات نافِعَة)	mycorrhizae
مأشوب (نَتاج عودة الإتحاد الوِرَاثي)	recombinant
مُباعَدَة غير مَنْسوخَة	nontranscribed spacer
مَبْحَث البِلّورات بِأشعَّة x	x-ray crystallography
مَبْدَأ الإقصاء التَّنافُسِيّ	competitive exclusion
مَبْدَأ التَّطوُّر الثابت	strong sustainable development principle
مَبْدَأ أخْذ الحَذَر	precautionary principle
مَبْدَأ مَرْكَزِيّ	central dogma
مُبَلْعَم	phagocytic cell
مُبيْد الآفات (الهَوامّ)	pesticide
مُبيد المَيْكروبات	microbicide
مُبيد أعشاب	herbicide
مُبيْد أعشاب نيتري	bromoxynil
مُبيْد بكتيريا	bacteriocide
مُبيْد بكتيريا	bactericide
مُبيْد حَشَرِيّ	insecticide
مُبيْد حَشَرِيّ حَيَوِيّ	biopesticide
مُبيْد حَيَوِيّ	biocide
مُبيد فِطْرِيّ	fungicide
مُبيد حَشَري مَيكروبي مُعَدَّلْ وراثيّاً	genetically engineered microbial pesticide
مُتَبادَل خارجيّاً	reciprocal externality
مُتَبَرِّع	donor
مُتَبَقٍّ (مُتَبَقِّي)	residue
مُتَبَقِّيات الكلور	chlorine residual
مُتَجانِس	homogeneous
مُتَّحِدَة المَوْطِن	sympatric
مُتَحمِّل للألومنيوم	aluminum tolerance
مُتَحَمِّل لِلجَفاف	drought tolerance
مِتْر	meter
مُتَراكِم حَيَوِيّ	bioaccumulant
مُتَرَهِّل	flaccid
مُتَشَجِّر	dendritic
مُتَضاعِف	amplimer
مُتطابِق	homologous
مُتطاير الأوراق الخضراء	green leafy volatile
مُتَعايِش	symbiotic

English	Arabic
multiplexed	مُتَعَدِّد
polylinker	مُتَعَدِّد الإرتباط (في الدنا)
multivalent	مُتَعَدِّد التَّكافُؤ
ployvalent	مُتَعدِّد التَكافُؤ
polygalacturonase	مُتَعدِّد الجلاكتورونير (انزيم)
polyploid	مُتَعَدِّد الصِيَغ الصِّبْغِيَّة
multipotent	مُتَعَدِّد القُدْرات
polycistronic	مُتَعَدِّد المَقارِيْن
polygenic	مُتَعَدِّد المُوَرِّثات
pleiotropic	مُتَعَدِّد النَّمَط الظَّاهِرِيّ
polyhydroxyalkanoate	مُتَعَدِّد هايدروكسي الألكونوات
polyhydroxylbutylate	مُتَعَدِّد هايدروكسي البيوتلات
encephalopathic	مُتَعلِّق بالإعْتِلال الدِّماغِيّ
lytic	مُتَعلِّق بالإنحلال أو التَحلُّل
epigenetic	مُتَعلق بالتَخلق المُتوالي
bronchial	مُتَعلِّق بالشُّعَب الهَوائيَّة
atmospheric	مُتَعلِّق بالغِلاف الجَوْيّ
ubiquitinated	مُتَعلِّق باليوبيكوتين
homozygous	مُتَعلِّق بزَيْجُوت مُتَماثِلَة الألائِل (لاقِحَة)
heterocyclic	مُتَغاير الحلقة
heterogeneous	مُتَغاير المَنْشأ
heterokaryon	مُتَغايرة النَّوى
labile	مُتَغَيِّر
explosive	مُتَفجِّر
dendritic	مُتَفَرِّع الشَّكل
mycobacterium tuberculosis	مُتَفطِّرَة سُلِّيَّة
polycation conjugate	مُتَقارن مُتَعَدِّد الكاتيونات
acceptor	مُتَقَبِّل
mitochondria	مُتَقدِّرات
swingfog	مُتَقلِّب
syndrome	مُتَلازِمَة
systemic inflammatory response syndrome	متلازمة الإستِجابَة الجِهازيَّة للالِتِهاب
SARS	مُتلازِمَة العَدْوى الرئَويَّة الحادَّة
acquired immune deficiency syndrome	مُتَلازِمَة العَوَز المَناعِيّ المُكْتَسَب
hepatorenal syndrome	مُتَلازِمَة كَبِديَّة كلويَّة
homologous	مُتماثِل
contiguous (contig) map	مُتَماسّ (صفة للأجزاء النباتيَّة المُتلامِسَة عند الأطراف)
complement	مُتَمِّم
fluctuant	مُتَمَوِّج
recessive	مُتَنَحٍّ (مُتَنَحِي)
sequence	مُتَوالِيَة
terminator sequence	مُتَوالِيَة النِّهايَة
mean lifetime	مُتَوسِّط عُمْر الحَياة
enzootic	مُتَوَطِّن بالحَيَوانات
cyst	مَثانَة
trypsin inhibitor	مُثَبِّط التريبسين
anti-idiotype	مُثَبِّط النَّمَط الذاتِيّ
protein tyrosine kinase inhibitor	مثبط انزيم تيروزين كيناز بروتين
α amylase inhibitor-1	مُثَبِّط ألفا أميليز (انزيم)
enzyme inhibitor	مُثَبِّط أنزيمِيّ
anti-interferon	مُثَبِّط إنترفيرون
proteasome inhibitor	مُثَبِّط بروتيوسوم
cowpea trypsin inhibitor	مُثَبِّط تربسين اللُّوبْياء
bowman-birk trypsin inhibitor	مُثَبِّط تريبسين بومان–بيرك
tyrosine kinase inhibitor	مُثَبِّط تيروزين كيناز
renin inhibitor	مُثَبِّط رينين
anti-oncogene	مُثَبِّط مُوَرِّثات وَرَمِيَّة
heterodimer	مَثْنَوِيّ مُغاير
excitatory	مُثير
domain	مَجال
b-domain	مَجال b
miniprotein domain	مَجال البروتين الصَّغير
catalytic domain	مَجال مُحَفِّز
minimized domain	مَجال مُصَغَّر
paravertebral	مُجَاوِر للفِقاريَّات
bradyrhizobium japonicum	مُجْتَذِرَة جابونيكم (بكتيريا مُثَبِّتَة النيتروجين في التُربَة)
community	مُجْتَمَع
climax community	مُجْتَمَع الذُرْوَة
biocoenosis	مُجتَمع أحيائِيّ
probe	مِجَسّ
RNA probe	مِجَسّ الرَّنا
gene probe	مِجَسّ المُوَرِّثة
optrode	مِجَسّ بَصَرِيّ
nucleic acid probe	مِجَسّ حِمض نَوَوِيّ

Arabic	English
مِجَسّ حَيَوِيّ (أجْهِزَة إحساس حَيَوِيّ)	biosensor
مِجَسّ دَقِيْق	micro sensor
مِجَسّ قليِّل النُوكلِيوتيد	oligonucleotide probe
مِجَس مُتَألِّق	fluorogenic probe
مِجَسَّات دُهنيَّة	lipid sensor
مجموع البلاستيدات في الخلِيَّة	plastidome
مَجموع المُستَقبِلات	
مَجْمُوع تألُّق مَعْكوس داخِلِيًا	total internal reflecton fluorescence
مجموعة البروتينات لكائن حَيّ	proteome
مَجموعة العوامِل الوِراثِيَّة	genome
مَجْموعَة الفوسفات	phosphate group
مَجْموعَة أليف النَّواة	nucleophilic group
مَجموعَة إرْتِبَاط	linkage group
مَجموعَة بُؤَرِيَّة	focus group
مَجْموعَة ضَمَيمَة (في البروتينات)	prosthetic group
مَجْموعَة قُطبيَّة	polar group
مَجْمُوعَة لا قُطْبِيَّة	nonpolar group
مَجْمُوعَة من الخَلايا المُتَمايِزَة	cluster of differentiation
مَجموعَة وَظيفيَّة	functional group
مُجْهِد حَيَوِيّ	biological stressor
مَجين (مَجْموعُ الجيناتِ في الكائن)	genome
مَجين مُتَمَيِّز	elite germplasm
مُحاكِ البِبْتيد	peptido-mimetic
مُحاكَاة	mimetics
مُحاكاة	simulation
مُحِبّ لِلبُرودَة	psychrophile
مُحِب للدُّهن	lipophilic
مُحِبّ للماء	hydrophilic
مُحَبَّبَة مُتَغايِرَة النَّوَى	polymorphonuclear granulocyte
مُحْتَضَر	moribund
مُحْدِث	inducer
مُحْدِث للانقِسَام الفَتِيْلِيّ	mitogen
مُحْدِث للتَفَتُّل	mitogen
مُحَدِّد	determinant
مُحَدِّدَة مُستَضِدِّيَّة	antigenic determinant
مُحَرِّض	inducer
مُحَرِّك حَيَوِيّ	biomotor
مَحْصول	crop
محصول مُتَحَمِّل لِمُبيدات الأعشاب	herbicide-tolerant crop
مَحْصول مُحَسَّن غِذائِيًا	enhanced nutrition crop
محصول مقاوم لِمُبيدات الأعشاب	herbicide-resistant crop
مُحَفِّز حَيَوِيّ (مادَّة تُسَرِّع العمليات الحَيَوِيَّة)	biocatalyst
مُحَفِّز نَوعِيّ لِلبِذْرَة	seed-specific promoter
مِحْفَظَة	capsule
مِحْفَظِيّ (محفوظ في عُلَيبَة أو كَبْسولة)	capsular
مِحقَنَة	injector
مُحَلِّق الجوانيليت	guanylate cyclase
محمول يَدَوِياً	hand-held
مُحَوِّلَة	antigenic switching
مُحَوَّلَة (خَلِيَّة تُبَدِّل وراثِيًا بإدْخال دنا غريب)	transformant
مُخاتِل (ماكِر)	insidious
مَخاطِر	hazard
مُخْتار عَشْوائِيًا	randomized
مُخْتَبَر مَرْجِعِيّ	reference laboratory
مُخْتَزِل بروتين اينول- أسيل (انزيم)	enoyl-acyl protein reductase
مُخْتَصَر الحِمض الرِّيبي النَّوَوِيّ النَّقّال	tRNA
مُخْتَصَر فوْق البَنَفْسَجِيَّة	uv
مُخْتَصَر مِقياس دَرَجة الحُموضَة	pH
مُخْتَصَرالعامِل الرَّايزيسي	Rh
مُخْتَلِف -	hetero-
مُخْتَلِف التَّوْطين	allopatric
مُخْتَلِف المُوَرِّثات	allogeneic
مُخْتَلِف جِسْمِيًا	somatic variant
مَخْرَج	vent
مَخْزون إسْتِخلاصِيّ	extractive reserve
مَخْزون مُغَذِي	feedstock
مُخَلِّق	morphogenetic
مُخَلِّقَة (انزيم)	synthetase
مُخَلِّقَة إندوبيروكسايد بروستاغلاندين (انزيم)	prostaglandin endoperoxide synthase
مَدْخول	intake
مَدْخُول	income

Arabic	English
مَدْخول يَوْمِيّ مَقبول	acceptable daily intake
مَدْفَع الجُسَيْم	particle cannon
مُدَمِّر لِلخَلايا	cytopathic
مُدَوَّنَة الأغْذِيَة	codex alimentarius
مَدَى الفَحْص	test-range
مُذَيْلَة مَعْكوسَة (مُذَيْلَة: جُسَيْم مُكَهرَب في مادَّة شِبه غروية)	reversed micelle
مُذَيْلة مَقلوبَة (مُذَيْلَة: جُسَيْم مُكَهرَب في مادَّة شِبه غروية)	inverted micelle
مَراسِم	protocol
مَراضَة	morbidity
مُرافِق	chaperone
مُرافِق الأسيتيل نَوْع A	acetyl-coA
مُرافِق لحِمض اللينوليك	conjugated linoleic acid
مُراقِب حَيَوِيّ	biologic monitoring
مُراقبَة بيْئيَّة	environmental monitoring
مَراقبَة حَيَوِيَّة	biological monitoring
مُراقبَة حَيَوِيَّة	biomonitoring
مَراكِز الأصل	centers of origin
مَراكِز التَّنَوُّع الوِراثِيّ	centers of genetic diversity
مَراكِز المَنْشَأ	centers of origin
مَراكِز مَصْدَر النُّشوء والتَّنَوُّع	centers of origin and diversity
مُرتبِط بالجليكوزيل	glycosylation
مَرْج	lawn
مرحلة النُّمُوّ	growth phase
مَرْحَلَة إنْتِقالِيَّة	transition state
مَرْحَلَة إنْتِقالِيَّة مُتَوَسِّطَة	transition-state intermediate
مِرْذاذ	atomizer
مِرْسال مارْكَة مُسَجَّلَة	messengertm
مُرْسَى	mounted
مَرَشّ	sprayer
مِرَشّ ظَهْرِيّ ضَبابِيّ زِئْبَقِيّ	mercury knapsack mistblower
مُرْشِد جُزَيْئِيّ	molecular beacon
مرصاف	template
مَرَض	morbidity
مَرَض الزهايمر	Alzheimer's disease
مَرَض السُّكَّري	diabetes
مَرَض العَفَن الأبْيَض	white mold disease
مَرَض القَلب التَّاجِيّ	coronary heart disease
مَرَض القَلب المُزْمِن	chronic heart disease
مَرَض جُنون البَقر	Mad Cow Disease
مَرَض حَديث مُسْتَوطِن	neoendemics
مَرَض سارٍ (ساري)	communicable disease
مَرَض طُفَيْلِيّ	parasitic disease
مَرَض فيرُوسي	virus disease
مَرَض مُتَعَدِّد العَوامِل	multifactorial disease
مَرَض مُزْمِن	chronic disease
مَرَض مُسْتَوْطِن	Endemic
مَرَض مُعْدٍ	contagious disease
مَرَض مُعْدٍ	infectious disease
مَرَض مَناعَة ذاتِيَّة	autoimmune disease
مَرَض نَزْف الدَّم	hemophilia
مَرَض نَسيجِيّ	histopathologic
مَرَض هنتنجتون	Huntington's disease
مَرَض وِراثِيّ	genetic disease
مَرَض يُصيب الحِنْطَة	karnal bunt
مَرَض يَنْتَقِل جِنْسِيّاً	sexually transmitted disease
مَرَضِيّ	pathologic
مُرَطِّب	humidifier
مَرَق زِراعِيّ	broth
مُرَكَّب الإنتِزاع	capture molecule
مُرَكَّب أجْنَبِيّ بيولوجياً	xenobiotic compound
مُرَكَّب عَدَم التَّناظُر المِرآتِيّ	chiral compound
مُرَكَّب فاعِل فِسيولوجيّاً	physiologically active compound
مُرَكَّب ماسِخ	teratogenic compound
مُرَكَّب مُذَبْذَب (يَتَمَتَّع بِخَواصّ مُتَضادَّة)	amphoteric compound
مُرَكَّب مُطَفِّر	mutagenic compound
مُركبات تحتوي ذرَّة كبريت وذرَّة هيدروجين	thiol group
مَرْكَز التَّنَوُّع	center of diversity
مَرْكَز الصِّبْغِيّ	centromere
مَركَز تَحْويل	transfer
مِرْوَحَة	van
مُرُونَة بيْئيَّة	ecological resilience

English	Arabic
sustainable	مُسْتَدامَة
lysogen	مَسْتَذيب
lysogenic	مُسْتَذيب
associate hospital	مُسْتَشْفَى مُشارِك
immunogen	مُسْتَضِد
v antigen	مُسْتَضِدّ v
superantigen	مُسْتَضِدّ فَوْقِيّ
antigen-presenting cell	مُسْتَضِدّ لِلخَلِيَّة يُمَيِّز نوعها
tumor-associated antigen	مُسْتَضِدّ مُتَعَلِّق بالوَرَم
neoantigen	مُسْتَضِدّ مُسْتَحْدَث
humanized antibody	مُستَضِدّات بَشَرِيَّة
human leukocyte antigens	مُسْتَضِدّات كُرَيّات الدم البَيضاء البَشَرِيّة
colony	مُسْتَعْمَرَة
colonial morphology	مُسْتَعْمَرِيّ الشَّكْل
user	مُسْتَعْمِل
receptor	مُسْتَقبِل
retinoid X receptor	مُسْتَقبِل X ريتينالِيّ الشَّكل
cellular adhesion receptor	مُسْتَقبِل الإلتِحام الخَلَوِيّ
receptor tyrosine kinase	مُسْتَقبِل التِّيروزين كاينيز (بروتين)
toll-like receptor	مُسْتَقبِل بروتين ناقِل غشائِيّ
transferrin receptor	مُسْتَقبِل ترانسفيرين
bioreceptor	مُسْتَقبِل حَيَوِيّ
protein bioreceptor	مُسْتَقبِل حَيَوِيّ للبروتين
T-cell receptor	مُسْتَقبِل خلايا T
ribosomal adaptor	مُسْتَقبِل ريبوسومِيّ
receptor population	مُسْتَقبِل سُكّانِيّ
epidermal growth factor receptor	مُسْتَقبِل عامِل نُمُوّ البَشَرَة
farnesoid X receptor	مُسْتَقبِل فارنيسيد X
leptin receptor	مُسْتَقبِل ليبتين
protein-coupled receptor	مُسْتَقبِل مُزدَوَج البروتين
homing receptor	مُستقبل مُوَجَّه
nuclear receptor	مُسْتَقبِل نَوَوِيّ
nuclear hormone receptor	مُسْتَقبِل هرمونات نَوَوِيَّة
orphan receptor	مُسْتَقبِل يتيم
x receptor	مُسْتَقبِلات x
tachykinin	مُسْتَقبِلات تاكيكينين (مجموعة من الببتيدات)
metabolite	مُسْتَقلَب
myristoylation	مريستويليشن (عملية تحول النهاية النيتروجينية للبروتينات)
risk patient	مَريض خَطِر
mixing	مَزْج
genetic recombination	مَزْج وراثِيّ
duplex	مُزْدَوَج
pure culture	مَزْرَعَة خالِصَة
chronic	مُزْمِن
powered	مُزَوَّد بالطّاقة
liability	مَسْؤولِيَّة
metabolic pathway	مَسار الأَيْض
environmental pathway	مَسار بيئِيّ
co-enzyme	مُساعِد الانزيم
co-management	مُساعِد الإدارَة
cocloning	مُساعِد الإسْتِنْساخ
co-repressor	مُساعِد المُثَبِّط
cosuppression	مُساعِد تَثبيط
co-chaperonin	مُساعِد شابيرونين (لِتَشَكُّل البروتينات المُرافِقة)
map distance	مَسافة خريطِيَّة
genetic distance	مَسافة وراثِيَّة
intergenerational equity	مُساواة ما بين الأجْيال
probe	مِسْبار (مادَّة حيوِيَّة تُسْتَخدَم لِلتَّعرُّف على أو لِعزل جين أو أحَد البروتينات)
DNA probe	مِسْبار دنا
multi-locus probe	مِسْبار مُتَعَدِّد المَواقِع
genetic probe	مِسْبار وراثِيّ
causative agent	مُسَبِّب المَرَض
pathogenic	مُسَبِّب مَرَضِيّ
airborne pathogen	مُسَبِّب مَرَضِيّ يَنْتَقِل بالهَواء
agraceutical	مُسْتَحْضَر زراعِيّ
phytopharmaceutical	مُسْتَحْضَرات دَوائِيَّة نَباتِيَّة
agriceuticals	مُسْتَحْضَرات زراعِيَّة
naturaceutical	مُسْتَحْضَرات طَبيْعِيَّة
nutriceuticals	مُسْتَحْضَرات غِذائِيَّة صِحِّيَّة
neutriceuticals	مُسْتَحْضَرات غِذائِيَّة صِحِّيَّة
neutraceuticals	مُسْتَحْضَرات غِذائِيَّة وَظيفِيَّة
nutraceuticals	مُسْتَحْضَرات غِذائِيَّة وَظيفِيَّة
emulsion	مُسْتَحْلَب
eductor	مُسْتَخْرَج

English	Arabic
primer	مَشْرَع (مِنطقة بَدْء العمل في عِلم الورَاثة)
Human Genome Project	مَشْروع المادَّة الوراثيَّة للإنسان
radioactive	مُشِعّ
operator	مُشَغِّل
operon	مَشْغَل (مِنطقة على الصِبْغِيّ)
lac operon	مُشَغِّل لاك
bifidus	مشقوق إلى قِسْمَين
consultation	مَشورَة
embryo	مَشيج
gamete	مَشيج
biological resource	مَصادِر حَيَوِيَّة
elite germplasm	مَصادِر وراثيَّة مُتميزة
isomer	مُصَاوِغ
epimer	مُصاوِغ صِنوِيّ
stereoisomer	مُصاوِغ فَراغِيّ
diastereoisomer	مُصاوِغ فِراقِيّ
enantiomer	مُصاوِغ مِرآتِيّ
exporter	مُصَدِّر
line-source	مَصْدَر الخَطّ
biotic resource	مَصْدَر حَيَوِيّ
point-source	مَصْدَر رَئِيس
natural source	مَصْدَر طَبيْعِيّ
indirect source	مَصْدَر غيْر مُبَاشِر
non-point source	مَصْدَر غيْر مُحَدَّد
fontan fogger	مَصْدَر مُضَبِّب
genetic resource	مَصْدَر وِراثِيّ
DNA bank	مَصْرِف دنا
expression array	مَصفوفة تَعْبيريَّة
microarray	مَصْفوفة دَقيقة
DNA microarray	مَصْفوفة دَقيقة من دنا
cDNA microarray	مَصْفوفة دَقيقة من مُتَمِّم دنا
serum	مَصْل
blood serum	مَصل الدَّم
plasma	مَصَل الدَّم
nitric oxide synthase	مُصَنِّع أكسيد النِيتْريك
endothelial nitric oxide synthase	مُصَنِّع أكسيْد النيتريك البطانِيّ
immune sera	مُصول مَنَاعيَّة
ion trap	مَصْيَدَة الأيون
quadrupole ion trap	مِصْيَدَة أيونات رُباعيَّة الأقطاب

English	Arabic
immunogen	مُستَمنِع
immunogenic	مُستَمنِع
medium	مُستَنْبَت
culture medium	مُستَنبَت زَرعِيّ
importer	مُستَورِد
level	مُستَوى
trophic level	مُستَوى اغْتِذائِيّ
no-observed adverse effects level	مُستَوَى الأثَر السَّلبِيّ اللامَرئِيّ
no-observed effects level	مُستَوَى الأثر اللامَرئِيّ
biosafety level	مُستَوى الأمان الحَيَوِيّ
containment level	مُستَوَى الإحْتِواء
minimal risk level	مُستَوى المُجازَفة الأدنى
acceptable level of risk	مُستَوى مُخاطرَة مَقبول
proprietary	مُسَجَّل المِلكِيَّة
bess t-scan method	مَسْح t بطَريْقة بس
in-silico screening	مَسْح باستِخدَام الحَاسوب
mass screening	مَسْح شامِل
target-ligand interaction screening	مَسْح شامِل لِتَداخُل الأهداف
prevalence survey	مَسْح للإنْتِشار
powder	مَسْحوق
denature	مَسْخ
genotoxic carcinogen	مُسَرْطِن وسامّ للمُوَرِّثات
bed	مَسكَبَة
analgesic	مُسَكِّن
protein sequencer	مُسَلسِلة البروتين (جهاز يُحَدِّد تَعاقُب الأحماض الأمينية في سِلْسِلة البروتين)
pathway	مَسْلَك
amphibolic pathway	مَسْلَك مُتَعاكِس (يصِف كل من البناء والهدم الأيضِيّ)
airway	مَسْلَك هِوائِيّ
ubiquitin-proteasome pathway	مَسلَك يوبيكوتين بروتيسوم
stomatal pore	مَسَمّ فوهِيّ
black-layered	مُسْوَدّ الطَبَقة
protocol	مُشاهَدات أوَّلِيَّة
synapse	مَشْبَك
blood derivative	مُشْتَقّ الدَّم
endothelium-derived	مُشْتَق من الخَلايا الطَّلائِيَّة

Arabic	English
مَصيرٌ بيئيّ	environmental fate
مُضيءٌ جُزيئيّ	molecular beacon
مُضادّ الإكتِئاب	derepression
مُضادّ الذِّيفان	antitoxin
مُضادّ الصَّفيحات	antiplatelet
مُضادّ العَدْوى	anti-infective
مُضادّ أمْصال	antisera
مُضاد إخْتِلاج	anticonvulsant
مُضادّ جَراثِيْم بكتيريَّة	antibacterial
مُضادّ حُمّى	antipyretic
مُضادّ حَيَويّ	antibiotic
مُضادّ حَيَوِيّ بيتا لاكتام (مُضادّ حَيَويّ بنسيليني)	β -lactam antibiotic
مُضادّ حَيَوِيّ ذو خَواص أنزيميَّة مُحَفِّزَة (مُضادّ حَيَويّ + انزيم)	abzyme
مُضاد حَيويّ وَريديّ	intravenous antibiotic
مُضادّ فِطْرِيَّات	antifungal
مُضادّ فيرُوسات	antiviral
مُضادّ مُنادِل تَعاكُسِيّ (تَنادُل مُتَعاكِس: آلية تَبادُل مُركبين عبر الغشاء باتجاهين مُتضادّين)	antiporter
مُضادّات حَيَوِيَّة	antibiotics
مُضاعَف	multiplexed
مُضاعِف مُتَغاير	heteroduplex
مُضاعَفة الصِّبْغِيّات	diploid
مُضاف	additive
مُضاهِئ	analogue
مُضاهِئ (مُتَشابه الوَظيْفَة)	analogous
مُضاهِئ (مُشابِه)	analog
مُضَبِّب	fogger
مُضَخَّم (قِطَع دنا الناتِجَة من جهاز PCR بِتِقْنِيَّة التَّضْخيم)	amplicon
مُضَخِّم عَشْوائِيّ لِلدنا مُتَعَدِّد الأشكال	random amplified polymorphic DNA
مُضْغَة	embryo
مُضَفِّر رنا الرسول البَديل	alternative mRNA splicing
مُضيف	host
مُطَبِّق	applicator
مِطَثِّيَّة (جِنْس من البكتيريا)	clostridium
مَطْحون	milled
مُطَفِّر	mutagen
مُطَهِّر	aseptic
مُطَهِّر	antiseptic
مُطَهِّر	disinfectant
مُعالج بِمُضادّ حَيَوِيّ	antibiotic therapy
مُعالجَة	remediation
مُعالجَة التَّلَوُّث باسْتِخدام النَبات	phytoremediation
مُعالجَة الرَّنا	RNA processing
مُعالجَة إشْعاعِيَّة	radiotherapy
مُعالجَة باستِبدال المُوَرِّثات	gene replacement therapy
مُعَالجَة بالحَقْن الوَريديّ	intravenous therapy
مُعالجَة بالمُوَرِّثات	gene therapy
مُعالجَة بإخْمَاد نِظام المَنَاعة	immunosuppressive therapy
مُعالجَة بمَوَاد كيميائِيَّة	chemotherapy
مُعالجَة حَيَوِيَّة	bioremediation
مُعالجَة زائِدَة بالاتروبين	overatropinization
مُعالجَة ما بَعْد النَّسْخ	post-transcriptional processing
مُعالجَة مَنَاعِيَّة	immunotherapy
مُعالجة مُوَرِّث	chimeraplasty
مُعالجَة وراثِيَّة لِخَلِيَّة جِسْمِيَّة	somatic cell gene therapy
مُعَالجَة ورَاثِيَّة للخلايا الجِنْسِيَّة	germ cell gene therapy
مُعامِل الإرْتِباط	correlation coefficient
مُعامِل التَّقاسُم	partition coefficient
مُعامِل التَّوْهين	attenuation coefficient
مُعامِل السَّلامَة	safety factor
مُعامِل النَّشاط	activity coefficient
مُعامَلَة حَيَوِيَّة	bioprocessing
مُعايَرَة	metering
مُعايِش بُرُودِيّ	psychrophile
مُعايَشَة	commensalism
مُعْتاش بالأكسجين	aerobic
مَعْجون سِنِّيّ	dentifrice
مُعْدٍ (صفة للأخماج المنقولة بالتلامس)	contagious
مُعْدٍ (مُعْدي)	infectious
مُعْدٍ (مُعْدي)	infective
مُعَدَّل الأخْذ	intake rate
مُعَدَّل الإتِّصال	contact rate

Arabic	English
مُعَدّل الإماتة	case-fatality rate
مُعَدّل الإنْتِشار	prevalence rate
مُعَدّل المُخاطرَة	risk ratio
مُعَدّل الوُقوْع	incidence rate
مُعَدّل أخْذ مُتوَسّط	medium intake rate
مُعَدّلْ إستِجابَة حَيَويَّة	biological response modifier
مُعَدّل إستِجابَة حَيَويَّة لِلمُعالجَة	biologic response modifier therapy
مُعَدّل تَناوُل الفرْد	per capita intake rate
مُعَدّلَ وراثيّاً	transgenic
مُعَدّل يوبيكوتين صَغيْر	small ubiquitin-related modifier
مَعِديّ (خاص بالمعدة)	gastric
مِعْزاز (مادَّة تُعَزِّز اسْتِقلاب مادَّة أخرى)	promoter
مِعْزاز قابل للتَّحْريْض	inducible promoter
مُعَزِّز بُنْيَويّ	constitutive promoter
مُعَزِّز تَكَوُّن الكُريَّات الحَمْراء	erythropoietin
مُعْطٍ (مُعْطي)	donor
مُعْطيات أساسيَّة	baseline data
مُعْطيات لا رقميَّة	analog
مُعَقَّد التَّوافق النَّسيجيّ الكَبير	major histocompatibility complex
مُعَقَّد ضِدِّيّ مُستَضِدِّيّ	antigen-antibody complex
مُعقَّم	aseptic
مُعَلَّم بمادَّة مُشِعَّة	radiolabeled
مُعَلّم حَيَويّ	biomarker
مُعَلّم دنا	DNA marker
مُعَلّم دنا مَجْهول	anonymous DNA marker
مُعَلّم وراثيّ	genetic marker
مُعَلّمَة حَيَويَّة	biological marker
مُعَلّمَة حَيَويَّة لِلكَشف	biological marker of exposure
مُعَلّمَة وراثيَّة bcr-abl (يمكن رؤيتها باستخدام أشعة الفلوريسنس او تقنية FISH لتحديد مكان او موقع مُوَرِّثات أخرى بالنسبة لهذا الموقع بالذات)	bcr-abl genetic marker
مُعَلّمَة وراثيَّة طقم – c	c-kit genetic marker
مَعْلومات	data
مَعْلوماتيَّة حَيَويَّة	bioinformatics
مَعْنِيّ بالأطراف	party concerned
مِعْيار الأمان الأدْنَى	safe minimum standard
مِعْياريّ	standard
مَعيْشَة في مُجْتَمَع	communis
مُغاير–	hetero-
مُغَذي	feeder
مُغَذّي نَباتيّ	phytonutrient
مُغَذّيات أساسيَّة	essential nutrient
مِغْزَلاويَّة (جنس من الفِطريات الناقصة)	fusarium
مِغْسَلَة	washer
مُغْلِق قناة الكالسيوم	calcium channel-blocker
مُفاعِل بروتين – c	c-reactive protein
مُفاعِل حَيَويّ	bio reactor
مُفاعِل حَيَويّ	Bioreactor
مُفْتَرِس	predator
مُفْرط المناعة	hyperimmune
مَفهوم البروتين المِثالي	ideal protein concept
مُفَوَضيَّة المُدَوَّنَة الغِذائيَّة	codex alimentarius commission
مُقابِلة الرَّامِزَة	anticodon
مُقاس	metered
مُقاوِم للألومنيوم	aluminum resistance
مُقاوِم لِمُبيدات الأعشاب	herbicide resistance
مُقاوِم مُضادّ حَيَويّ	antibiotic resistance
مُقاوَمَة الدَّواء	multi-drug resistance
مُقاوَمَة حَيَويَّة	biological defense
مُقاوَمَة دَوائيَّة	drug resistance
مُقايَسَة	assay
مُقايَسَة تَألُّقيَّة	luminescent assay
مُقايَسَة حَيَويَّة	bioassay
مُقايَسة مُتَعَدِّدَة	multiplex assay
مُقايَسَة مَناعيَّة	immunoassay
مُقايَسَة مَناعيَّة شُعاعيَّة	radioimmunoassay
مَقدِرَة على الغَزو (غزوانية)	invasiveness
مُقدِّمَة	introduction
مَقرّ إتِّصال المُتَقبِّل	acceptor junction site
مَقطع تَعْبير المُوَرِّثة	gene expression profiling

مَقطع تَعبيريّ	expression profiling
مَقطع حِمض أمينيّ	amino acid profile
مَقطع عن تَطوُّر السُّلالات	phylogenetic profiling
مَقطع نَسْخِيّ	transcriptional profiling
مُقلّد حَيَويّ	biomim
مُقوَّسَة (جِنْس من الأوَّليَّات)	toxoplasma
مِقياس الاسْتِقطاب	polarimeter
مِقياس الطَّيْف	spectrometer
مِقياس الطَّيْف الضَّوْئِيّ	spectrophotometer
مِقياس الطَّيف الكتلوي	mass spectrometer
مِقياس ما يُحيط	ambient measurement
مُكافِئ فِعليّ	substantially equivalent
مُكافحَة الآفات المُتَكامِلة	integrated pest management
مُكافحَة الأمْراض المُتَكامِلة	integrated disease management
مَكْتَبَة	library
مكتبة تَعبيريَّة	expression library
مَكْتَبَة مُتَمِّم دنا	cDNA library
مكتبة مَجينيَّة	genomic library
مَكْثور (مُرَكَّب كيميائِيّ يَتَشَكَّل بالتَّبلمُر)	polymer
مَكْثور حَيَويّ	biopolymer
مَكْثور مُتَشَجِّر	dendritic polymer
مَكْثور مُضادّ تَخَثُّر الدَّم	antithrombogenous polymer
مُكَمِّل	complementary
مِكْنان (موضع ضِدّي ذاتي)	idiotope
مُكَوَّر	coccus
مُكَوَّرَة عُنْقوديَّة (جِنْس من البكتيريا)	staphylococcus
مُكَوَّرَة عُنْقوديَّة ذهبيَّة	Staphylococcus aureus
مُكَوَّرَة عُنْقوديَّة ذيفانيَّة	staphylococcal toxin
مُكَوَّرَة عُنْقوديَّة للذيفان المِعَويّ	staphylococcal enterotoxin
مُكَوِّن خَليَّة جِذعيَّة دَمَويَّة	hematopoietic stem cell
مُكَوِّن رُعاش إندوليّ قَلَويّ	tremorgenic indole alkaloid
مُلائَمَة	adaptation
مُلائَمَة مُتَبادَلة	co-adaptation
مُلْتَهِم	phage
مُلْتَهِم بكتيريا لامدا	lambda bacteriophage
مُلْتَوِيَة (جُرثومَة)	spirochete
مَلجَأ	shelter-in-place
مِلح جلايفوسيت ايزوبروبيل أمين	glyphosate isopropylamine salt
مُلطِّف	palliative
مَلفوف - كَرُنب (أي نَبات من فصيلة الصليبيَّات)	brassica
مِلْمَاع	luminophore
مُلوِّث	contaminant
مُلوَّث	dirty
مُلوِّث بيئِيّ	environmental pollutant
مليون قاعِدَة	megabase
مُماثِل النُوكْليوزيد	nucleoside analog
مُمَارَسات تَصْنيع السِّلَع الحاليَّة	current good manufacturing practices
مُمْتَلكات	asset
مُمَثْيَل (مُضاف إليه الميثيل)	methylated
مِمْراض	pathogen
مُمْرِض	pathogenic
مُمْرِضَة تَنْتَقِل بالهَواء	airborne pathogen
مُميت	lethal
مُمَيِّع	fluidizer
مِن جَديد	de novo
مَناعَة	immunity
مَناعَة بواسطة الخِلْط	humoral-mediated immunity
مَناعَة بواسِطة الخَليَّة	cell-mediated immunity
مَناعَة خِلطيَّة	humoral immunity
مَناعَة ذاتيَّة	autoimmunity
مَناعَة طَبيْعيَّة	natural immunity
مَناعَة فاعِلَة	active immunity
مَناعَة لا فاعِلَة	passive immunity
مَناعَة مُتَبَنَّاة	adoptive immunization
مَناعَة مِغناطيسِيَّة	immunomagnetic
مَناعَة مُكْتَسَبَة جهازيَّة	systemic acquired resistance
مَناعَة مَنْع الحَمْل	immunocontraception
مَناعي	immunologic
مِنْبَذَة فائِقة	ultracentrifuge
مُنْتَج (ناتِج)	product

Arabic	English
مُنتَزِعَة الكِبريت (جِنس من البكتيريا)	desulfovibrio
مُنتَسِخَة (انزيم)	transcriptase
مُنتَسِخَة الرَّنا	RNA transcriptase
مُنتَسِخَة عَكسِيَّة (انزيم بوليميراز الدنا المُوَجَّه بالرنا)	reverse transcriptase
مُنتَفِع	user
مُنْحَنى النُمُوّ	growth curve
مُنْخُل جُزَيئِيّ	molecular sieve
مَنشأ	origin
مَنشأ التِكرار	origin of replication
مُنَشِّط	activator
مُنَشِّط النَّسْخ	transcription activator
مُنَشِّط أنسِجَة مُوَلِّد البلازْمين (انزيم)	tissue plasminogen activator
مُنَشِّط نَسْخِيّ	transcriptional activator
مِنشَقَة	inhaler
مِنطقة	adaptive zone
مِنطقة الإطلاق	area of release
مِنطقة التَّرْميز	coding region
مِنطقة التَّلامُس	contact zone
مِنطقة النِّهايَة	terminator region
مِنطقة أخْذ الحَذَر	precautionary zone
مِنطقة إتِّصال المُعْطي	donor junction
مِنطقة بين الجينَات	intergenic region
مِنطقة جانِبِيَّة	flanking region
مِنطقة حَيَوِيَّة	bioregion
مِنطقة حَيَوِيَّة	biome
مِنطقة حَيَوِيَّة مُوَحَّدَة	biotope
مِنطقة خالِيَة من الآفات (الهَوامّ)	pest free area
مِنطقة دارِئَة	buffer zone
مِنطقة مُحَصَّنَة	protected area
مِنطقة نَشاط وِقائي	protective action zone
مُنَظِّم حَيَوِيّ	bioregulator
مُنَظَّمَة الأسلِحَة الحَيَوِيَّة السوفيتِيَّة	biopreparat
مَنظوم تَوصيل مَصْدَر الخَط	line-source delivery system
مَنظومَة الخَلِيَّة الحَيَّة	live cell array
مَنظومَة أجْسام مُضادَّة	antibody array
مَنظومَة أنسِجَة	tissue array
مَنظومَة بروتين	protein array
مَنظومَة دَقِيقَة للبروتين	protein microarray
مَنْع التَّكَتُّل	deagglomeration
منغنيز ديسفرواكسيمين (مُركَّب مِخلَبِيّ لامتصاص الحديد الزائِد في الجسم)	desferroxamine manganese
مِنْفاخ	blower
مَنْفَذ	vent
مُنَفَّذ كَهْرَبائِيًّا	electropermeabilization
مُنْقَرِض	extinct
مَنْقوص المَنَاعة	immunocompromised
مُنَمِّط نَوَوِيّ	karyotyper
مُنَمِّيَة جَسَدِيَّة (هرمون النُمُوّ)	somatotrophin
مَنْهَج أمان حَيَوِيّ	biosafety protocol
مُنْهِي	terminator
مُنْهِي نوس	nos terminator
مُهَدِّئ	quelling
مُوافقة أو قَبُول	accession
مَوْت الخَلِيَّة المُبَرْمَج	programmed cell death
مَوْت أنسِجَة	tissue-necrosis
مَوْت خَلَوِيّ	cellular necrosis
مَوْت خَلَوِيّ (مَوْت الخلية والبَدْء في تَحَلُّلها)	cell death
مَوْت خَلَوِيّ مُبَرْمَج	apoptosis
مَوْت مَوْضِعِيّ	Necrosis
مَوْت نسيجِيّ (جُبْنِيّ)	caseous necrosis
موتاز (انزيم)	mutase
موجِب الجرام (صِفة خاصَّة بالبكتيريا)	g+
مُوجِب كاذِب	false positive
مُوَجِّهَة جَسَدِيَّة (هرمون النُمُوّ)	somatotropin
مُوَجِّهَة دَرَقِيَّة	thyroid stimulating hormone
مُوَجِّهَة قِشْرِيَّة	corticotropin
مَوْحُوْد	monomer
مُوَرِّث als	als gene
مورث lux	lux gene
مُوَرِّث انزيم مُصَنِّع الستريت	citrate synthase gene
مُوَرِّث أكيورون TM	acuron TM gene
مُوَرِّث إضْمِحلالي	fade gene
مُوَرِّث إنْدِماج	fusion gene
مُوَرِّث بات	pat gene

Arabic	English
مُورِّث بُنْيَوِيّ	constitutive gene
مُوَرِّث تركيبيّ	structural gene
مُوَرِّث جَوَّال	roving gene
مُوَرِّث حَدَث	hap gene
مُورِّث خارج النَّواة	extranuclear gene
مُوَرِّث سائِد	dominant gene
مُوَرِّث عابِر	transgene
مُوَرِّث غريب	exotic germplasm
مُوَرِّث كابِت	suppressor gene
مُوَرِّث كاذِب	pseudogene
مُورِّث مانِع الوَرَم	tumor-suppressor gene
مُورِّث مُتَأخِّر	late gene
مُورِّث مُتَجَسِّس	nark gene
مُورِّث مُتَداخِل أو مُتوافِق	overlapping gene
مُورِّث مُتَماسّ	contiguous gene
مُورِّث مُتَنَحٍّ	recessive gene
مُورِّث مُجَرَّد أو عارٍ	naked gene
مُورِّث مُحَفِّز يتحكم أو يزيد إنتاج مكونات البُذور الزيتيَّة	bce4
مُورِّثَ مُخْبِر	reporter gene
مُورِّث مُضاد للكنامايسين	kanr
مُورِّث مُضاهِئ	analog gene
مُورِّث مُماثِل	homologue gene
مُورِّث مُنطلِق	go gene
مُورِّث مُنَظِّم	regulatory gene
مُورِّث واسِم اختياريّ	selectable marker gene
مُورِّث وَرَمِيّ	oncogene
مُورِّث وَرَمِيّ خَلَوِيّ	cellular oncogene
مَورِّث وَرَمِيّ سائِد	dominant(-acting) oncogene
مُورِّث وَرَمِيّ مُتَنَحٍّ	recessive oncogene
مُورِّث وَرَمِيّ مُحَوِّل	transforming oncogene
مُورِّث يَتيم	orphan gene
مُورِّث يُعَبِّر عن التمايل	nod gene
مُورِّث يُلغِي تأثير الآخَر	Hypostasis
مُورِّثات ABC الناقِلة	ABC transporter
مُورِّثات تَجَمُّعِيَّة (مُضافة)	additive genes
مُورِّثات فائِقة	supergene
مُورِّثات مُكَدَّسَة بانْتِظام	stacked gene
مُورِّثة brca	brca gene
مُورِّثة (جين)	gene

Arabic	English
مُورِّثة bcr-abl (مَسؤُول عن الإصابة بسرطان الدَّم)	bcr-abl gene
مُورِّثة bla	bla gene
مُورِّثة brca 1	brca 1 gene
مُورِّثة brca 2	brca 2 gene
مُورِّثة bxn	bxn gene
مُورِّثة آلورون مُتَعَدِّد الطَبَقة	multiple aleurone layer gene
مُورِّثة بار	bar gene
مُورِّثة راس (مُورِّثة إذا حَدَثت لها طَفرَة تُسَبِّب سَرطان)	ras gene
مُورِّثة قافِزَة	jumping gene
مُورِّثة مُبَكِّرَة	early gene
مُورِّثة نابول	napole gene
مُورِّثة ناقِلة الفوسفات	phosphate transporter gene
مَوْرِد	resource
مُوَزِّع	dispenser
موس (إسْم مُورِّث فيرُوسيّ مُتَحَوِّل)	mos
مُوَسِّع للأوعِيَة	vasodilator
مَوسوم	labeled
مُوْصِل	linker
مُوَضِّح المُسْتَقبِل الإنتِقائي للإستروجين	selective estrogen receptor modulator
مَوْضِع	locus
مَوْضِع تَفارُغِيّ	allosteric site
مَوضِع مُحَفِّز	catalytic site
مَوْضِع نَشِط	active site
مَوْضَعَة (للمُورِّثات في الصبغيّات)	mapping
مَوْضَعَة الببْتيد	peptide mapping
مَوضِعِيّ	localized
مَوطِن	habitat
مَوْقِع التآلف	combining site
مَوْقِع الرَّبْط (مِنْطقة مُحَدَّدَة للرَّبط مع جُزيئات أخرى)	binding site
مَوْقِع القَطْع	restriction site
مَوْقِع إرْتِباط الريبوسوم	ribosome-binding site
مَوقِع رابط عامِل النَّسْخ	transcription factor binding site

Arabic	English
مَوقِع علامات تَسَلسُل	sequence-tagged site
مول (الوَزْن الجُزيئي الغرامي)	mole
مُولِّد	generator
مُولِّد الأنزيم	zymogen
مُولِّد البلازْمين	plasminogen
مُولِّد السُّموم	toxicogenomics
مُولِّد المُضادّ (مُستَضِدّ)	antigen
مُولِّد المُضاد نَباتِيّ المَصْدَر	plantigen
مُولِّد ضَبَاب ماربل	marple aerosol generator
مُولِّد للحُمَّى	pyrogen
مُوهِّن	attenuated
ميتابولوم (مَجموع المَواد المَتَيْضَة بكائِن حيّ)	metabolome
ميتابولوميكس (عِلم دِراسَة المَواد المَتَيْضَة بكائِن حيّ)	metabolomics
ميتابونوميكس (عِلم دِراسة الكَميّة لِمقياس الإستجابَة الكَمّيَّة للعمليات المَتَيْضَة كنتيجة لِمُؤثر فسيولوجي ارجيني)	metabonomics
ميتالوبروتيناز شبكي (انزيم)	matrix metalloproteinase
ميتانومكس (عِلم دِراسة مَجموع العمليات المَتَيْضَة في كائِن حيّ)	metanomics
ميثانول	methanol
ميثل إستر حِمض دُهنيّ	fatty acid methyl ester
ميثيل جاسمونيت	methyl jasmonate
ميثيل ساليسيليت	methyl salicylate
ميثيونين	methionine
مَيْدان	domain
مَيْدان مُخَفَّض	minimized domain
ميروثيسيوم فيروكاريا (اسْم فِطْر)	myrothecium verrucaria
مَيْز غشائي	dialysis
ميزان دَقيق	microbalance
ميكانيكية سَبيل التَّغذيَة الراجعَة	pathway feedback mechanism
مَيكروب	microbe
مَيكروب	microorganism
ميكروبيولوجيا	microbiology
مَيكروغرام	microgram
مَيكرون (وحْدَة قياس)	micron
مَيكرونير (اسم مَرْشَحَة)	micronair
مَيكرونير AU 4000	micronair AU4000
مَيْل وراثيّ	genetic predisposition
ميلانودين (مادة بروتينيَّة)	melanoidin

ن

Arabic	English
نابِذة (آلة دَوَّارة تفصل السائل عن الجوامد)	centrifuge
نابُوت داخِليّ (طُفيل نَباتيّ داخليّ)	endophyte
نارينجين (فلافونويد حَيَوي)	naringen
نازعة هيدروجين اللاكتيك	lactic dehydrogenase
ناشِبَة	hapten
ناشِر	disseminator
ناقِل	vector
ناقِل الأسيتيل فسفينوثريسين (انزيم)	phosphinothricin acetyltransferase
ناقِل الإلكترونات	electron carrier
ناقِل المُورِّثة	gene taxi
ناقِل أمين ألانين (انزيم)	alanine aminotransferase
ناقِل جُزَيئيّ	molecular vehicle
ناقِل حَيَويّ	biological vector
ناقِل دنا	DNA vector
ناقِل عَصَبيّ	neurotransmitter
ناقِل مَحْمُول	vector borne
ناقِل مُضيف	host vector
ناقِل مُورِّثات الفيرُوسات العَصَوِيَّة	baculovirus expression vector
ناقِلة (انزيم حفز الإنتقال)	transferase
ناقِلة الأمين (انزيم)	transaminase
ناقِلة الجليكوزيل	glycosyltransferase
نانو غرام (10^{-9} غرام)	nanogram
نَبات	plant
نَبات الجَرْجير	rocket
نَبات مُعَدَّل وراثيًا	transgenic plant
نَباتات طارِدَة للحَشَرات	antixenosis
نَتاج الأيْض	metabolic product
نِتْرات	nitrate
نَتْرَتَة	nitrification
نِتْروسيلُولُوز	nitrocellulose
نِتْريت	nitrite
نِتْريلاز (انزيم)	nitrilase
نَخَر	Necrosis

Arabic	English
نَدْرَة الكُرَيَّات البيْض	aleukia
نَديد	homologue gene
نَرْجِس	daffodil
نَزْع النيتروجين	denitrification
نَزْع الهيدوجين	dehydrogenation
نَزْع مَجْموعَة الأميد	deamidation
نَزْع مَجْموعَة الأمين	deamination
نُزُوع وِراثيّ طبيعي	genetic predisposition
نزيف وَسَطِيّ	hemorrhagic mediastinitis
نسبة كُرَيّات الدَّم الحَمْراء	hematocrit
نَسْخ	transcription
نَسْخ المُوَرِّثة	gene transcript
نُسْخَة	transcript
نُسْخَة مُطابِقة لِلمُوَرِّثات في رنا المِرْسال	transcriptome
نَسيْج	tissue
نَسيْج بروتين نَوَوِيّ	nuclear matrix protein
نسيج حُبيبي	granulation tissue
نَسِيل	cloning
نَسِيلَة	clone
نَسِيلَة مُتَمِّم دنا	cDNA clone
نَشَا	starch
نَشَاط بَصَرِيّ	optical activity
نَشاط حَيَوِيّ	bioactivity
نَشاط حَيَوِيّ	biological activity
نَشاط عَقْلِيّ	mentation
نَشَاط مُتَمِّم	complement activation
نَشاط نَوْعِيّ	specific activity
نَشْر	dissemination
نَشِط إشعاعِيًّا	radioactive
نُشوء المَرَض	pathogenesis
نُشوْء حَيَوِيّ	biogenesis
نُشوء ذاتِيّ	abiogenesis
نُشوء مُتَساوي	co-evolution
نِصاب حِسِيّ (جُزيئات حِسِيَّة للبكتيريا تُنَسِّق تَصَرُّفها بالإشارات)	quorum sensing
نِصْف	moiety
نِصْف الحَياة الحَيَوِيّ	biological half-life
نِصْف الوقت الحَيَوِيّ	biological half-time
نِصْف عُمْر المَصْل	serum half life
نَضْح (خروج السوائل من الثغور المائيَّة)	exudative
نِطاق الهَجين	hybrid zone
نِظام الكَشْف البيولوجي المُتَحقِّظ طويل المدى	long-range biological standoff detection system
نِظام الكَشْف المُتَكامِل الحَيَوِيّ	biological integrated detection system
نِظام المُعالَجَة	treatment system
نِظام المَوْت بالإدْخَال	insertional knockout system
نِظام الهَجِيْن الثُّنائِيّ	two-hybrid system
نِظام انزيميّ	zyme system
نِظام أيْض النيتروجين الأنزيمي	nitrogenase system
نِظام إصلاح سوس (لترميم القواعد النيتروجينية التالفة من دنا)	SOS repair system
نِظام بكتيريّ ثُنائِيّ الهجين	bacterial two-hybrid system
نِظام بيْئِيّ	ecosystem
نِظام تَحليليّ كُليّ دَقِيْق	micro total analytical system
نِظام تَرتيب المُوَرِّثات	gene array system
نِظام تَعْبير وِراثِيّ لاخَلَوِيّ	cell-free gene expression system
نِظام جهازِيّ	systematics
نِظام حِمايَة التكنولوجيا	technology protection system
نِظام خَمِيْرِيّ ثُنائِيّ الهجين	yeast two-hybrid system
نِظام دَقِيْق للتَّحليل الكُلّيّ	micro total analysis system
نِظام كَهْربائِيّ ميكانيكيّ دَقِيْق	micro-electromechanical system
نِظام مُتَعَدِّد الانزيمات	multienzyme system
نِظام مَعلومات المُسْتَشفى	hospital information system
نِظام مَنَاعِيّ فِطْرِيّ (غَريزِيّ)	innate immune system
نِظام مَنْهَجِيّ	systematics
نِظام ناقِل مُوَرِّثات الفيرُوسات العَصَوِيَّة	baculovirus expression vector system
نِظام يَراعَة الليسيفيرين–	firefly luciferase-luciferin

modeling	نَمْذَجَة
biotype	نَمَط حَيَوِيّ
idiotype	نَمَط ذاتي
phenotype	نَمَط ظاهِرِيّ
haplotype	نَمَط فرْدانيّ
serotype	نَمَط مَصْلِيّ
karyotype	نَمَط نَوَوِيّ
growth	نُمُوّ
neoplastic growth	نُمُوّ وَرَمِيّ
metamodel	نَموذَج أيْضيّ
null model	نَموذَج باطِل
vicariant pattern	نموذج بديل او نائب
animal model	نَموذَج حَيَوانيّ
biomodulator	نَموْذَج حَيَويّ
voucher specimen	نَموذَج مُسْتَنَد (عَيِّنَة)
environmental fate model	نَموْذَج مَصيْر بيئِيّ
structure-activity model	نَموذَج نشاط تَركيبيّ
type specimen	نَموْذَج نَمَطيّ
cohesive ends	نهايات إلتِصاقِيَّة أو دَبِقة
Expiration	نهايَة الصَّلاحيَة
cohesive termini	نِهايَة لاصِقة
sticky end	نِهايَة لصوقة (لاصِقة)
nucleus	نَوَاة
cell nucleus	نَواة الخَلِيَّة
seizure	نَوْبَة صَرَع
neuraminidase	نُورامينيداز (انزيم)
genus	نَوْع
species	نَوْع
flagship species	نَوْع بارجَة الأميرال
sibling species	نَوْع شَقيْق
invasive species	نَوْع عُدْوانيّ
exotic species	نَوْع غريب
peromyscus species	نَوْع فِئْران
cultivated species	نَوْع مُتَعَهَّد بالزِّراعَة
introduced species	نَوْع مُدْخَل
omega-3 fatty acid	نَوْع من الأحْمَاض الدُهْنِيَّة غير المُشْبَعَة
specificity	نَوْعِيَّة
nuclein	نُوكلِيْن (مادَّة نُوَى الخلايا)
restriction endonuclease	نوكلياز داخِلِيّ لاقتِطاع الدنا
nucleotid	نُوكليوتيد
system	الليسيفيريز
equilibrium theory	نَظرِيَّة الإتِّزان
sequence hypothesis	نَظرِيَّة التَّتابُع
non-equilibrium theory	نَظرِيَّة اللاتوازُن
theory of local existence	نَظرِيَة الوُجود المَحلِيّ
homologue gene	نَظير
isotope	نَظيْر
nadir	نَظيْر
isoenzyme	نَظيْر انزيمي
isozyme	نَظيْر انزيمي
parataxonomist	نَظير إخْتِصاصِيّ تَصنْيف
radioactive isotope	نَظيْر مُشِعّ
radioisotope	نَظيْر مُشِعّ
convalescence	نَقاهَة
deficiency	نَقص
hypoxia	نَقص التَّأكْسُج
hypoglycemia	نَقص سُكَّر الدم
immunodeficiency	نَقص مَنَاعي
startpoint	نُقطة ابتِداء أو انطِلاق
focal point	نُقطة بُؤرِيَّة
transfer	نَقل (انتِقال)
transamination	نَقل الأمين
transmission	نَقل الحَرَكَة (إنْتِقال)
vertical gene transfer	نَقل المُورِّث عامودياً
safe transfer	نَقل آمِن
xenotransplant	نَقل بين الأجْناس
transboundary transfer	نَقل حَدِّيّ
vesicular transport	نَقل حُوَيْصِلِيّ
biological transport	نَقل حَيَويّ
intracellular transport	نَقل ضِمْخَلَوِيّ
fluorescence resonance energy transfer	نَقل طاقة الرَّنين التألُّقيّ
linear energy transfer	نَقِل طاقة خَطيّ
membrane transport	نَقل غِشائيّ
active transport	نَقل فعّال
direct transfer	نَقل مُبَاشِر
gated transport	نَقل من خِلال بَوَّابَة (صَمَّام)
nuclear transfer	نَقل نَوَوِيّ
cultivar	نَقْوَة
enantiopure	نَقِيّ التَّصاوُغ
metastasis	نَقيْلة

nucleotide	نُوكّلِيوتيد
deoxyribonucleotide	نُوكّلِيوتيد رايْبوزيّ مَنْقوص الأكسُجين
dideoxynucleotide	نُوكّلِيوتيد مَنْقوص الأكسُجين مرَّتين
nucleoside	نُوكّلِيوزيد
nucleoid	نَوَوانِيّ
nucleolus	نُوَيَّة
subspecies	نُوَيْع
nisin	نيسين (مُضادّ حَيَويّ)
deoxynivalenol	نيفالينول مَنْقوص الأكسُجين (ذيفان فِطْريّ يُصيب الحُبوب)
nematode	نيماتودا
epidemic pneumonia	نيمونيا وَبائِيَّة
nutricine	نيوترسين
exonuclease	نيوكلياز خارجية (انزيم نووي خارجي)
endonuclease	نيوكلياز داخِلِيَّة (انزيم نووي داخلي)
endonucleases	نيوكليازات داخِلِيَّة
nuclease	نيوكليز (انزيم حِمض نَوَويّ)
complementary nucleotide	نيوكليوتايد مُكَمِّل

ه

haptoglobin	هابتوجلوبين
harpin	هاربين (بروتين بكتيري)
biological attack	هُجومْ حَيَويّ
chemical attack	هُجوم كيميائِيّ
hybrid	هَجين
first filial hybrid	هَجيْن أوّل بَنَويّ
teosinte	هَجيْن ذُرَة (صنف جنوب أميركي)
functional genomics	هَجين وَظيفيّ
hydrogenation	هَدْرَجَة
target	هَدَف
hormone	هُرمون
endocrine hormone	هرمون الغُدَّة الصَمَّاء
growth hormone	هرمون النُمُوّ
human growth hormone	هرمون النُمُوّ الإنساني
human thyroid-stimulating hormone	هرمون بَشري مُحَفِّز للغُدَّة الدَرَقيَّة
follicle stimulating hormone	هرمون حَثّ الجُرَيبات
cortisol	هرمون ستيرويد
phenolic hormone	هرمون فِيْنولِي
gastrin	هرمون مَعِديّ
luteinizing hormone	هرمون مُلوتِن
adrenocorticotropic hormone	هرمون مُوَجِّه لقِشْرَة الكُظْر
phytohormone	هرمون نَباتِيّ
plant hormone	هرمون نَباتِيّ
bovine somatotropin	هرمون نُمُوّ بَرِّيّ حَيَوانيّ (مُوَجِّهَة جَسَدِيَّة)
histidine	هستدين
histamine	هستمين (قاعدة عضوية تفرز في الانسجة عند اصابتها تتسبب في توسيع الأوعية الدموية)
digestion	هَضْم
hexadecyltrimethylammonium bromide	هكساديكتل تراي ميثل امونيوم برومايد
gel	هُلام
acrylamide gel	هُلام الأكريلاميد
polyacrylamide gel	هُلام مُتَعَدِّد الأكريليه
hallucination	هَلوَسة
helicase	هليكيز (انزيم)
engineering	هَنْدَسَة
protein engineering	هَنْدَسَة البروتين
carbohydrate engineering	هَنْدَسَة الكربوهيدرات
tissue engineering	هَنْدَسَة أنْسِجَة
metabolic engineering	هَنْدَسَة أيضيَّة
biomolecular engineering	هَنْدَسَة جُزَيْئِيَّة حَيَوِيَّة
bioengineering	هَنْدَسَة حَيَوِيَّة
genetic engineering	هَندَسَة ورَاثيّة
air	هَواء
obligate aerobic	هَوائِيّ إجْباريّ
spermophilus	هَوْقل (جنس من القوارض)
holin	هولين
homocysteine	هوموسيستين
configuration	هَيْئَة

Arabic	English
هَيْئَة البروتين	protein conformation
هيدرازين	hydrazine
هيدروكسيد الألومنيوم	aluminum hydroxide
هيرودين (دَواء مُضادّ للتَّخثر)	hirudin
هَيْكَل خَلويّ (شبكة في السيتوبلازم تتكون من الأنابيب والخيوط الدَّقيقة تعطي الخلية شكلها)	cytoskeleton
هَيْكَل مَحَلّيّ	native structure
هيماتين (صِبغ ينشأ عن انحلال الهيموجلوبين)	heme
هيموجلوبين	hemoglobin

و

Arabic	English
وابل	showering
واسِطة التَّخزين	volume
واسع أو كَثِيْر التَّهْجين	wide cross
وَاسِم	label
واسِم	marker
واسِم اختياريّ	selectable marker
واسِم الوَرَم	tumor marker
واسِم تَعْبِير المُوَرِّثة	gene expression marker
واسِم دنا	DNA marker
واسِم صُنْبور	tap tagging
واسِم مُوَرِّثات مُرتَبِطة	linked gene/marker
وَاسِم وراَثيّ	genetic marker
واصِم مَرَضيّ	pathognomonic
واصِمَة	marker
واصِمَة حَيَوِيَّة نَموذَجيَّة	pattern biomarker
واضِح	overt
واقِي كيميائيّ لِلمَرَض	chemoprophylactic
وَباء سُلوكِيّ	behavioral epidemic
وَبائِيّ	pandemic
وَبائِيّ حَيَوانِيّ	epizootic
وَبائِيَّة ذات الرِّئة	epidemic pneumonia
وَحْدَة	unit
وحْدَة النَّسْخ	transcription unit
وحْدَة تَعْبِئَة الصِّبْغِيّات	chromosomal packing unit
وحْدَة قِياس	nanometer
وحْدَة قِياس الدَّنا (عَدَد الأزواج من القواعِد)	BP (base pair)
وحْدَة قِياس صَغِيْرَة	pica
وَحَم للطَّعام غير الطبيعي	pica
وَحيد الإتِّجاه خارجيًا	unidirectional externality
وَحيدَة (نوع من كُرَيَّات الدم البَيْضَاء)	monocyte
وَحيدَة النَّواة	mononuclear
وَذَمة خَبيثة	malignant edema
ورَاثة	heredity
ورَاثة جُزَيئِيَّة	molecular genetics
ورَاثة جينية	genetic inheritance
وراثة كيميائيَّة	chemical genetics
وَرَم	neoplasm
وَرَم	tumor
وَرَم حُبَيبي	granuloma
وَرَم حُبَيْبي لِمَفْيّ	lymphogranuloma
وَرَم نَقَويّ	myeloma
وَرَم هَجين	hybridoma
وَزْن جُزَيئيّ	molecular weight
وَزْن جُزيئِيّ غرامِيّ	gram molecular weight
وَزْن ذَرِيّ	atomic weight
وَسِخ	dirty
وَسَط	medium
وَسَط إسْتِنْبات	culture medium
وَسَط بيئِيّ	environmental media
وَسَط بيئِيّ وآلِيَّة النَّقل	environmental media and transport mechanism
وَسَط حَيَوِيّ	biological medium
وَشيقِيَّة (بكتيريا عَصَوِيَّة لا هوائِيَّة تُفرز بوتولين)	botulinum
وَصْف مَصادِر وراثِيَّة حَيَوانِيَّة	characterization of animal genetic resource
وَضْع إحْتِواء الإصابَة	contained casualty setting
وَظائِفِيَّة التَّركيب	structure-functionalism
وظيفة مَنَاعيَّة	immune function
وَظيْفة مُنْتِجَة	production function
وَفْرَة	redundancy
وَفْرَة الأنواع	species richness
وِقايَة	prevention
وَقت الجيْل	generation time

يَشْفط	aspirate
يُشَوِّش ضَباب لندن	London Fog Foggers
يُصَدِّر	export
يَصْطبغ بالأصْباغ القاعِدِيَّة (قعِد)	basophilic
يُضَخِّم	amplify
يُضْعِفْ	incapacitate
يُطَفِّر	mutate
يطور	scale-up
يُطوِّع	anneal
يَطِيْر	flying
يُعالِج المُورِّثات ببراعة	gene manipulation
يُعَبِّر	express
يُعِيْد الطَّبيعَة	renature
يَقْتَرِن	conjugate
يَقْسِم إلى شُعْبَتَين	bifurcate
يُقَسِّي بالبُرودَة	cold hardening
يُقَوِّي	potentiates
يَكْسِر	breakdown
يَلْتَفّ	wind
يُمْكِن إنْتِقاله من شَخْص إلى آخر	capable of being transmitted from one person to another
يَمْلأ	fill
يُناوِر بالمُوَرِّثات	gene manipulation
يُنْبِت	germinate
يَنْحَدِر تدريجيّاً	relapse
يُنْشِيء	germinate
يَنْصِب	cocking
يَنْفوخ (جِنْس من الأسْماك)	puffer
يَنْقُول (جزء من الدَّنا الجرثومي ينقل جيناً لمقاومة الدواء)	transposon
يَهْضُم	digest
يوبيكوتين (مُرَكَّب عديد الببتيد يوجد في الخلايا النباتيَّة وله دور في تحليل البروتين)	ubiquitin
يوبيكوينون (مُرَكَّب شَحْمِيّ في غِشاء المُتقدِّرات)	ubiquinone
يُودِيد البُوتاسيوم	potassium iodide
يوراسيل (قاعِدَة نيتروجينية في الرنا)	uracil
يوروكيناز (انزيم في بَوْل)	urokinase
وَقْــس (جُدَرِيّ البَقَر)	vaccinia
وُقُوْع	incidence
وكالة يابانية لتنظيم الدَّوَاء (كوزيشو)	koseisho
ولادَة (مَخاض)	parturition

ي

يُؤَشِّر	signaling
يُؤَهِّل	domesticate
يُبَلْعِم	phagocytize
يَبْلوع (في الخَلِيَّة)	phagosome
يَتَذَبْذب	wobble
يَتَراكَم حَيَوِيّ	bioaccumulate
يَتَطَلَّب الكلور	chlorine demand
يَتَطوَّح	wobble
يُجَمِّدُه في مكانه	immobilization
يَحْتَرِق بِمَدَى	burn-through range
يَحُلّ	lyse
يُحَلْمِه	hydrolyze
يَحْلول	lysosome
يَحْمور	hemoglobin
يُحَوِّل	mutate
يُحَوِّل الإشارَة	signal transduction
يَخْضُور	chlorophyll
يَد	hand
يَدْعَم بِصَلابَة	solid support
يَدْهَن	paint
يَدَوِيّ	hand-held
يَرْبِط	ligate
يُرَذِّذ	atomizing
يُرَسِّب	settle
يُرَشِّح	infiltrate
يَرْشُف	aspirate
يَرَقة العِثّ	armyworm
يَرَقة العِثّ (الانسلاخ الأول)	fall armyworm
يَرَقة العِثّ زَهرِيَّة اللَّون	pink bollworm
يُرَوِّض	domesticate
يَستَورِد	import
يُسَقِّي (المَعْدَن)	anneal
يُسَلِّح	weaponize

الإنسان)

يورياز (انزيم يُعَزِّز تحلّل اليوريا)	urease
يوريدين (مسحوق أبيض عديم الرائحَة يُستَخدَم في تجارب	uridine
يوزينيَّة (خَلايا دَمويَّة بيضاء)	eosinophils
يُوَطِّن	settle
يُوَلِّد	generating
يُوَهِّن	attenuate

English-Arabic

A

English	Arabic
a-DNA	دنا نَوْع a / حِمض نوويّ ريبوزيّ مَنقوص الأكسجين نوع a
a-helix	لوْلَبيّ الفا
a-linolenic acid	حِمض اللينولينك نَوْع a
ab initio gene prediction	تَنَبُّؤ بِتَرْكيب مُورِّث من البِدايَة
ABC transporter	مُورِّثات ABC الناقِلة
abiogenesis	نُشوء ذاتِيّ / تَوَلُّد بيولوجي
abiotic	لا حَياتِيّ / غيْر حَيَويّ
abiotic stress	إجْهاد غيْر حَيَويّ
ablation	إنْفِصال / جَذّ
abrin	أبرين (ذيفان بروتيني في بعض البذور)
abscisic acid	حِمض الابسيسيك
absolute configuration	تَهايُؤ مُطْلَق
absorbance	تَماصّ (قُدْرَة على الإمْتِصاص)
absorption	إمْتِصاص
abzyme	مُضادّ حَيَويّ ذو خَواص أنزيميَّة مُحفِّزَة
acceptable daily intake	مَدْخول يَوْمِيّ مَقبول
acceptable level of risk	مُستَوى مُخاطَرَة مقبول
acceptor	مُتَقبِّل
acceptor control	تَحَكُّم المُتَقبِّل
acceptor junction site	مَقرّ إتِّصال المُتَقبِّل
accession	إضافة / مُوافقة أو قُبُول
accident	حادِث / عارِض
accidental release	إفْراز عَرَضِيّ
acclimatization	أقلمَة
accumulation	تَراكُم / تَكْديس
acetolactate synthase	انزيم تَصْنيع الأسيتولاكتيت
acetone	أسيتون (مادَّة كيميائيَّة سائِلة تُستَخدَم كمُذيب عُضويّ)
acetyl carnitine	أسيتيل كارنيتين
acetyl co-enzyme A	أسيتيل مُرافِق الانزيم نَوْع A
acetyl-coA	مُرافِق الأسيتيل نَوْع A
acetyl-coA carboxylase	انزيم كاربوكسيليز مُرافِق الأسيتيل نَوْع A
acetylcholine	أسيتيل كولين (ناقِل عَصَبيّ)
acetylcholinesterase	إستيراز الأسيتيل كولين (انزيم)
acid	حِمض
acidic fibroblast growth factor	عامِل نُموّ أرومَة لِيْفِيَّة حامِضيَّة
acidosis	حُموضَة
acquired immune deficiency syndrome	مُتلازِمَة العَوَز المَناعِيّ المُكْتَسَب
acquired mutation	طَفْرَة مُكْتَسَبَة
acro-cyanosis	زُراق الأطراف
acrylamide gel	هُلام الأكريلاميد
actin	أكتين (بروتين عَضَلِيّ)
activated charcoal	فَحْم نَباتِيّ مُنَشَّط
activation energy	طاقة تَنْشيط
activator	مُنَشِّط
active immunity	مَناعَة فاعِلة
active immunization	إكْساب مَناعَة فاعِلة
active ingredient	مادَّة فعّالة
active site	مَوْضِع نَشِط
active transport	نَقل فعّال
activity coefficient	مُعامِل النَّشاط
acuron TM gene	مُوَرِّث أكيورون TM
acute exposure	تَعَرُّض حادّ
acute illness	عِلَّة حادَّة
acute sample	عَيِّنَة حادَّة
acute toxicity	سُمِّيَّة حادَّة
acute transfection	تَعْداء حادّ
acyl carrier protein	بروتين ناقِل الأسيل
acylcarnitine transferase	انزيم تَحويل الأسيل كارنيتين الى كارنيتين
adalimumab	أداليموماب (بروتين)
adaptation	تَكَيُّف / مُلائمَة
adaptation traits	صِفات مُتَكَيِّفة
adaptive enzyme	انزيم تَلاؤُمِيّ
adaptive radiation	إشعاع تَلاؤُمِيّ
adaptive zone	مِنْطَقة تَلاؤُمِيَّة
additive	مُضاف / جَمْعِيّ
additive effect	تَأثِيْر مُضاف
additive genes	مُوَرِّثات تَجَمُّعِيَّة (مُضافة)
adenilate cyclase	انزيم مُحَلِّق الأدينين أحاديّ

الفوسفات

adenine — أدينين (قاعِدَة نيتروجينيَّة)

adenosine — أدينوزين (أدينين مُرتَبِط مع سُكَّر ريبوزي)

adenosine diphosphate — أدينوزين ثُنائِيّ الفوسفات

adenosine monophosphate — أدينوزين أحادِيّ الفوسفات

adenosine triphosphate — أدينوزين ثُلاثِيّ الفوسفات

adenoviridae — فيرُوسات غُدّانِيَّة

adenovirus — فيرُوسَة غُدّانِيَّة

adequate intake — أخْذ كافٍ

adhesion molecule — جُزَئ الْتِصاق (الْتِئام)

adhesion protein — بروتين الْتِصاق

adipocyte — خَلِيَّة شَحْمِيَّة

adipose — شَحْمِيّ / دُهْنِيّ

adjuvant — مادَّة مُساعِدَة

adoptive cellular therapy — عِلاج خَلَوِيّ مُتَبَنّى

adoptive immunization — مَناعَة مُتَبَنّاة

adrenocorticotropic hormone — هُرْمون مُوَجِّه لِقِشْرَة الكُظْر

adsorption — إدْمِصاص

adult stem cell — خلايا جِذْعِيَّة بالِغَة

advanced informed agreement — إتِّفاقِيَّة مُعْلَن عنها مُسْبَقاً

adventitious — بَرّانِيّ / عَرَضِيّ

adverse effect — أثَر ضارّ

adverse reaction — تفاعُل ضارّ

aedes albopictus — الزّاعِجَة المُنَقَّطَة بالأبْيَض (إسم عِلميّ للبَعوضَة)

aeration — تَهْوِيَة

aerobe — حَيَوائِيّ / حَيْهَوائِيّ

aerobic — حَيَوائِيّ / مُعْتاش بالأكسجين

aerobic bacteria — بكتيريا هَوائِيَّة

aerodynamic — عِلم الدِّيناميكا الهوائيَّة (الإيرودِيناميات)

aeromonas — غازِيَّة (جِنْس جراثيم من فصيلة الضميَّات)

aerosol — ضَباب

aerosol particle — جُسَيْم الضَّبوب

aerosol spray — بَخّاخ ضَبابِيّ

aerosol vulnerability — إخْتِبار سُرعَة التَّأثُّر الضَبابِيّ

aerosolization — إسْتِضْباب

aerosolize(d) — تَضْبيب

aerosolized biological agent — عامِل حَيَوِيّ مُضَبَّب

aerosolizing — تَضْبيب

afebrile — غيْر مَصْحُوب بحُمَّى

affected part — جُزْء مُصاب

affinity — ألفة

affinity chromatography — إسْتِشْراب ألِيف

affinity tag — عَلامَة أليفة

aflatoxin — أفلاتُوكْسين (مُسْتَقْلَبات فُطْرِيَّة سامَّة ومُسَرْطِنَة لِلْكَبِد)

agar — آجار

agarose — آجرُوز

agarose gel electrophoresis — رَحَلان كَهْرَبِيّ هُلامِيّ أجرُوزي

age group — فِئَة عُمْرِيَّة

agent — عامِل

agglomeration — تَكَوُّم

agglutination — تَراصّ / تَجَلُّط

agglutinin — أجلوتينين (راصَّة في مَصْل الدَّم)

aging — تَشَيُّخ / تَقادُم بمرور الزمن

aglycon — جُزْء لا سُكَّرِيّ (ناتِج من تحليل جُزَئ الجليكوزيد)

aglycone — جُزْء لا سُكَّرِيّ (ناتِج من تحليل جُزَئ الجليكوزيد)

agonists — عامِل دوائِيّ مُساعِد

agraceutical — مُسْتَحْضَر زراعِيّ

agriceuticals — مُسْتَحْضَرات زراعِيَّة

agricultural — زراعِيّ (ما يَنْسَب إلى الزراعة أو يتَّصل بها)

agricultural biodiversity — تَنَوُّع حَيَوِيّ زراعِيّ

agricultural biological diversity — تَنَوُّع حَيَوِيّ زراعِيّ

agrobacterium — أجْرَعِيَّة (جنس من البكتيريا)

agrobacterium tumefaciens — أجْرَعِيَّة مُوْرِمَة

agrobiodiversity — تَنَوُّع حَيَوِيّ زراعِيّ

agrobiotechnology — تِقْنِيّات حَيَوِيَّة زراعِيَّة

agroecology — عِلم البيئة الزراعِيّ

agroforestry علِم الحَراج الزراعِيّ
AIDS الايدز (متلازمة نقص أو فقد المناعة المُكْتَسَبَة)
air هَواء
air america compressors آلة لِضَغْط الهَواء
airborne pathogen مُمْرِضَة تَنْتَقِل بالهَواء / مُسَبِّب مَرَضيّ يَنْتَقِل بالهَواء
airborne precaution إحْتِراز من المَنقول بالهَواء
airbrush فُرْشاة تَعْمَل بضَغْط الهَواء
airplane طائِرَة
airway مَسْلك هوائِيّ
alanine ألانين (حِمض أميني)
alanine aminotransferase ناقِل أمين ألانين (انزيم)
albumin ألبُومين (بروتين يُوجَد في بلازما الدَّم، بياض البَيْض، والحليب)
aldose ألدوز (سُكَّر يشتمل على زُمرة ألدهيد)
aleukia نَدْرَة الكُرَيَّات البيْض
aleurone آلورون (مُكون غذائي في الحبوب الناضجة)
alfafa بَرْسيم
algae طحالِب
algal toxin ذيفان طُحْلبيّ
algorithm خُوارزْمِيَّة
alicin أليسين (عقار لِتعزيز المناعَة يتكون من خُلاصَة الثوم)
alien species عُضْوِيَّة غَرِيْبَة
alkali قلويّ
alkaline قلويّ
alkaline hydrolysis حَلْمَهَة قلويَّة / تَحْليل مائِيّ قلويّ
alkaline phosphatase فوسفاتاز قلويَّة (انزيم)
alkaloid قَلوانِيّ
allele أليل (صِيْغِيَّات مُتَضادَّة)
allelic exclusion إقصاء أليلِيّ
allelopathy تَثبيط نباتيّ الأصل
allergy أَرَجِيَّة (فرْط التَّحَسُّس)
allicin أليسين (مُضادّ حَيَوِيّ وفِطْرِيّ قويّ يُسْتَخْلَص من الثوم)
allogeneic مُخْتَلِف المُوَرِّثات / خَيْفِيّ (آتٍ مِن فَرْد آخَر مِن نَفْس النَّوع)
allopatric مُخْتَلِف التَّوْطين
allopatric speciation تَنَوُّع نَتيجَة إخْتِلاف التَّوطين
allosteric enzyme انزيم تَفارُغِيّ
allosteric site مَوْضِع تَفارُغِيّ
allosterism (allosteric) تَفارُغ (تَغَيُّر فعالية انزيم ما بارتباطه بمادَّة أخرى غير ركيزته)
allotypic monoclonal antibodies أجسام مُضادَّة أحادِيَّة الإسْتِنساخ ذات نَمَط أَليلِيّ
allozyme انزيم خَيْفِيّ
α amylase inhibitor-1 مُثَبِّط ألفا أميليز (انزيم)
α galactoside جالاكتوزيد ألفا
α helix لوْلَبيّ ألفا
α interferon إنترفيرون ألفا
α linolenic لينولينيك ألفا
α particle جُسَيْم ألفا
α-chaconine تشاكونواين ألفا
α-helice لوْلَب ألفا
α-rumenic acid حِمض رومينيك ألفا (حِمض مَعديّ)
α-solanine سولانين ألفا
α-synuclein ساينوكلين ألفا
α virus فيرُوسات ألفا
als gene مُوَرِّث als
alternative medicine عِلاج بَديْل
alternative mRNA splicing مُضَفِّر رنا الرسول البَدِيْل
alternative splicing تَضْفير بَدِيْل
alu family عائِلة alu
aluminum عُنْصُر الألومنيوم
aluminum hydroxide هيدروكسيد الألومنيوم
aluminum resistance مُقاوِم للألومنيوم
aluminum tolerance مُتَحمِّل للألومنيوم
aluminum toxicity سُمِّيَّة الألومنيوم
alveolar macrophage بَلْعَم سِنْخِيّ
Alzheimer's disease مَرَض الزهايمر
ambient measurement مِقياس ما يُحيْط
american type culture collection إسْم مُنَظَّمة (ATCC)
ames test إخْتِبار آمس (أسلوب صمم لمسح المواد الكيميائية البيئية المولدة للطفرات)

English	Arabic
amino acid	حِمض أمينيّ
amino acid profile	مَقطَع حِمض أمينيّ
amino acid sequence	تَرْتيب حِمض أمينيّ
aminocyclopropane carboxylic acid	حِمض الأمينوسايكلوبروبين كاربوكسيليك
aminocyclopropane carboxylic acid synthase	انزيم تَصْنيع حِمض الأمينوسايكلوبروبين كاربوكسيليك
aminopyridines	أمينوبيريدين
aminotransferases	انزيمات نَقْل مَجْموعَة الأمين
amphibolic pathway	مَسْلك مُتَعاكِس (يصِف كل من البناء والهدم الأيضيّ)
amphipathic molecules	جُزَيْئات مُتَقابلة الزُمَر
amphiphilic molecules	جُزَيْئات قُطْبيَّة مُحِبَّة وكارهَة لِلماء
amphoteric compound	مُرَكَّب مُذَبْذَب (يَتَمَتَّع بخَواص مُتَضادَّة)
amphoteric electrolyte	كَهْرَل مُذَبْذَب
ampicillin	أمبيسيلين (مُضادّ حَيَويّ واسع الطَيْف)
amplicon	مُضَخَّم (قِطع دنا الناتِجَة من جهاز PCR بتِقْنِيَّة التَّضْخيم)
amplification	تَضْخيم
amplified fragment length polymorphism (AFLP)	طوْل الجُزْء المُضَخَّم مُتَعَدِّد الأشكال
amplify	يُضَخِّم
amplimer	مُتَضاعِف
amylase	أميلاز (انزيم هضمي يشطر النَّشا إلى وحدات أصغر من المالتوز)
amyloid plaque	بروتين شِبْه نَشَويّ مُتَجَمِّع في الخلايا العَصَبيَّة (مِن أعراض مرض الزهايمر)
amyloid precursor protein	بروتين أوليّ شِبْه نَشَويّ
amylopectin	أميلوبكتين (بروتين النَّشا)
amylose	أميلوز (المُكَوِّن الداخليّ للنَّشا)
anabolism	أيْض بنائيّ (إبْتِناء)
anaerobe	لاهَوائيّ
anaerobic	لاهَوائيّ
anaerobic bacteria	بكتيريا لاهَوائيَّة
anal	شَرَجيّ
analgesic	مُسَكِّن
analog	مُضاهِئ /مُشابِه / مُعْطَيات لا رَقَميَّة
analog gene	مُوَرِّث مُضاهِئ
analogous	مُضاهِئ / مُتَشابِه الوَظيْفَة
analogue	مُضاهِئ
analysis of variance	تَحْليل التَّبايُن
analyte	حَليْلَة (مادَّة يجري تحليلها)
anaphylatoxin	ذيفان تَأقِيّ (سموم تُحَفِّز الحساسيَّة)
anemia	فقر الدَّم
anesthesia	تَخْدير / تَبْنيج / بُطْلان الحِسّ
aneurysm	أمّ الدَّم (أنورسما)
angiogenesis	تَوَلُّد الأوعِيَة
angiogenesis factor	عامِل تَوَلُّد الأوعِيَة
angiogenic growth factor	عامِل نُمُوّ وعائِيّ المَنْشَأ
angiogenin	أنجيوجينين (عديد ببتيد يدخُل في عملية تَوَلُّد الأوعِيَة)
angiostatin	أنجيوستاتين (بروتين مُثَبِّط تولد الأوعية الدَّمويَّة)
angiotensin-converting enzyme	انزيم مُحَوِّل الأنجيوتنسين
angiotensin-converting enzyme inhibitor	انزيم مُثَبِّط تحويل الأنجيوتنسين
angstrom	أنْغِستروم (وحدة طول تساوي 10^{-8}سم وتستعمل للدلالة على الأبعاد الجُزيئية)
animal genetic resources databank	بنك مَعلومات مَصادِر ورَاثيَّة حَيَوانيَّة
animal genome (gene) bank	بنك مُوَرِّثات حَيَوانيَّة
animal model	نَموذَج حَيَوانِيّ
anion	أنيون (أيون سالِب الشحنة)
anneal	يُطوِّع / يُسَقِّي (المَعْدَن)
annealing	تَلْدين (بالحرارة)
annotation	تَذْييل / حاشِيَة تَفسيريَّة
anonymous DNA marker	مُعَلِّم دنا مَجْهول
antagonist	ضادَّة
anterior pituitary gland	غُدَّة نُخاميَّة أماميَّة
anthocyanidin	أنثوسيانيدين (مادَّة صِباغيَّة نباتيَّة)
anthocyanin	أنثوسيانين (مادَّة صِباغيَّة نباتيَّة)

English	Arabic
anthocyanoside	إزْرقاق الأسْدِيَة في الأزهار
anti-idiotype	مُثَبِّط النَّمَط الذاتيّ
anti-idiotype antibody	جِسْم مُضادّ لِمُثَبِّط النَّمَط الذاتيّ
anti-infective	مُضادّ العَدْوى
anti-infective agent	عامِل مُضادّ للعَدْوى
anti-interferon	مُثَبِّط إنترفيرون
anti-o-polysaccharide antibody	جِسْم مُضادّ لِمُثَبِّط عديد السُّكَّريّات غيْر المناعيّ
anti-oncogene	مُثَبِّط مُوَرِّثات وَرَميَّة
anti-sense technology	تِقنيَّات مانِع الإحْساس
antiangiogenesis	ضِدّ تَوَلُّد الأوْعِيَة
antibacterial	مُضادّ جَراثِيْم بكتيريَّة
antibiosis	تَضادّ حَيَويّ
antibiotic	مُضادّ حَيَويّ
antibiotic resistance	مُقاوِم مُضادّ حَيَويّ
antibiotic therapy	مُعالج بِمُضادّ حَيَويّ
antibiotics	مُضادّات حَيَويَّة
antibody	جِسْم مُضادّ
antibody affinity chromatography	إسْتِشْراب جِسْم مُضادّ بالألْفَة
antibody array	مَنظومَة أجْسام مُضادَّة
antibody-laced nanotube membrane	أجْسام مُضادَّة مَشْدودَة للأغشيَة الدَّقيقة
antibody-mediated immune response	أجْسام مُضادَّة تُحَفِّز جهاز المَناعَة
anticoagulant	مانِع تَخَثُّر (مُضادّ تَخَثُّر)
anticoding strand	سِلسِلَة مانِع التَّرْميز
anticodon	مُقابِلة الرَّامِزَة / ضِدّ الرَّامِزة
anticonvulsant	مُضادّ إخْتِلاج
anticrop agent	عامِل مُثَبِّط لِنُموّ المَحْصول
antidote	تِرْياق (مُضادّ ذيفان)
antifreeze protein	بروتين مُقاوِم لِلتَّجَمُّد
antifungal	مُضادّ فِطْريّات
antigen	مُوَلِّد المُضادّ (مُسْتَضِدّ)
antigen-antibody complex	مُعَقَّد ضِدِّيّ مُسْتَضِدِّيّ
antigen-presenting cell	مُسْتَضِدّ لِلخَلِيَّة يُمَيِّز نوعها
antigenic determinant	مُحَدِّدَة مُسْتَضِدِّيَّة
antigenic switching	مُحَوِّلَة مُسْتَضِدِّيَّة
antihemophilic factor	عامِل مُضادّ النَّاعور (التَّعَلُّق بالدَّم)
antihemophilic globulin	غلوبولين مُضادّ النَّاعور (التَّعَلُّق بالدَّم)
antimateriel agent	عامِل مُضادّ المادَّة
antimicrobial agent	عامِل مُضادّ الميكروبات
antioxidant	مانِع تَأكْسُد
antiparallel	عَكْسِيّ التَّوازي
antiplatelet	مُضادّ الصَّفيحات
antiporter	مُضادّ مُنادِل تَعاكُسِيّ (تَبادُل مُتَعَاكِس: آلية تَبادُل مُرَكبين عبر الغشاء باتجاهين مُتضادَّين)
antiproliferative	مانِع تكاثُريّ
antipyretic	مُضادّ حُمَّى
antisense	غيْر مَنْطِقِيّ
antisense RNA	رنا غيْر مَنْطِقِيّ
antiseptic	مُطَهِّر
antisera	مُضادّ أمْصال
antithrombogenous polymer	مَكْثور مُضادّ تَخَثُّر الدَّم
antitoxin	مُضادّ الذِّيفان
antiviral	مُضادّ فيرُوسات
antivirial agent	عامِل مُضادّ فيرُوسات
antixenosis	نَباتات طارِدَة للحَشَرات
aplastic anemia	فقر دَمّ لا تَنَسُّجِيّ
apoenzyme	صَمَيْم الإنْزيم
apolipoprotein	صَمَيْم بروتين شَحْمِيّ
apomixis	تَكاثُر لا جِنْسِيّ / تَكَاثُر لا تعَرُّسِيّ
apoptosis	مَوْت خَلَويّ مُبَرْمَج / إستماتة
applicability	قابِلِيَّة التَّطبيق / صلاحيَّة التَّطبيق
application	تَطْبيق
applicator	مُطَبِّق
approvable letter	رسالَة موافقة
aptamer	جُزَيْئات مُرْتَبِطة
aquaculture	زِراعَة مائيَّة
aqueous	مائيّ
arabidopsis thaliana	ارابيدوبسيس ثاليانا (عُشبة دُرِسَت تفاعلاتها الجينية بتفعيل كبير)
arachidonic acid	حِمض الأراكيدونيك
archaea	آركيا (كائِنات دقيقة طليعيَّة النَّواة شبيهة بالبكتيريا)
area of release	مِنْطَقة الإطلاق

English	Arabic
arginine	أرْجينين (حِمض أمينيّ)
armyworm	يَرَقة العِثّ
aromatic	أروماتِيّ (مُركَّب كيميائي يحوي حلقة بنزينيَّة) / عِطْريّ (ذو رائِحَة طيِّبة)
arrhythmia	إضْطِراب النَّظم
ars element	عُنْصُر آرس (مجموعة عناصر تبدأ عملية تضاعُف الدنا في الخميرة)
arteriosclerosis	تَصَلُّب شِرْيانِيّ
arthralgias	ألم مِفْصليّ
arthritis	إلْتِهاب مِفْصليّ
arthropathy	إعْتِلال مِفْصليّ
artificial insemination	تَمْنِيَة إصْطِناعيَّة
artificial selection	إنْتِخاب إصْطِناعيّ
artillery mine	لُغْم المَدْفعيَّة
ascites	إسْتِسقاء (حَبَن: تَجَمُّع السَّوائل في تجويف البطن)
ascorbic acid	حِمض الأسكوربيك (فيتامين ج)
ase	لاحِقة بمعنى انزيم
aseptic	مُعقَّم / مُطَهَّر
asexual	لاجِنْسِيّ
asexual reproduction	تَكاثُر لاجِنْسِيّ
asian corn borer	حَفَّار الذُّرَة الآسْيَويّ
asparagine	إسْباراجين (حِمض أمينيّ)
aspartic acid	حِمض الأسبارتيك
aspergillus flavus	رَشَّاشِيَّة صَفْراء (نَوْع فِطْريات)
aspergillus fumigatus	رَشَّاشِيَّة دَخْناء (نَوْع فِطْريات)
aspirate	يَشْفُط / يَرْشُف
assay	مُقايَسَة
assessment	تَقْييم / تَقْدير
asset	مُمْتَلَكات
assimilation	تَمْثِيل غِذائِيّ
associate hospital	مُسْتَشْفَى مُشارِك
astaxanthin	أسْتازانتين (صِبْغ في بُيوض الإربيان)
asymptomatic seroconversion	إنقِلاب تَفاعُلِيَّة المَصْل عَدِيْم الأعْراض / إنقِلاب سيرولوجيّ عَدِيْم الأعْراض
atherosclerosis	تَصَلُّب عَصِيْدِيّ
atmospheric	مُتَعلِّق بالغِلاف الجَوْيّ

English	Arabic
atomic force microscopy	فَحْص مِجْهَرِيّ بالقُوَّة الذرِّيَّة
atomic weight	وَزْن ذَرِيّ
atomizer	مِرْذاذ
atomizing	يُرَذِّذ
atopic	تَأتُّبِيّ (مُفْرِط حَساسيَّة)
ATPase	أنزيم مُحَفِّز صناعَة وحْدات الطَّاقة ATP
atrial natriuretic factor	عامِل مُدِرّ الصوديوم أذَيْنِيّ
atrial peptide	ببتيد أذَيْنِيّ
atropine	أتْروبين (يُسْتَخرَج من نبات سامّ يُسَمَّى بِلادونَّا)
attenuate	يُوَهِّن
attenuated	مُوَهَّن
attenuation	تَوْهِين
attenuation coefficient	مُعامِل التَّوْهِين
attributable proportion	حِصَّة يُمْكِن نَسْبُها
AU4000	أيو 4000 (نوع من أنواع المبيدات الحشرية)
aura virus	فيروس أوْرَا (ينتمي للفيرُوسات الألفاويَّة)
aureofacin	أوريوفاسين (من المُضادَّات الحَيَويَّة)
auto-claving	تَعْقِيم بالموصدَة (جهاز تَعْقِيم بالبُخار المَضغوط)
auto-correlation	إرْتِباط ذاتِيّ
autogenous control	سَيْطَرة ذاتِيَّة
autoimmune disease	مَرَض مَناعَة ذاتِيَّة
autoimmune disorder	إضْطِراب مَناعَة ذاتِيَّة
autoimmunity	مَناعَة ذاتِيَّة
autologous	ذاتِيّ المَنْشأ
autonomous replicating segment	قِطْعَة تَضاعُف مُسْتَقِل
autonomous replicating sequence	سِياق تَضاعُف مُسْتَقِل
autopsy	صِفَة تَشْرِيحِيَّة
autoradiography	تَصْوير إشْعاعِيّ ذاتِيّ
autosome	صِبْغِيّ لا جِنْسِيّ / صِبْغِيّ جِسَدِيّ
autotroph	ذاتِيّ التَّغْذِيَة
auxin	أوكْسين (هرمون نَباتِيّ)
auxotroph	عَوَنِيّ التَّغْذِيَة
avain	ايفين (مرض متعلق بالطيور)

avidin	أفيدين (مُركّب يتحد مع البيوتين فيعوق إمتصاصه)
avidity	رَغابَة / قُوَّة الإجْتِذاب
avoidance	إجْتِناب
axillary lymphadenopathy	تَضَخُّم العُقد اللّمفيَّة الإبْطِيَّة
azadirachtin	أزاديراكتين (مُبيد لِمُقاومَة الحشرات)
azurophil-derived bactericidal factor	عامِل إسْتِخْراج مُبيد للبكتيريا بصِباغ لازَوَرد

B

B cell	خلية B (خلية لمفية تتشكل في عظم الثدييات)
B lymphocyte	لِمْفاويَّات بائيَّة
b-sitostanol	سايتوستانول b
b-conglycinin	كونجلايسنين b
b-DNA	دنا نَوْع b/حمض نوويّ ريبوزيّ مَنقوص الأكسجين نوع b
b-domain	مَجال b
bacillus	عَصَويَّة (جِنْس بكتيريا من فصيلة العَصَويَّات)
bacillus anthracis	عَصَويَّة جَمْريَّة
bacillus licheniformis	عَصَويَّة ليشينفورميس
bacillus subtilis	عَصَويَّة رَقيقة
bacillus thuringiensis	عَصَويَّة تُورنْجيَّة
back mutation	طَفْرَة رَجْعيَّة
backcross	تَهْجين عَكْسيّ
bacteremia	تَجَرْثُم الدَّم
bacteremic	شَبيه بالبكتيريا
bacteria	بكتيريا (قِسْم من الكائنات الحيَّة الدّقيقة وحيدة الخلية)
bacteria count	عَدّ البكتيريا
bacterial agent	عامِل بكتيريّ
bacterial artificial chromosome	صِبْغيّ بكتيريّ مُصنَّع
bacterial expressed sequence tag	عَلامات تَسَلْسُل بكتيريَّة مَعْروفة
bacterial physiology	عِلم وَظائِف البكتيريا
bacterial toxin	ذيفان بكتيريّ
bacterial two-hybrid system	نِظام بكتيريّ ثُنائِيّ الهجين
bactericide	مُبيْد بكتيريا
bacteriocide	مُبيْد بكتيريا
bacteriocin	بكتريوسين (مُضادّ بكتيريا)
bacteriology	عِلم الجراثيم البكتيريَّة
bacteriophage	عاثِيَة (فيرُوس آكِل البكتيريا) / لاقِم البكتيريا
bacteriostat	كابح بكتيري (مُوَقِف لِنُموّ البكتيريا)
bacterium	جُرثومَة (واحِدَة البكتيريا)
bacterium tularense	بكتيريا تولاريميَّة
baculovirus	فيرُوسات عَصَويَّة
baculovirus expression vector	ناقِل مُوَرِّثات الفيرُوسات العَصَويَّة
baculovirus expression vector system	نِظام ناقِل مُوَرِّثات الفيرُوسات العَصَويَّة
bakanae	باكانيه (إسْم فِطْر يُسَبِّب مَرَض الشتلة الحَمْقاء في الأرُزّ)
bar gene	مُوَرِّثة بار
barley	شَعيْر
barnase	بارنيز (بروتين بكتيريّ)
base	قاعِدَة
base excision sequence scanning	إزالة قواعِد بالمَسْح التَّسَلْسُلِيّ (طريقة تستخدم لتحديد طفرة نقطية)
base pair	زَوْج قواعِد
base sequence	قاعِدَة مُتَوالِيَة / تَسَلْسُل القواعِد
base substitution	إسْتِبدال قواعِد
baseline data	مُعْطيات أساسيَّة
basic fibroblast growth factor	عامِل نُموّ أساسِيّ للأرومَة الليْفِيَّة
basophilic	يَصْطَبِغ بالأصْباغ القاعِدِيَّة (قَعِد)
basophil	قَعِدَة (خلية تتلوَّن بالأصْباغ القاعدية)
baterial infection	عَدْوَى بكتيريَّة
batericidal	قاتِل البكتيريا / مُبيد بكتيريّ
bce4	4bce (مُوَرِّث مُحَفِّز يتحكم أو يزيد إنتاج مكونات البُذور الزيتيَّة)
bcr-abl gene	مُوَرِّثة bcr-abl (مَسؤُول عن

English	Arabic
	الإصابة بسرطان الدَّم)
bcr-abl genetic marker	مُعَلَّمَة وِراثِيَّة bcr-abl (يمكن رؤيتها باستخدام أشعة الفلوريسنس او تقنية FISH لتحديد مكان او موقع مُوَرِّثات أخرى بالنسبة لهذا الموقع بالذات)
bed	سَرِيْر / مَسْكَبَة
behavioral epidemic	وَباء سُلوكِيّ
benchmark concentration	تَرْكيز العَلامَة المَوضِعِيَّة
benign	حَمِيْد / غيْر خَبِيْث
benthos	أحْياء قاع المُحِيْط
bequest value	قِيْمة الإرْث بِتَوصِيَة
bess method	طَرِيْقة بس
bess t-scan method	مَسْح t بطَرِيْقة بس
best linear unbiased prediction	أفْضَل تَنَبُّؤ خَطِيّ غيْر مُنْحاز (BLUP)
β carotene	كاروتين بيتا
β cells	خَلايا بيتا
β conformation	تَكْوين بيتا
β interferon	إنترفيرون بيتا (مُضادّ فيرُوسات)
β oxidation	تَأكْسُد بيتا
β sitostanol	سايتوستانول بيتا
β sitosterol	سايتوستيرول بيتا
β -conglycinin	كونجلاسينين بيتا
β -d-glucuronidase	بيتا-د جلوكورونايديز (انزيم مُحَفِّز تحليل جلوكورونايد شكل بيتا)
β -DNA	دنا بيتا
β -glucan	جلوكان بيتا
β -glucuronidase	بيتا- جلوكورونايديز
β -lactam antibiotic	مُضادّ حَيَوِيّ بيتا لاكتام (مُضادّ حَيَوِيّ بنسيلينِيّ)
β -lactamase	بيتا لاكتيميز (انزيم بكتيرِيّ يجعلها مُقاومَة للمُضادَّات الحيويَّة البنسيلينيَّة)
β -secretase	بيتا سيكريتيز (انزيم)
bifidobacteria	خَلِيَّة بكتيريَّة ثُنائِيَّة
bifidus	مَشقوق إلى قِسْمَين
bifurcate	يَقْسِم إلى شُعْبَتَين
bile	الصَّفراء (الإفراز الأساسي للكَبِد ويُخْزَن في المرارة)
bile acid	حِمض الصَّفراء
bilirubin	بيليروبين (خِضاب الصَّفراء)
binding site	مَوقِع الرَّبْط (مِنْطقة مُحَدَّدَة للرَّبْط مع جُزيئات أخرى)
bio	بادِئَة تَعْني حَياة أو أحياء
bio reactor	مُفاعِل حَيَوِيّ
bio-bar code	خَطّ مُشَفَّر حَيَوِيّ
bioaccumulant	مُتَراكِم حَيَوِيّ
bioaccumulate	يَتَراكَم حَيَوِيّ
bioaccumulation	تَراكُم حَيَوِيّ
bioactivity	نَشاط حَيَوِيّ
bioassay	مُقايَسَة حَيَوِيَّة / تَقدير كَمِّيّ حَيَوِيّ
bioaugmentation	إزْدِياد حَيَوِيّ
bio availability	تَوافُر حَيَوِيّ
biocatalyst	مُحَفِّز حَيَوِيّ (مادَّة تُسَرِّع العمليات الحَيَوِيَّة)
biochemical	كِيْميائِيّ حَيَوِيّ
biochemistry	عِلم الكِيْمياء الحَيَوِيَّة
biochip	رُقاقة حَيَوِيَّة
biocide	مُبِيْد حَيَوِيّ
biocoenosis	مُجتَمَع أحيائِيّ
bioconcentration factor	عامِل تَرْكيز حَيَوِيّ
biodegradable	قابِل لِلتَّحَلُّل الأحيائِيّ
biodegradation	تَحَلُّل حَيَوِيّ
biodesulfurization	إزالة الكِبْريت حَيَوِيّاً
biodiversity	تَنَوُّع حَيَوِيّ
bioelectronics	إلِكترونِيَّات حَيَوِيَّة
bioenergy	طاقة حَيَوِيَّة
bioengineering	هَنْدَسَة حَيَوِيَّة
bioenrichment	إغْناء حَيَوِيّ
biofilm	فِيْلم حَيَوِيّ
biogenesis	نُشوْء حَيَوِيّ
biogeochemistry	جيوكِيْمياء حَيَوِيَّة
biogeography	جُغْرافيا حَيَوِيَّة
biohazard	خَطَر حَيَوِيّ
bioindicator	مُؤَشِّر حَيَوِيّ
bioinformatics	مَعْلوماتِيَّة حَيَوِيَّة
bioinorganic	غيْر عُضْوِيّ حَيَوِيّ
bioleaching	تَرْشيح حَيَوِيّ
biolistics	حَقْن بُنْدُقِيّ للمُورِّثات داخِل الخلايا

English	Arabic
biologic agent	عامِل حَيَويّ
biologic indicator of exposure study	دَليل أحْيائيّ من دِراسَة مُتَعَرِّضة
biologic monitoring	مُراقِب حَيَويّ
biologic response modifier therapy	مُعَدِّل إسْتِجابَة حَيَويَّة لِلمُعالجَة
biologic transmission	إنْتِقال حَيَويّ
biologic uptake	أخْذ حَيَويّ
biological	أحيْائِيّ
biological activity	نَشاط حَيَويّ
biological agent	عامِل حَيَويّ
biological and toxins weapons convention (BWC)	إتّفاقِيَّة أسلِحَة حَيَويَّة وسامَّة
biological attack	هُجوْم حَيَويّ
biological contamination	تَلوُّث حَيَويّ
biological control	تَحكُّم حَيَويّ
biological control agent	عامِل تَحكُّم حَيَويّ
biological defense	مُقاوَمَة حَيَويَّة
biological diversity	تَنَوُّع حَيَويّ
biological effect	تَأثِيْر حَيَويّ
biological emergency	طارِئ حَيَويّ
biological environment	بيئَة حَيَويَّة
biological half-life	نِصفْ الحَياة الحَيَويّ
biological half-time	نِصفْ الوقت الحَيَويّ
biological incident	عارِض حَيَويّ
biological integrated detection system	نِظام الكَشْف المُتَكامِل الحَيَويّ
biological marker	مُعَلّمَة حَيَويَّة / واصِمَ حَيَويّ
biological marker of exposure	مُعَلّمَة حَيَويَّة لِلكَشْف
biological measurement	قِياس حَيَويّ
biological medium	وَسَط حَيَويّ
biological molecule	جُزَئ حَيَويّ
biological monitoring	مَراقبَة حَيَويَّة
biological operation	عَمَلِيَّة حَيَويَّة
biological oxygen demand	طَلَب أكْسُجين حَيَويّ
biological resource	مَصادَر حَيَويَّة
biological response modifier	مُعَدِّل إسْتِجابَة حَيَويَّة
biological shield	عازِل حَيَويّ
biological stressor	مُجْهِد حَيَويّ
biological threat	تَهْدِيد حَيَويّ
biological threat agent	عامِل تَهْدِيد حَيَويّ
biological transport	نَقْل حَيَويّ
biological uptake	أخْذ حَيَويّ
biological vector	ناقِل حَيَويّ
biological warfare	حَرْب حَيَويَّة / حَرْب بيولوجيَّة
biological warfare agent	عَمِيْل الحَرْب الحَيَويَّة (البيولوجيَّة)
biological warfare agent classification	تَصنْيف عَمِيْل الحَرْب الحَيَويَّة (البيولوجيَّة)
biological warfare agent identification method	طَرِيْقَة التَّعَرُّف على عَمِيْل الحَرْب الحَيَويَّة (البيولوجيَّة)
biological weapon	أسلِحَة حَيَويَّة (بيولوجيَّة)
biologics	حَيَويّ
biology	عِلم الأحْياء / عِلم الحَياة
bioluminescence	تَألُّق حَيَويّ
biomagnification	تَكْبِير حَيَويّ
biomarker	مُعلَّم حَيَويّ
biomass	كُتْلة حَيَويَّة / كَثافة أحْيائِيَّة
biome	مِنْطقة حَيَويَّة / أحْياء البِيْئَة
biomedical testing	فَحْص طِبيّ حَيَويّ
biomim	مُقلِّد حَيَويّ
biomimetic material	مادَّة مُقلِّدَة حَيَويَّة
biomodulator	نَموْذَج حَيَويّ
biomolecular electronics	إلِكْترونيَّات جُزَيْئِيَّة حَيَويَّة
biomolecular engineering	هَنْدَسَة جُزَيْئِيَّة حَيَويَّة
biomonitoring	مُراقبَة حَيَويَّة
biomotor	مُحَرِّك حَيَويّ
bionics	بيونيكا (تطبيق الصِّفات الحَيَويَّة على التقنيَّات الحديثة)
biopesticide	مُبِيْد حَشَرِيّ حَيَويّ
biopharmaceutical	صَيْدَلانيَّات حَيَويَّة
biophysics	فيزياء حَيَويَّة / فيزياء طبيعيَّة
biopolymer	مُكَثور حَيَويّ
biopreparat	مُنَظَّمَة الأسلِحَة الحَيَويَّة السوفيتيَّة
bioprocess	عَمَلِيَّة حَيَويَّة
bioprocessing	مُعامَلَة حَيَويَّة
biopsy	خُزْعَة (فحص عينة نَسيج حيّ)
bioreactor	مُفاعِل حَيَويّ

English	Arabic
bioreceptor	مُستَقبِل حَيَوِيّ
biorecovery	إستِعادَة حَيَوِيَّة
bioregion	مِنْطَقة حَيَوِيَّة
bioregulator	مُنَظِّم حَيَوِيّ
bioremediation	مُعالجَة حَيَوِيَّة
biosafety	أمان حَيَوِيّ
biosafety level	مُستَوى الأمان الحَيَوِيّ
biosafety protocol	مَنْهَج أمان حَيَوِيّ
bioseed	بُذور حَيَوِيَّة
biosensor	مِجَسّ حَيَوِيّ (أجْهِزَة إحساس حَيَوِيّ)
biosensor technology	تِقنِيَّات المِجَسّ الحَيَوِيّ
biosilk	حَرِيْر حَيَوِيّ
biosorbent	مادَّة ماصَّة حَيَوِيَّة
biosphere	غِلاف حَيَوِيّ (مُحيط حيّ لِلأرض)
biosphere reserve	حَجْز غِلاف حَيَوِيّ
biosynthesis	تَخْلِيق حَيَوِيّ
biota	حَيَوِيَّات (نَباتات مِنْطقة وحَيَواناتها)
biotechnology	تِقنِيَّات حَيَوِيَّة
bioterrorism	إرْهاب حَيَوِيّ
bioterrorist	إرْهابِيّ حَيَوِيّ
biotic	حَيَوِيّ
biotic resource	مَصْدَر حَيَوِيّ
biotic stress	إجْهاد حَيَوِيّ
biotin	بيوتين (فيتامين ذوَّاب في الماء ينتمي الى مركب فيتامينات B)
biotinylation	عَمَلِيَّة رَبْط جُزَيئات البيوتين مع بَعْضِها
biotope	مِنْطقة حَيَوِيَّة مُوَحَّدَة
biotransformation	تَحويل حَيَوِيّ
biotype	نَمَط حَيَوِيّ
biowarfare	حَرْب حَيَوِيَّة (بيولوجيَّة)
bioweapon	سِلاح حَيَوِيّ (بيولوجيّ)
biphasic	ثُنائِيّ المَرْحَلَة
bipolar	ثُنائِيّ القُطْب
bivalent	ثُنائِيّ التَّكافُؤ
bla gene	مُوَرِّثَة bla
black-layered	مُسْوَدّ الطَبَقة
black-lined	إسْوِداد خَطِيّ (مَرَض فِطْرِيّ)
blast cell	خَلِيَّة أرومِيَّة
blast transformation	تَحويل أرومِيّ
blood clotting	تَجَلُّط الدَّم / تَخَثُّر الدَّم
blood derivative	مُشْتَقّ الدَّم
blood plasma	بلازما الدَّم
blood platelet	صَفائِح الدَّم
blood serum	مَصْل الدَّم
blood-brain barrier	حاجِز دَمّ الدِّماغ
blower	مِنْفاخ
blunt-end DNA	دنا ذو النِّهايَة المُغلَقة
blunt-end ligation	رَبْط النِّهايات المُتَساوِيَة / رَبْط النِّهايَة الكَلِيلة
boletic acid	حِمض البوليتيك
bollworms	دُودَة القُطْن
bomb	قُنْبُلَة
bone morphogenetic protein	بروتين تَشْكِيْل العِظام
bottle	قارُوْرَة
botulin toxin	ذيفان بوتولين (ذيفان يُؤثِّر على الأعصاب)
botulinum	وَشِيْقِيَّة (بكتيريا عَصَوِيَّة لا هوائِيَّة تُفرز بوتولين)
botulinum toxin	ذيفان وَشِيقِيّ
botulism	تَسَمُّم سُجُقِيّ (ذيفان تُفرزه الوشيقيَّة توجد في بعض الأطعمة المُتفسخة)
bovine somatotropin	هرمون نُمُوّ بَرِّيّ حَيَوانيّ (مُوَجِّهَة جَسَدِيَّة)
bowel	أمْعاء
bowman-birk trypsin inhibitor	مُثَبِّط تريبسين بومان–بيرك
BP (base pair)	وحْدَة قِياس الدَّنا (عَدَد الأزواج من القواعِد)
bradykinin	براديكينين
bradyrhizobium japonicum	مُجَتَذِرَة جابونيكم (بكتيريا مُثَبِّتَة النيتروجين في التُّربَة)
branch	فَرْع / غُصْن
brassica	مَلفوف - كَرَنَب (أي نَبات من فصيلة الصليبيَّات)
brassica campestre	لِفت
brassica campestris	لِفت

brassica napus لِقت
brazzein برازيين (مُحَلّي بروتينيّ نَباتيّ)
brca 1 gene مُوَرِّثة brca 1
brca 2 gene مُوَرِّثة brca 2
brca gene مُوَرِّثة brca
breakdown يَكْسِر
breed سُلالة
breed at risk تَحْسِيْن السُّلالة بخُطورَة
breed not at risk تَحْسِيْن السُّلالة بدون خُطورَة
breeder's rights حُقوق المُحَسِّن
breeding أنسال / تَرْبيَة
brevetoxin ذيفان المَحار
bright greenish-yellow fluorescence تألُّق أخْضَر مُصْفَرّ
broad spectrum طَيْف واسِع / طَيْف عَرِيض
broad-specturm طَيْف واسِع
bromoxynil مُبيْد أعشاب نيتري
bronchi شُعَب هَوائيَّة / قصَبات هوائيَّة
bronchial مُتَعَلِّق بالشُّعَب الهَوائيَّة
broth مَرَق زراعيّ
brown stem rot تَعَفُّن أسمَر (مرض فِطْريّ يُصيب النباتات بالإسمرار وموت الأنسجة)
bubonic plague طاعُون دَبْلِيّ (يُصيب الغُدَّة الليمفاويَّة)
bucket دَلْو
buffer zone مِنْطقة دارئة
buffy coat غِلالة شَهْباء
bulk تَجْميْعي
bulking تَجْميْع
bunyaviridae فيرُوسات بُنياويَّة (فصيلة من الفيرُوسات)
burn-through range يَحتَرِق بمَدَى
bxn gene مُوَرِّثة bxn

C

c value (cellular DNA value) قِيْمَة دنا الخَلَويّ
c-DNA دنا نَوْع c / حِمض نوويّ ريبوزيّ مَنقوص الأكسجين نوع c
c-kit genetic marker مُعَلّمَة وراثيَّة طقم – c
c-reactive protein مُفاعِل بروتين – c
cadherin كاديرين (بروتينات لاصِقة بين الخَلايا)
caffeine كافئين
calcium عُنْصُر الكالسيوم
calcium channel-blocker مُغْلِق قناة الكالسيوم
calcium oxalate أوكسليت الكالسيوم
callipyge كاليبايج (طَفْرَة في المواشي تُسَبِّب الأرداف الجَميْلة)
callus دُشْبُذ (نَسيج خَلويّ غيْر مُتمايز)
calmodulin كالمودولين (بروتين رابط الكالسيوم)
calomys colosus فأر الحَقْل الأرْجنتينيّ
calorie كالوري / سُعْر حَراريّ
calpain-10 كالبين – 10
Campbell Hausfeld كامبيل هوسفيلد
campesterol كامبستيرول (ستيرول نباتي)
campestrol كامبستيرول (ستيرول نباتي)
camphor كافُوْر
campsterol كامبستيرول (ستيرول نباتي)
camptothecins كامتوسيثينز (كالوميد ثنائي مُضادّ السَّرطان)
canavanine كانافانين
cancer سَرَطان
cancer epigenetics تَخلُّق مُتَوالِي لِلسَّرطان
canda كاندا
cannabinoid كانابينويد (مركب شبيه بالكانابيديول)
canola كانولا
capable of being transmitted from one person to another يُمكن إنتِقاله من شَخْص إلى آخر
capacity سِعَة / قُدْرَة
capacity building بناء القُدْرات
capillary electrophoresis رَحَلان كَهْرَبائِيّ شَعْرِيّ / فصل كَهْرَبائِيّ دَقيق
capillary isotachophoresis رَحَلان مُتَساوي سريع شَعْرِيّ
capillary isotechophoresis رَحَلان مُتَساوي شَعْرِيّ
capillary zone رَحَلان كَهْرَبائِيّ في منطقة دقيقة

electrophoresis

capsid عُلَيْبَة (غِلاف بروتينيّ لِدقائِق الفيرُوس)

capsular مِحْفَظِيّ (محفوظ في عُلَيبَة أو كَبْسولة)

capsule مِحْفَظة

captive breeding تَحْسِين مُقَيَّد

capture agent عامِل الإنتِزاع

capture molecule مُرَكَّب الإنتِزاع

carbetimer كاربيتيمر (بوليمر صِناعِيّ مُضادّ للسُّموم)

carbohydrate كربوهيدرات

carbohydrate engineering هَنْدَسَة الكربوهيدرات

carbon dioxide ثاني أكسيد الكربون

carbon nanotube أنْبُوب نانَويّ كربونيّ

carcinogen مادَّة مُوَلِّدَة لِلسَّرطان / مادَّة مُسَرطِنة

carcinogenicity سَرْطَنَة

carnitine كارنيتين (حِمض أمينيّ)

carotenoid صِبغْ كاروتيني

carrier حامِل

carrying capacity سِعَة الحَمْل

cartilage-inducing factor عامِل إحْداث غُضْروفِيّ

cascade شَلال

case حالة

case study دِراسَة حالة

case-by-case حالة بحالة

case-fatality rate مُعَدَّل الإماتَة

case-finding تَحَرِّي الحالات

caseous necrosis مَوْت نسيجيّ (جُبْنِيّ)

caspases انزيم مُحَطِّم للبروتين خاصة في عَمَلِيَّة مَوْت الخَلايا

cassava كسافا (نَبات ذو جُذور نَشَوِيَّة)

cassette شَرِيط / عُلَيْبَة

cassette cessation إنْقِطاع العُلَيْبَة

castor bean بُذور الخِرْوع

castor oil زَيْت الخِرْوع

casual contact إتِّصال غيْر رَسْمِيّ

catabolism أيْض الهَدْم / إنْتِقاض

catabolit gene activator protein (CGAP) بروتين مُنَشِّط المُقَيِّضَة

catabolite repression كَبْت المُقَيِّضَة

catalase كاتالاز (انزيم)

catalysis حَفْز

catalyst مادَّة حَفّازَة

catalytic antibody أجْسام مُضادَّة مُحَفِّزَة

catalytic domain مَجال مُحَفِّز

catalytic RNA رنا مُحَفِّز

catalytic site مَوضِع مُحَفِّز

catechin كاتيكين (مادَّة قابِضَة)

catecholamine كاتيكولامين (مُرَكَّبات مُشتقة من الكاتيكول مثل الأدرينالين تُؤثرعلى الجهاز العَصَبِيّ)

cation كاتيون (أيون مُوجَب الشحنة)

causative agent مُسَبِّب المَرَض

caveolae كافيولا

caveolin كافيولين

ccc DNA دنا دائِرِيّ

cDNA دنا تَتْمِيمِيّ

cDNA array تَرْتِيب مُتَمِّم دنا

cDNA clone نَسِيلَة مُتَمِّم دنا

cDNA library مَكْتَبة مُتَمِّم دنا

cDNA microarray مَصْفوفة دَقِيقة من مُتَمِّم دنا

cecrophin سيسروفين

cecropin a سيسروفين a

cecropin a peptide بِبْتيد سيسروفين a

cefazolin سيفازولين (مُضادّ حَيَوِيّ)

ceftriaxone سيفترايكسون (مُضادّ حَيَوِيّ من مجموعة سيفالوسبورات)

ceiling limit حَدّ السَّقف / حَدّ أعلى

ceiling value قِيْمَة السَّقف / قِيمَة عُليا

cell خَلِيَّة

cell culture زِراعَة خَلايا / إستِنْبات خَلَوِيّ

cell cycle دَوْرَة حَياة الخَلِيَّة / دَوْرَة خَلَوِيَّة

cell cytometry قِياس خَلَوِيّ

cell death مَوْت خَلَوِيّ (مَوْت الخلية والبَدْء في تَحَلّلها)

cell differentiation تَمايُز الخَلِيَّة

cell division إنْقِسام الخَلِيَّة

cell fusion إنْدِماج الخَلِيَّة

cell membrane غِشاء خَلَوِيّ

cell membrane structure تَرْكِيب الغِشاء الخَلَوِيّ

English	Arabic
cell nucleus	نَواة الخَلِيَّة
cell recognition	تَعْرِيف خَلَويّ
cell respiration	تَنَفُّس خَلَويّ
cell signalling	إشارَة خَلَوِيَّة
cell size	حَجْم الخَلِيَّة
cell sorting	فرْز خَلايا
cell turnover	تَحَوُّل الخَلِيَّة
cell-differentiation protein	بروتين تَمايُز الخَلِيَّة
cell-free gene expression system	نِظام تَعْبير وراثِيّ لاخَلَويّ
cell-mediated immunity	مَناعَة بواسِطَة الخَلِيَّة
cellular adhesion molecule	جُزَىْء الإلتِحام الخَلَويّ
cellular adhesion receptor	مُسْتَقبِل الإلتِحام الخَلَويّ
cellular affinity	ألفَة خَلَوِيَّة
cellular immune response	إستِجابَة مَناعِيَّة خَلَوِيَّة
cellular necrosis	مَوْت خَلَويّ
cellular oncogene	مُوَرِّث وَرَمِيّ خَلَويّ
cellular pathway mapping	تَخْطيط المَسار الخَلَويّ
cellulase	سليُلاز (انزيم قادِر على شطر السليلوز إلى غلوكوز)
cellulose	سليلوز
celsius	سلسيوس (مِقياس الحرارة المِئَويّ)
center of diversity	مَرْكِز التَّنَوُّع
centers of genetic diversity	مَراكِز التَّنَوُّع الوراثِيّ
centers of origin	مَراكِز الأصل / مَراكِز المَنْشَأ
centers of origin and diversity	مَراكِز مَصْدَر النُّشوء والتَّنَوُّع
central dogma	مَبْدَأ مَرْكَزِيّ / عَقيدَة مَرْكَزِيَّة
centrifugation	تَنْبِيْذ / طَرْد مَرْكَزِيّ
centrifuge	نابِذَة (آلَة دَوَّارة تفصِل السائِل عن الجوامد)
centromere	مَرْكِز الصِّبْغِيّ / قُسَيْم مَرْكَزِيّ / سنترومير
centrosome	جُسَيْم مَرْكَزِيّ
cerebrose	سيريبروز (غالاكتوز)
cervical lymphadenitis	إلتِهاب غُدَد لِمْفاويّ عُنُقِيّ
cassette cessation	إنْقِطاع العُلَيْبَة

English	Arabic
cetylpyridinium	سيتيل بيريدينيوم (مُطَهِّر مَوْضِعِيّ)
chaconine	شاكونين (مادَّة سامَّة تُؤَثِّر على المَرْكِز العَصَبِيّ وموجودة طبيعياً بمستويات مُنخفضة في البطاطا)
chakrabarty	شاكرابارتي
chakrabarty decision	قرار شاكرابارتي
chalcone isomerase	انزيم مُصاوِغ شالكون
channel-blocker	عائِق القناة
chaotropic agent	عامِل التَّشويش (مادَّة تُنتج أيونات تُحلّل التَّركيب الجُزيئِيّ)
chaperone	مُرافِق
chaperone molecule	جُزَىْء مُرافِق
chaperone protein	بروتين مُرافِق
chaperonin	تشابيرونين (تَشَكُّل البروتينات المُرافِقة)
chapin plant and rose powder duster	آلَة تَعْفير شابين للزَّهْرَة والنَّبات
character	خاصِيَّة
characterization assay	تَجْرُبَة وَصْفِيَّة
characterization of animal genetic resource	وَصْف مَصادِر وراثِيَّة حَيَوانِيَّة
chelating agent	عامِل مِخْلَبِيّ
chelation	تَمَخْلُب (إتِّصال شارِدَة معدنية بجُزَيْء عُضويّ يُمْكِنها الإنفِصال عنه فيما بعد)
chemical agent	عامِل كيميائِيّ
chemical attack	هُجوم كيميائِيّ
chemical genetics	وراثَة كيميائِيَّة
chemical molecule	جُزَىْء كيميائِيّ
chemical terrorism	إرْهاب كيميائِيّ
chemical warfare	حَرْب كيميائِيَّة
chemical warfare agent	عامِل الحَرْب الكيميائِيَّة
chemical weapon	سِلاح كيميائِيّ
chemicalization	كَيْمَأة
chemiluminescence	لمَعان كيميائِيّ
chemiluminescent immunoassay	فحْص مَناعِيّ بِاللَّمَعان الكيميائِيّ
chemo-autotroph	ذاتِيّ التَّغذِيَة الكيميائِيَّة
chemokine	رَدّ فِعْل عُضْويّ لِمُؤَثِّر كيميائِيّ
chemometrics	قِياسات كيميائِيَّة

English	Arabic
chemopharmacology	عِلم العَقاقِيْر الكيميائِيّ
chemoprophylactic	واقِي كيميائِيّ لِلمَرَض
chemoprophylaxis	إجْراء وقائِيّ كيميائِيّ
chemotactics factor	عامِل إنْجذاب كيميائِيّ
chemotaxis	إنْجذاب كيميائِيّ (بين الكائِنات الحيَّة)
chemotherapy	مُعالجَة بمَوَاد كيميائِيَّة
chill	تَبْريد مُفاجِئ
chimera	خيْمَر (كائِن يحتوي على أنسجة مُختلفة التركيب الوراثيّ) / كايميرا
chimeraplasty	مُعالجة مُورِّث / إصلاح مُورِّث مُستَهدَف
chimeric antibody	جِسْم مُضادّ كايميريّ
chimeric DNA	دنا كايميريّ
chimeric protein	بروتين كايميريّ
chiral compound	مُركَّب عَدَم التَّناظُر المِرْآتِيّ
chitin	كيتين (مادَّة قرنيَّة تُشكِّل الغِلاف الخارجيّ للحَشَرات)
chitinase	كيتينيز (انزيم)
chlorination	كَلْوَرَة (إضافة الكلور لتنقية الماء)
chlorine	عُنْصُر الكلور
chlorine demand	يَتَطلَّب الكلور
chlorine dose	جُرْعَة الكلور
chlorine residual	مُتَبقِّيات الكلور
chloroform	كلوروفورم
chlorophyll	يَخْضُور / كلوروفيل (صِبْغات نَباتيَّة خَضْراء لها وظيفة استلام الطاقة الضَّوئية في عملية التخليق الضوئي)
chloroplast	جُبَيلة اليَخْضُور / خَلِيَّة نباتيَّة تحتوي على الكلوروفيل / بلاستيدات خَضْراء
chloroplast transit peptide	ببتيد عُبوريّ للبلاستيدات الخَضْراء
cholecalciferol	كوليكالسيفرول
cholera toxin	ذيفان الكوليرا
cholesterol	كوليسترول
cholesterol oxidase	انزيم تَأكسُد الكوليسترول
choline	كولين (مادَّة في الصَّفراء ضروريَّة لأداء الكَبِد الوظيفيّ)
cholinesterase	استراز الكولين (انزيم يَشطر الكولين ثم يثبط مفعوله)
chromatid	شِقّ الصِّبْغِيّ / كروماتيد
chromatin	صِبْغين / كروماتين
chromatin modification	تَعْديل الصِّبْغيْن
chromatin remodeling	تَحْديد صياغَة الصِّبْغين
chromatin remodeling element	عامِل تَحْديد صياغَة الصِّبْغين
chromatography	إسْتِشْراب
chromosomal	صِبْغَوِيّ / كروموسومي
chromosomal packing unit	وحْدَة تَعْبئَة الصِّبْغيَّات
chromosomal translocation	زَيْغ صِبْغَوِيّ
chromosome	صِبْغِيّ / كروموسوم
chromosome map	خَريطة صِبْغيَّة / خَريطة كروموسوميَّة (تُمثِّل مواضع المُورِّثات على الصِّبْغيَّات)
chromosome painting	رَسْم صِبْغيَّات
chromosome walking	صِبْغيَّات مُتَنَقِّلة
chronic	مُزْمِن
chronic disease	مَرَض مُزْمِن
chronic effect	تَأثير مُزْمِن
chronic heart disease	مَرَض القَلب المُزْمِن
chronic intake	أخْذ مُزْمِن
chymosin	كيموسين (انزيم تَخثُّر الحليب رينين)
cidofovir	سيدوفوفير (دواء مُضادّ للفيرُوسات المُضخِّمة للخلايا)
cilia	أهْداب (زوائِد هُدْبيَّة)
ciliary neurotrophic factor	عامِل عَصَبِيّ هُدْبِيّ
cis-acting protein	بروتين ذو نَشاط تَجاذُبِيّ
cis/trans isomerism	تَصاوُغ التَّقابُل
cis/trans test	إخْتِبار مَقرون مَفروق / إخْتِبار تَجاذُب تَنافُر
cisplatin	سيسبلاتين (دَواء مُضادّ لِلأوْرام)
cistron	سيسترون
citrate synthase	انزيم مُصنِّع الستريت
citrate synthase gene	مُورِّث انزيم مُصنِّع الستريت
citric acid	حِمض السِتريك (حِمض الليمون)

English	Arabic
citric acid cycle	دَوْرَة حِمض السِتريك
clade	سُلالات تَتَشابَه في الصِّفات الوراثِيَّة المَوْروثَة عن الأسْلاف
cladistics	تَصْنيف تَطوُّر السُّلالات
clathrin	كلاثرين (مادَّة مُضادَّة لِلتَّجَلُّط)
climate change	تَغيير مَناخِيّ
climax community	مُجْتَمَع الذُّرْوَة
clindamycin	كليندامِيسين (مُضادّ حَيَوِيّ)
clinical trial	تَجْرُبَة سَرِيْرِيَّة
clone	نَسيلَة
cloning	إستِنساخ / نَسيل
clostridium	مِطَثِّيَّة (جِنْس من البكتيريا)
clostridium perfringens toxin	ذيفان المِطَثِّيَّةُ الحاطِمَة
clubbing	تَعَجُّر
cluster	عُنْقود
cluster of differentiation	مَجْمُوعَة من الخَلايا المُتَمايِزَة
clustering	تَعَنْقُد
co-adaptation	مُلائَمَة مُتَبادَلَة
co-chaperonin	مُساعِد تشابيرونين (لِتَشَكُّل البروتينات المُرافِقَة)
co-enzyme	مُساعِد الانزيم
co-evolution	نُشوء مُتَساوي / تَطَوُّر مُشْتَرَك
co-factor	عامِل مُساعِد
co-factor recycle	عامِل مُساعِد التَّدْوير
co-management	مُساعِد الإدارَة
co-repressor	مُساعِد المُثَبِّط
coagulation	تَخَثُّر / تَجَلُّط
coat protein	بروتين غِلافِيّ
coated vesicle	حُوَيْصِلَة مُغَلَّفَة / تَجويف مُغَلَّف
coccus	مُكَوَّر
cocking	يَنْصِب
cocloning	مُساعِد الإستِنْساخ
codex alimentarius	مُدَوَّنَة الأغْذِيَة
codex alimentarius commission	مُفَوَّضِيَّة المُدَوَّنَة الغِذائِيَّة
coding parts of a gene	جُزْء التَّرْميز من المُوَرِّث
coding region	مِنْطَقَة التَّرْميز
coding sequence	سِلْسِلَة التَّرْميز
codon	رامِزَة / الشفرة الوراثية
coffee berry borer	حَفَّار ثَمَرَة القَهْوَة
cohesive ends	نهايات إلتِصاقِيَّة أو دَبِقَة
cohesive termini	نِهايَة لاصِقَة
cohort	أتْرابِيَّة / جَماعَة
cohort study	دِراسَة الأتْراب
colchicine	كولشيسين (مُرَكَّب قلوي يمنع تَكَوُّن الخيوط المغزلية أثناء إنقسام الخلية)
cold acclimation	تَأقلُم بالبُرودَة
cold acclimatization	أقلَمَة بالبُرودَة
cold hardening	يُقَسِّي بالبُرودَة
cold tolerance	تَحَمُّل البُرودَة
cold-shock protein	بروتين صَدْمَة البَرْد
colicin	كوليسين (بروتين تفرزه بعض الجراثيم القولونية)
coliform organism	بكتيريا قُولونِيَّة
collagen	كولاجين (بروتين ليفي)
collagenase	كولاجيناز (انزيم يهضم الكولاجين)
collodial	كولوديال (سائِل دَبِق يُخَلِّف غِشاء ضِدّ الماء)
colloid	مادَّة غَرَوِيَّة
colloidal	غَرَوانِيّ
colloidal electrolyte	كَهْرَل غَرَوانِيّ
colonial morphology	مُسْتَعْمَرِيّ الشَّكْل
colony	مُسْتَعْمَرَة
colony hybridization	تَهْجين مُسْتَعْمَرِيّ
colony stimulating factor	عامِل مُحَفِّز المُسْتَعْمَرات
combinatorial	تَوْليف
combinatorial biology	بيولوجيا تَوْليفِيَّة
combinatorial chemistry	كِيمياء تَوْليفِيَّة
combinatorics	عِلم التَّوْليف
combining site	مَوْقِع التآلُف
commensal	مُؤاكِل
commensalism	مُعايَشَة
common property resource management	إدارَة مَوارِد المُمْتَلَكات العامَّة
communicable	سارٍ (ساري)
communicable disease	مَرَض سارٍ (ساري)
communicable period	فَتْرَة السَّرَيان (العَدْوَى)
communis	مَعيشَة في مُجْتَمَع
community	مُجْتَمَع

English	Arabic
company	شَرِكَة
comparative analysis	تَحْليل مُقارَن
compensating variation	تَنَوُّع تَعْويْضيّ
compensation	تَعْويْض (مُعاوَضَة)
competence factor	عامِل المُنافسَة
competency	أهْلِيَّة / جَدارَة
competent authority	سُلْطَة كَفُوَة
competition	تَنافُس
competitive exclusion	مَبْدَأ الإقصاء التَّنافُسِيّ
complement	مُتَمِّم
complement activation	نَشاط مُتَمِّم
complement cascade	سُقوط مُتَمِّم
complementary	مُكَمِّل
complementary and alternative medicine	طِبّ تَكميليّ وبَديل
complementary DNA	دنا مُكَمِّل
complementary medicine	طِبّ تَكميليّ
complementary nucleotide	نيوكليوتايد مُكَمِّل
complementary RNA	رنا مُكَمِّل
compressor	ضاغِط
computational biology	بيولوجيا حِسابِيَّة
computer assisted new drug application	إستِخدام الحاسُوب في الأدْويَة الجَدِيْدَة
computer-assisted drug design	تَشْكِيل الأدْويَة بواسِطَة الحاسُوب
consumption	إستِهْلاك
con-till	حِراثَة المُحافظَة
concatemer	سِلْسِلَة (بنية تتكون من ارتباط مكونات ذات احجام وحدوية بشكل السلسلة)
concentration	تَرْكِيز
concomitant	حالة مُصاحِبَة
configuration	هَيْئَة / تَرْكِيب
confined field testing	فَحْص حَقْلِيّ مَحْدود
confocal microscopy	إستِجْهار بالبُؤْرَة
conformation	هَيْئَة / تَكوين / تَعْدِيل
congo red	صِبْغَة الكُونْغو الحَمْراء
conjugate	يَقْتَرِن
conjugated linoleic acid	مُرافِق لحِمض اللينوليك
conjugated protein	بروتين مُرافِق
conjugation	إقتِران
consensus sequence	سِياق عام / سِياق مُتَوافِق
consequence management	إدارَة النَّتيجَة
conservation	حِفْظ / صِيانَة
conservation of biodiversity	حِفظ التَّنَوُّع الحَيَويّ
conservation of farm animal genetic resource	حِفْظ المَصادِر الوراثِيَّة لِحَيَوانات المَزْرَعَة
conservation tillage	حِراثَة تَحَفُّظِيَّة
conservation value	قِيْمَة تَحَفُّظِيَّة
conserved	حَفِظ / ربَّبَ
consortia	إتِّحاد تَعايُشِيّ
constitutive enzyme	انزيم بُنْيَوِيّ
constitutive gene	مُورِّث بُنْيَوِيّ
constitutive heterochromatin	كروماتين مُغاير بُنْيَوِيّ
constitutive mutation	طَفْرَة بُنْيَوِيَّة
constitutive promoter	مُعَزِّز بُنْيَوِيّ
construct	بَنَى / أنْشَأ / شَيَّد
consultation	مَشورَة / إستِشارَة
contact precaution	حِيْطَة الإتِّصال
contact rate	مُعَدَّل الإتِّصال
contact tracing	تَعَقُّب الإتِّصال
contact zone	مِنْطَقَة التَّلامُس
contact zone element	عُنْصُر مِنْطَقَة إتِّصال
contact zone thickness	سَماكَة مِنْطَقَة الإتِّصال
contagion	عَدْوَى / سِرايَة
contagious	مُعْدٍ (صفة للأخماج المنقولة بالتلامس)
contagious disease	مَرَض مُعْدٍ
contained casualty setting	وَضْع إحْتِواء الإصابَة
contained use	إستِخدام مَوْزون
contained work	عَمَل مَوْزون
containment level	مُستَوَى الإحتِواء
contaminant	مُلوِّث
contaminate	لوَّثَ / لطَّخ
contamination	تَلوُّث
contiguous (contig) map	مُتَماسّ (صفة للأجزاء النباتيَّة المُتلامِسَة عند الأطراف)
contiguous gene	مُوَرِّث مُتَماسّ

English	Arabic
continuous perfusion	تَغْطِيَة مُسْتَمِرَّة / حَقْن مُسْتَمِرّ
continuous sample	عَيِّنَة مُسْتَمِرَّة
contraindication	مانِع الإسْتِعْمال
control measure	إجْراء ضابِط (مُقيِّد)
control sequence	تَتابُع ضابِط (مُقيِّد)
controlled release	إطلاق مُقيَّد
convalescence	نَقاهَة
convention	إتِّفاق / عُرْف
convention on biological diversity	إتِّفاق حَوْل التَّنَوُّع الحَيَوِيّ
convergent improvement	تَحَسُّن مُتَقارِب
coordinated framework for regulation of biotechnology	إطار عامّ مُنَسَّق لِتَعْليمات التِّقانات الحَيَوِيَّة
coordination chemistry	كيمياء نَظيرَة
copy DNA	دنا مَنْسوخ
copy number	رَقم النُّسْخَة
corn	ذُرَة صَفْراء
corn borer	حَفّار الذُّرَة
corn earworm	دودَة الذُّرَة
corn rootworm	دودَة جُذور الذُّرَة
cornary thrombosis	تَجَلُّط تاجي
corona	تاج
coronary heart disease	مَرَض القَلْب التّاجِيّ
correlation coefficient	مُعامِل الإرْتِباط
corticotropin	مُوَجِّهَة قِشْرِيَّة
cortisol	هرمون ستيرويد
cosuppression	مُساعِد تَثْبيط
counterterrorism	ضِدّ الإرْهاب
country of origin of genetic resource	بَلَد مَنْشأ الأصْل الوراثِيّ
country providing genetic resource	بَلَد تَزْويد الأصْل الوراثِيّ
covert	سِرِّيّ
covert release	إطلاق سِرِّيّ
cowpea mosaic virus	فيرُوس تَبَقُّع اللّوبْياء
cowpea trypsin inhibitor	مُثَبِّط تربسين اللّوبْياء
cowpox virus	فيرُوس جَدَرِيّ البَقَر
creatinine	كرياتينين (بقايا الكرياتين العضلي)
credible threat	تَهْديد مَوْثوق / جَدير بالإهْتِمام
critical breed	سُلالة حَرِجَة
critical micelle concentration	تَرْكيز الجُسَيمات شِبْه الغَرَوِيَّة الحَرِج
critical-maintained breed and endangered-maintained breed	سُلالة حَرِجَة التربية ومُهَدَّدة بالإنْقِراض
crop	مَحْصول
croplands equipment	آلات للأراضي الحَقْلِيَّة
cross reaction	تَفاعُل خَلطِيّ
cross reactivity	تَفاعُلِيَّة خَلطِيَّة
cross tolerance	تَحَمُّل خَلطِيّ
cross-hybridization	تَهْجين خَلطِيّ
cross-infection	عَدْوَى خَلطِيَّة
cross-pollination	تَأبير خَلطِيّ / تَلْقيح خَلطِيّ
crossing-over	عُبُور أجزاء من المادَّة الوراثِيَّة (بين كروماتيدين متماثلين غير شقيقين في اثناء الطور التمهيدي الاول من الانقسام المنصف)
crown gall	تَدَرُّن تاجِيّ
cruciferae	صليبيات (نباتات الفصيلة الصليبيَّة)
cry protein	بروتين بِلَّوْرِيّ
cryogenic storage	تَخْزين على دَرَجات حَرارة مُنْخَفِضة
crystallization	تَبَلوُر
crystalloid	بِلَوْرانِيّ / أجسام بِلَوريَّة
cytotoxic	ذيفان لِلخَلايا
cultivar	نَقوَة / صِنْف
cultivated species	نَوْع مُتَعَهَّد بالزِّراعَة
cultural diversity	تَنَوُّع زِراعِيّ
culture	إسْتِنْبات (مَزارِع نَباتِيَّة أو ميكروبيَّة)
culture medium	وَسَط إسْتِنْبات / مُسْتَنْبَت زَرعِيّ
cultured cell	خَلِيَّة مَزروعَة
curative	شافٍ / عِلاجِيّ
curcumin	كركمين
curing agent	عامِل شِفاء
current good manufacturing practices	مُمارَسات تَصْنيع السِّلَع الحالِيَّة
cutaneous anthrax	جَمْرَة خَبيثَة جِلدِيَّة

English	Arabic
cyanobacteria	زَراقِم (قِسْم بكتيريا بدائيّ النَّواة)
cyanogen	سيانوجين (غاز سامّ)
cyanosis	زُرَاق
cyanotic	زُراقِيّ
cyclic	حَلقِيّ
cyclic adenosine monophosphate	أحادي فوسفات الأدينوزين الحَلقِيّ
cyclic amp	أحادي فوسفات الأدينوزين الحَلقِيّ
cyclic phosphorylation	فسفرة حَلقِيَّة
cyclodextrin	سايكلودكسترين
cycloheximide	سايكلوهكسيميد (مُضادّ للفِطرِيَّات الرمَّامة)
cyclooxygenase	تَأكسُد حَلقِيّ
cyclosporin	سايكلوسبورين
cyclosporine	سايكلوسبورين
cysteine	سيستئين
cystic fibrosis	تَليُّف كُيَيْسِيّ / تَليُّف المَثانَة
cystine	سيستين
cystitis	إلتِهاب المَثانَة
cyst	كُيَيْس / مَثانَة
cytochrome	سيتوكروم
cytogenetics	عِلم وراثة الخَليَّة
cytokines	إنقِسام السيتوبلازم
cytolysis	إنحِلال الخَلايا
cytomegalovirus	فيرُوس مُضَخِّم لِلخَلايا
cytopathic	إعتِلال الخَلايا / مُدَمِّر لِلخَلايا
cytoplasm	سيتوبلازم / جَبْلَة الخَليَّة / الحَشْوَة (بروتوبلازما الخَليَّة باستثناء النَّواة)
cytoplasmic DNA	دنا سيتوبلازميّ
cytoplasmic membrane	غِشاء سيتوبلازمي (الغِشاء المُحِدّ لبلازما الخَلية)
cytoplasmic vesicle	تَجْويف سايتوبلازمي
cytosine	سيتوزين (قاعِدَة نيتروجينيَّة)
cytoskeleton	هَيْكَل خَلويّ (شبكة في السيتوبلازم تتكون من الأنابيب والخيوط الدَّقيقة تعطي الخلية شكلها)
cytotoxic	ذيفان الخَلايا / سُمّ الخَلايا
cytotoxic killer lymphocyte	خَليَّة لِمفِيَّة لِقتل الخَلايا السَّامَّة

English	Arabic
cytotoxicity	سُمِّيَّة الخَلايا

D

English	Arabic
daffodil	نَرْجِس
daffodil rice	أرُزّ نَرْجِسِيّ
daidzein	ديدزين (ايزوفلافون فول الصُّويا مُضادّ للإلتهابات)
daidzen	دايدزن (ايزوفلافون فول الصُّويا استروجين نَباتِيّ)
daidzin	ديدزين (ايزوفلافون فول الصُّويا مُضادّ للسَّرطان)
dalton	دالتون (وِحْدَة الكُتلة الذَّرِّيَّة)
data	بَيانات / مَعلُومات
data collection	جَمْع بَيانات
data mining	تَنقِيْب عن مَعلُومات
daughter	بِنت
de novo	مِن جَدِيْد
de novo sequencing	تسَلسُل مِن جَدِيد
de novo synthesis	تَخليق مِن جَدِيد
deafness	صَمَم / طَرَش
deagglomeration	مَنْع التَّكَتُّل
deamidation	نَزْع مَجْموعَة الأميد
deamination	نَزْع مَجْموعَة الأمين
decay	تَلَف
decontamination	إزالة التَّلوُّث
decontamination kit	أدَوات إزالة التَّلوُّث
defective virus	فيرُوس ناقِص (فيه خَلل او عَيْب)
defensins	ديفنزنز (مُضادّ حَيَويّ مُتعدِّد الببتيد)
deficiency	نَقص
degenerate codon	رامِزَة إنفِساخ / رامِزَة تَنَكُّس
dehydration	جَفاف / إزالة الماء من مُرَكَّب كيميائيّ
dehydrogenases	انزيمات إزالة الهيدروجين
dehydrogenation	نَزْع الهيدوجين
deinococcus radiodurans	دينوكوكس راديوديورنس (بكتيريا)
delaney clause	فقرَة ديلاني
deletion	شَطْب / خَبْن / حَذْف (في جُزْء من المادَّة الوراثِيَّة من الصِّبْغِيّ)

deliberate release إطلاق بَطِيء
delivery تَسليم
delta endotoxin ذيفان داخِلِيّ دَلتا
demography عِلم دِراسَة السُكان
denaturation تَمَسُّخ / تَمْسيخ
denature مَسْخ
denatured DNA دنا مُتَمَسِّخ
denaturing gradient gel electrophoresis رَحَلان كَهْرَبيّ هُلاميّ بالتَّفكيك
denaturing polyacrylamide gel electrophoresis رَحَلان كَهْرَبيّ هُلاميّ بالتَّفكيك بمُتَعَدِّد الأكريليه
dendrimer دندرايمر (عَمَل شجرة مُتشعبة من الأجزاء لتوصيف الدنا)
dendrite زَوائِد مُتَشَجِّرَة لِتَفرُّعات الخَلايا العَصَبيَّة
dendritic مُتَشَجِّر / مُتَفَرِّع الشَّكل
dendritic cell خَلِيَّة مُتَشَجِّرَة
dendritic langerhans cell خَلايا لانجرهانز المُتَشَجِّرَة
dendritic polymer مَكثور مُتَشَجِّر
dengue fever virus فيرُوس حُمَّى أبو الرُّكَب
denitrification نَزْع النيتروجين
denitrifying bacteria بكتيريا مُزيلَة لِلنيتروجين
density كَثافة
density gradient centrifugation تَثْبيذ مَدرَوج الكَثافة / طَرْد مَرْكَزيّ مَدرَوج الكَثافة
dentifrice مَعْجون سِنِّيّ
deoxynivalenol نيفالينول مَنْقوص الأكسُجين (ذيفان فِطْريّ يُصيب الحُبوب)
deoxyribonucleic acid حِمض نَوَوِيّ رايْبوزيّ مَنْقوص الأكسُجين
deoxyribonucleotide نُوكْلِيوتيد رايْبوزيّ مَنْقوص الأكسُجين
deoxyribose سُكَّر خُماسيّ مَنْقوص الأكسُجين
depression إكْتِئاب / إنْخِفاض
deprotection إزالَة الحِمايَة
derepression إزالَة الإكْتِئاب / مُضادّ الإكْتِئاب / إزالَة المُثَبِّط
dermal absorption إمْتِصاص جِلدِيّ
dermal adsorption إدْمِصاص جِلدِيّ
dermal contact إتِّصال جِلدِيّ
dermal penetration إختِراق جِلدِيّ
desaturase انزيم عَدَم الإشْباع
desert hedgehog protein بروتين قُنْفُذِيّ صَحْراوِيّ
desferroxamine manganese منغنيز ديسفرواكسيمين (مُرَكَّب مِخلبيّ لامتصاص الحديد الزائِد في الجسم)
desulfovibrio مُنْتَزِعَة الكِبريت (جِنْس من البكتيريا)
determinant مُحَدِّد
deterministic analysis تَحْليل حَتْمِيّ
deterministic effect تَأثِير حَتْمِيّ
development value قِيمَة التَّطوُّر
device أداة
dextran دكستران
dextrorotary دَوَران بإتِّجاه اليَمين
diabetes مَرَض السُّكَّري
diacylglycerol ثُنائي أسيل الجليسرول
diadzein ديادزين (ايزوفلافون فول الصُّويا استروجين نَباتيّ)
diagnostic procedure إجْراء تَشْخيصِيّ
dialysis دَيْلَزة / فَصْل غِشائِيّ / مَيْز غشائي
diamond مَاسّ
diastereoisomer مُصاوِغ فِراقِيّ
dicer enzyme انزيم هَضْم الحِمض النَّوَوِيّ
dideoxynucleotide نُوكْلِيوتيد مَنْقوص الأكسُجين مرَّتين
differential display عَرْض تَمايُزِيّ
differential splicing قِران تَمايُزِيّ
differentiation تَمايُز / تَفريق
diffusion إنْتِشار
digest يَهْضُم
digestion هَضْم
diglyceride ثنائِي الجليسرايد
dilatation تَوَسُّع / تَوْسيع
dilution تَخْفيف
dip-pen lithography طِباعَة قَلميَّة على المَعْدَن
dip-pen nanolithography طِباعَة قَلميَّة على شَرائِح ميكروسكوبيَّة
dipel دايبل (مُبيد حَشَرِيّ حَيَوِيّ)
diphtheria antitoxin تِرياق الخُناق / ضِدّ ذيفان الخُناق

diploid ضِعفانِيّ / مُضاعَفة الصِّبْغِيّات
diploid cell خَلِيَّة ضِعفانِيَّة
diplophase طَوْر ضِعفانِيّ
diptheria toxin ذيفان الخُناق
direct fluorescent antibody جِسْم مُضادّ مُسْتَشِعّ
direct transfer نَقل مُباشِر
direct use value قِيْمَة إسْتِعمال مُباشِر
directed evolution تَطوُّر مُوَجَّه
directed mutagenesis تَطْفِيْر مُوَجَّه
directed self-assembly تَجْمِيع ذاتِيّ مُوَجَّه
directional cloning إسْتِنْساخ إتِّجاهِيّ
directional selection إنْتِقاء إتِّجاهِيّ / إنْتِخاب مُوَجَّه
dirty وَسِخ / مُلوَّث
dirty bomb قُنْبُلَة مُلوِّثَة
disaccharide سُكَّر ثُنائِي
disaster planning تَخْطِيط هَدّام
disease outbreak تَفَشِّي المَرَض
disease transmision إنْتِقال المَرَض
disinfectant مُطَهِّر
disinfection تَطْهِير / تَعْقِيم
disk أسْطوانَة / قُرْص
dispenser مُوَزِّع
dispensing تَوْزِيع
dispersal إنْتِثار / تَبَعْثُر
dispersion تَشْتِيت / بَعْثَرَة
displacement loop غانَة الإزاحَة / حَلقَة الإزاحَة
disposal تَخَلُّص
disruptive selection إنْتِقاء مُمَزِّق / إنْتِقاء مُجَزِّأ
disseminated intravascular coagulation تَخَثُّر وعائِيّ مُنْتَشِر
disseminating إنْتِشار / إنْتِثار
dissemination نَشْر / بَثّ
disseminator ناشِر
dissimilation تَفَكُّك مُطْلَق لِلطاقة / عكس التَمَثُّل
dissociating enzyme انزيم فاصِل
dissociation تَفارُق / إنْفِصال
distal بَعِيْد
distribution تَوْزِيع
disulfide bond آصِرَة ثُنائِي الكبريت
disulphide bond آصِرَة ثُنائِي الكبريت
diversity تَنَوُّع
diversity biotechnology consortium إتِّحاد تَنَوُّع حَيَوِيّ
diversity estimation تَقدِير التَنَوُّع
DNA دنا (مُخْتَصَر الحِمض النَّوَوِيّ الرِّيبِيّ مَنقوص الأكسجين)
DNA analysis تَحْلِيل دنا
DNA bank مَصْرِف دنا
DNA bridges جُسور دنا
DNA chimera خَيمَر دنا
DNA chip رُقاقة دنا
DNA diagnosis تَشْخِيص دنا
DNA fingerprint بَصْمَة دنا
DNA fingerprinting بَصْم دنا
DNA fragmentation تَشْذِيف دنا
DNA glycosylase انزيم إزالَة واسْتِبدال قواعِد دنا
DNA gyrase انزيم لَفّ دنا
DNA helicase انزيم فصْل جَدِيلَة دنا
DNA ligase انزيم رابِط جَدائِل دنا
DNA marker مُعَلِّم دنا / واسِم دنا
DNA melting temperature دَرَجَة إنْصِهار دنا
DNA methylase انزيم إضافة مَجْموعَة الميثيل لِلدَّنا
DNA methylation تَفاعُل إضافة مَجْموعَة الميثِل لِلدَّنا
DNA microarray مَصْفُوفة دَقِيقة من دنا
DNA polymerase انزيم بَلمَرَة دنا خِلال التَّضاعُف
DNA polymorphism تَعَدُّد أشْكال دنا
DNA probe مِسْبار دنا / مِجَسّ دنا
DNA profiling دِراسَة مَقطَع من دنا
DNA repair إصْلاح دنا
DNA sequence سِلسِلَة دنا
DNA sequencing تَسَلْسُل دنا
DNA shuffling تَعْدِيل دنا
DNA synthesis تَصْنِيع دنا
DNA typing تَحْدِيد نَمَط دنا
DNA vaccine لِقاح دنا
DNA vector ناقِل دنا
DNA-dependent RNA polymerase انزيم بَلمَرَة رنا المُعْتَمِد على دنا
dnase انزيم تَحَلُّل دنا

DNase (deoxyribonuclease) انزيم تَحلّل دنا
docosahexaenoic acid حِمض دوكوساهيكسانويك (حِمض دُهنيّ مُتَعَدِّد غير مُشْبَع يوجَد في الأسماك وزيت السَّمَك)
docosahexanoic acid حِمض دوكوساهيكسانويك (حِمض دُهنيّ مُتَعَدِّد غير مُشْبَع يوجَد في الأسماك وزيت السَّمَك)
domain مَجال / مَيْدَان / حَقل
domestic animal diversity تَنَوُّع الحَيَوانات الأليْفَة
domestic biodiversity تَنَوُّع حَيَويّ أليْف
domesticate يُؤَهِّل / يُرَوِّض / يُدَجِّن
domesticated species أنْواع أليفة
domestication تَرْويض
dominant سائِد
dominant(-acting) oncogene مَوَرِّث وَرَمِيّ سائِد
dominant allele أليل سائِد
dominant gene مُوَرِّث سائِد
donor مُتَبَرِّع / مُعْطٍ (مُعْطي)
donor junction مِنْطَقة إتِّصال المُعْطي
dormancy سُكُون
dose جُرْعَة
double helix لولبيّ مُزْدَوَج / حَلَزونيّ مُزْدَوَج
double-stranded complementary DNA (dscDNA) دنا مُكَمِّل ثُنائيّ الجَديلة
down promoter mutation طَفْرَة المُعَزِّز المُقَلِّلة
down regulating تَنْظيم سُفْلِيّ
DPI قاعِدَة بَيانات تَفاعُلات البروتين
drift إنْزياح / إنْجِراف
droplet قُطَيْرَة
drosophila ذُبابَة الفاكِهَة
drought tolerance مُتَحَمِّل لِلجَفاف
drought tolerance trait صِفَة تَحَمُّل الجَفاف
drug design تَصْميم دَواء
drug interaction تَأثُّر الأدْوِيَة
drug resistance مُقاوَمَة الدَّواء
drug tolerance تَحَمُّل الدَّواء
Duchenne Muscular Dystrophy ضُمور عَضَلات نَمَط دوشين / حَثَل عَضَليّ نَمَط دوشين
duplex مُزْدَوَج
duplex DNA دنا مُزْدَوَج
dura mater غِشاء الأم الجافِيَة (غِشاء دِماغِيّ)
dust غُبار
duster آلة تَعْفير
dynafog دايْنافوغ (آلة مُضَبِّبَة)
dynamics ديناميكا (فرْع من الفيزياء يبحث في أثر القوة على الأجسام الساكنة والمُتحركة)

E

e. coli بكتيريا عَصَوِيَّة
early development تَطَوُّر مُبَكِّر
early gene مُوَرِّثة مُبَكِّرَة
early protein بروتين مُبَكِّر
earthworm دودَة الأرْض
ecological resilience مُرُونَة بيئيَّة
ecological succession تَتالٍ بيئِيّ (تَتالي)
ecology عِلم البيئَة
ecosystem نِظام بيئِيّ
ecosystem rehabilitation تَأهيل النِّظام البيئِيّ
ecosystem restoration إسْتِرْداد النِّظام البيئِيّ / تَرْميم النِّظام البيئِيّ
ecosystem service خِدْمَة النِّظام البيئِيّ
ecotourism سِياحَة بيئيَّة
ecotoxicology عِلم سُمِّيَّة البيئَة
ectodermal طَبَقَة أديمِيَّة ظاهِرَة أو خارجيَّة
ectromelia إنْعِدام الطَّرَف
edge effect أثَر الحافَّة
edible vaccine لِقاح صالِح لِلأكْل
eductor مُسْتَخْرَج
effector مُؤَثِّر
efficacy فَعاليَّة
eicosanoid إيكوسانويد
eicosapentaenoic acid حِمض الإيكوسابنتوينيك (حِمض دُهنيّ أوميجا 3 يوجد في زيت السَّمك)
eicosapentanoic acid حِمض الإيكوسابنتوينيك (حِمض دُهنيّ أوميجا 3 يوجد في زيت السَّمك)

English	Arabic
eicosatetraenoic acid	حمض الإيكوساتيترونيك
elastase	انزيم بنكرياسِيّ يُحلّل الإلاستين
electrolyte	كَهْرَل / مُنْحَلّ بالكَهْرَباء
electron carrier	ناقِل الإلكترونات
electron microscopy	إستِجْهَار إلكترونيّ
electropermeabilization	مُنَفّذ كَهْرَبائيًا
electrophoresis	رَحَلان كَهْرَبيّ
electroporation	دَمْج كَهْرَبيّ
electroporesis	رَحَلان كَهْرَبيّ لِلدَّقائِق المُعَلّقة
electrostatic	كَهْرَبيّ الحَدّ
elite germplasm	مَصادِر وراثيَّة مُتَميزَة / مَجين مُتَمَيِّز
ellagic acid	حِمض إيلاجيك
ellagic tannin	تانين إيلاجيك (من حِمض التّانيك)
embryo	جَنين / مَشيْج / مُضْغَة
embryo rescue	إنْقاذ الجَنيْن
embryology	عِلم الأجِنَّة
embryonic stem cell	خَلايا جِذْعيَّة جَنينيَّة
emergency	طارئ / حادِث
empirical	تَجْريبيّ
emulsion	مُستَحْلَب
enantiomer	مُصاوِغ مِرْآتِيّ
enantiopure	نَقِيّ التَّصاوُغ
encapsidation	تَغَلُّف
encapsulated	تَغْليف
encephalopathic	مُتَعَلّق بالإعْتِلال الدِّماغِيّ
endangered breed	سُلالة مُهَدَّدَة بالإنْقراض
endangered-maintained breed	سُلالة مَحْميَّة مُهَدَّدَة بالإنْقِراض
endemic	مَرَض مُستَوْطِن
endergonic reaction	تَفاعُل ماصّ لِلطاقة
endocrine gland	غُدَّة صَمَّاء
endocrine hormone	هرمون الغُدَّة الصَمَّاء
endocrinology	عِلم الغُدَد الصَمَّاء
endocytosis	إلتِقام
endodermal	طَبَقة داخِليَّة
endoglycosidase	إندوجليكوسيداز (انزيم يكسر الروابط بين جزيئات السكر)
endometrium	بِطانَة الرَّحِمْ
endonuclease	نيوكلياز داخِلِيّ (انزيم نوويّ داخليّ)
endonucleases	نيوكليازات داخِلِيَّة
endophyte	نابُوت داخِلِيّ (طُفَيل نَباتيّ داخليّ)
endoplasmic reticulum	شَبَكة إندوبلازمية
endorphin	اندورفين
endosome	دُخلول (جُسَيم داخلي في الحيوانات الأوالي)
endosperm	سُوَيْداء (نسيج مُغذي محيط بالجنين في بذور النباتات)
endospore	بُوْغ داخِلِيّ
endostatin	إندوستاتين (مُثَبِّط طبيعيّ لتَوَلُّد الأوعية الدمويَّة المُغذّية للأورام)
endothelial cell	خَلِيَّة بطانيَّة
endothelial nitric oxide synthase	مُصنِّع أكسِيْد النيتريك البِطانيّ
endothelin	إندوثيلين (مُضَيِّق أوعية طبيعيّ)
endothelium	خَلايا طِلائيَّة رقيقة
endothelium-derived	مُشْتَق من الخَلايا الطِّلائيَّة
endotoxic	سُمّ باطِنِيّ / سُمّ داخِلِيّ
endotoxin	ذيفان باطِنِيّ / ذيفان داخِلِيّ
engineered antibody	جِسْم مُضادّ مُهَنْدَس وراثيًا
engineering	هَنْدَسَة
enhanced nutrition crop	مَحْصول مُحَسَّن غِذائيًا
enhancement	تَحْسين
enkephalin	إنكفالين
enolpiruvil shikimate	اينول باروفيل شكيمات
enolpyruvil shikimate	اينول باروفيل شكيمات
enoyl-acyl protein reductase	مُخْتَزِل بروتين اينول- أسيل (انزيم)
ensiling	حِفْظ تَخْميريّ
enterocyte	خَلِيَّة مِعَوِيَّة
enterotoxin	ذيفان مِعَوِيّ
entrainment	إنْجِرار
environmist	عالِم بيْئة
environmental etiological agent	عامِل بيْئيّ مُسَبِّب لِلمَرَض
environmental factor	عامِل بيْئيّ
environmental fate	مَصير بيْئيّ
environmental fate model	نَموْذج مَصيْر بيْئيّ
environmental health	صِحَّة بيْئيَّة
environmental media	وَسَط بيْئيّ

environmental media and transport mechanism	وَسَط بيئيّ وآليَّة النَّقل
environmental monitoring	مُراقبَة بيْئيَّة
environmental pathway	مَسار بيْئيّ
environmental pollutant	مُلوِّث بيئيّ
environmental sample	عَيِّنَة بيْئيَّة
enzootic	مُتَوطِّن بالحَيَوانات
enzymatic	انزيمِيّ
enzyme	انزيم
enzyme denaturation	تَمْسيخ أنزيمِيّ
enzyme derepression	إزالة مُثبِّط الانزيم
enzyme immunoassay	فحْص مَناعَة انزيميّ
enzyme inhibitor	مُثبِّط أنزيمِيّ
enzyme repression	كَبْت انزيم
enzyme-linked immunoassay	فحْص مَناعَة مُتَعلّق بالانزيم
enzyme-linked immunosorbent assay	فحْص مَناعيّ إستِشرابيّ مُتَعلّق بالانزيم
eosinophils	يوزينيَّة (خَلايا دَمَويَّة بيضاء)
epidemic pneumonia	وَبائيَّة ذات الرِّئَة / نيمونيا وَبائيَّة
epidermal growth factor	عامِل نُمُوّ البَشَرَة
epidermal growth factor receptor	مُستَقبِل عامِل نُمُوّ البَشَرَة
epididymo-orchitis	إلتِهاب البَربَخ والخَصيَّة
epigenetic	مُتَعلق بالتَخلق المُتوالي
epimer	مُصاوِغ صِنويّ
epimerase	ابيميراز (انزيم)
epiphysitis	إلتِهاب هَشاشَة عَظْم الفَخْذ
episome	جِسْم عُلويّ (إبيسوم)
epistasis	تَفوُق مورفي
epithelial	طِلائيّ / ظِهاريّ
epithelial cell	خَلايا طِلائيَّة
epithelial projection	بُروزات طِلائيَّة
epithelium	غِشاء طِلائِيّ
epitope	حاتِمَة (الجُزء المُستَهدَف لردّ الفِعْل المناعيّ)
epizootic	وَبائِيّ حَيَوانِيّ
epsilon toxin	ذيفان إبسلون
equilibrium theory	نَظريَّة الإتِّزان
equipment	أجْهِزَة
ergotamine	أرغوتامين (دواء لعلاج الشقيقة)
erwinia caratovora	إيروينيَّة كارتوفورا (بكتيريا)
erwinia uredovora	إيروينيَّة أردوفورا (بكتيريا)
erythrocyte	خَلايا دَمّ حَمْراء
erythropoiesis	تَكَوُّن الكُرَيَّات الحَمْراء
erythropoietin	مُعَزِّز تَكَوُّن الكُرَيَّات الحَمْراء
eschar	تَقَشُّر الجِلد
escherichia coli	إشْريكيَّة قولونيَّة
escherichia coliform	إشْريكيَّة قولونيَّة
essential amino acid	حِمض أمينيّ أساسِيّ
essential fatty acid	حِمض دُهْنِيّ أساسِيّ
essential nutrient	مُغَذِّيات أساسيَّة
essential polyunsaturated fatty acid	حِمض دُهْنِيّ أساسِيّ غيْر مُشْبَع
establishment potential	طاقة التَأسيْس
estrogen	إستروجين (هرمون أنثويّ)
ethanol	كُحول إثيلِيّ
ethical values	قِيَم أخلاقيَّة
ethidium bromide	بروميد الإثيديوم (مُرَكَّب لِفَصل جُزيئات الدَّنا الضِّعفانية الطولية عن الدائرية)
ethnobiology	عِلم دِراسَة السُّلالات الحَيَويَّة / بيولوجيا عِرقيَّة
ethyl acetate	أسيتات الإيثيل
ethylene	إثيلين
etiological agent	عامِل مُمْرِض
etiology	عِلم أسْباب الأمْراض
eucaryote	حَقيقِيّ النَّواة
eugenics	تَحَسُّن الجِنْس البَشَريّ وراثِيًّا
eukaryote	كائِن حَقيقِيّ النَّواة
eukaryotic	حَقيقِيّ النَّواة
eukaryotic cell	خَلِيَّة حَقيقِيَّة النَّواة
euploid	عَدَد الصِّبْغيَّات مُضاعَف عن الأصل
european corn borer	حَفّار الذُّرَة الأوروبيّ
eutrophication	جَيِّد التغذيَّة
evacuation	تَفْريغ
evaluation	تَقْييم
event	حَدَثْ
evolution	تَطوّر
ex vivo	خارِج الجِسْم الحيّ

ex-situ conservation حِمايَة خارج المَكان
ex-situ conservation of farm animal genetic diversity حِمايَة خارج المَكان للتَنَوّع الوراثيّ الحَيَوانيّ
examination body جِسْم مِخْبَريّ
excipient سَوَاغ الدَّواء
excision إسْتِئصال / قطْع
excitation إثارَة
excitatory مُثير
excitatory amino acids حِمض أمينيّ مُثير
exclusion chromatography فصْل إسْتِشرابيّ
exergonic reaction تَفاعُل مُطلق للطاقة
existence value قِيْمَة وُجود
exobiology بيولوجيا خارجِيَّة
exocytosis إيماس (قذف الخلية لمحتوياتها)
exogenous خارجِيّ
exoglycosidase إكسوجلايكوسيديز (انزيم)
exon إكسون
exonuclease نيوكلياز خارجية (انزيم نووي خارجي)
exotic germplasm مُوَرِّث غريب
exotic species نَوْع غريب
exotoxin ذيفان خارجِيّ
expected progeny difference إختلافات مُتوقَّعَة في النَّسْل
expiration زَفِيْر / نهايَة الصَّلاحيَة
explosion method طَريقَة الإنْفِجار
explosive مُتفَجِّر
exponential growth phase طَوْر النُمُوّ الأسيّ
export يُصَدِّر
exporter مُصَدِّر
exposure تَعَرُّض
express يُعَبِّر
expressed sequence tag عَلامَة سِلسِلَة مُعَبَّر عنها
expression تَعْبير
expression analysis تَحليل تَعْبيْريّ
expression array مَصفوفة تَعْبيريَّة
expression library مَكتبة تَعبيريَّة
expression profiling مَقْطع تَعبيريّ
expressive dysphasia صُعوبَة التَّعبير بالكَلام
expressivity تَعبير
extended spectrum penicillin بنسلين مُمْتَدّ الطَّيْف
extension تَمْديد
external cost تَكْلفة خارجيَّة
extinct مُنْقرض
extinct breed سُلالة مُنْقرضَة
extinction إنْقِراض
extinguisher طَفايَة
extracellular خارج الخَلِيَّة
extracellularly خارجِيّ لِلخَلِيَّة
extractive reserve مَخْزون إسْتِخلاصيّ
external-beam radiation حُزمَة إشْعاع خارجيَّة
extranuclear gene مُورِّث خارج النَّواة
extraocular خارج المُقْلة
extremophilic bacteria بكتيريا مُحبَّة للتَّطرّف
extremozyme انزيم يعمل تحت ظروف صَعبة
exudative نَضْح (خروج السوائل من الثغور المائيَّة)

F

facilitated folding طَيّ مُسَهَّل
facultative anaerobe لا هَوائيَّة إختياريَّة
facultative cell خَلِيَّة إختياريَّة
fade gene مُوَرِّث إضْمِحلالي
fall armyworm يَرَقة العِثّ (الانسلاخ الأول)
fallow بُور
false positive مُوجِب كاذب
fame جُوْع
familiarity ألفة
farnesoid X receptor مُسْتَقبل فارنيسيد X
farnesyl transferase انزيم مُحَمِّل فارنيزيل
fat دُهْن
fatigue إجْهاد
fats دُهُون
fatty acid أحْماض دُهنيَّة
fatty acid methyl ester ميثل إستر حِمض دُهنيّ
fatty acid synthetase انزيم مُصنِّع الحِمض الدُّهنيّ
fauna حَيَوانات حُقْبَة أو مِنْطقة
fecundity خُصُوبَة

feedback inhibition — تثبيط التَّغذيَة الراجعَة
feeder — مُغَذي
feedstock — مَخْزون مُغَذي
fermentation — تَخَمُّر
ferritin — فيريتين (من نتائج أيض الهيموجلوبين)
ferrobacteria — بكتيريا مُحِبَّة للحديد
ferrochelatase — انزيمات مُخَلِّبات الحديد
ferrodoxin — فيرودكسين
fertility — خُصوبَة
fertility factor — عامِل خُصوبَة
fertilization — إخْصاب
fibrin — فِبرين
fibrinogen — ليفين
fibrinolytic agent — عامِل حَالّ للفِبرين
fibroblast — أرومَة ليفيَّة
fibroblast growth factor — عامِل نُمُوّ الأرومَة الليفيَّة
fibronectin — فايبرونكتين (بروتين لاصِق للخَلايا)
field trial — تَجربَة حَقليَّة
fill — يَمْلأ
filler epithelial cell — خلايا طِلائيَّة مالِئة
filopodia — أرجُل كاذِبَة خَيطيَّة
filoviridae — فيلوفيريدي (نوع من طُفيليّات دودة القرع)
filtration — تَرْشيح
finger protein — بروتين مُؤَشِّر
fingerprinting — بَصْمَة وراثيَّة
firefly luciferase-luciferin system — نِظام يَراعَة الليسيفيرين- الليسيفيريز
first filial hybrid — هَجين أوّل بَنَويّ
fitness — تَكَيُّف
flaccid — مُتَرَهِّل / رَخْو
flagella — سَوْط
flagship species — نَوْع بارِجَة الأميرال
flanking region — مِنْطَقَة جانِبيَّة
flanking sequence — تَسَلسُل جانبيّ
flavin — فلافين
flavin adenine dinucleotide — فلافين أدينين ثنائيّ نيوكليوتيد (FAD)
flavin mononucleotide — فلافين أحاديّ النيوكليوتيد
flavin nucleotide — فلافين نيوكليوتيد
flavin-linked dehydrogenase — انزيم نازِع الهيدروجين مُرْتَبط بالفلافين
flavinoid — فلافينويد
flaviviridae — فيرُوسات مُصَفّرَة (فصيلة من الفيرُوسات)
flavivirus — فيرُوس الحُمَّى الصَّفراء (جِنْس من الفيرُوسات)
flavonoid — فلافونويد
flavonols — فلافونولات
flavoprotein — بروتينات الفلافين
flesh-eating infection — إصابَة آكِلة اللُّحوم
flora — حَياة نَباتيَّة
flourescent dye — صِبغَة مُشِعَّة
flow — تَدَفُّق
flow cytometry — عَدّ تَدَفق الكُرَيّات
fluctuant — مُتَمَوِّج
fluidized — أمَاعَ
fluidizer — مُميْع
fluorescence — تألُّق
fluorescence activated cell sorter — عازِل خَلايا تألُّقيّ
fluorescence in situ hybridization — تَهْجين تألُّقيّ في الدَّاخِل
fluorescence mapping — تَخْطيط تألُّقيّ
fluorescence multiplexing — تَضاعُف تألُّقيّ
fluorescence polarization — إستِقطاب تألُّقيّ
fluorescence resonance energy transfer — نَقل طاقة الرَّنين التألُّقيّ
fluorogenic probe — مِجَس مُتَألِّق
fluorophore — حامِل الخاصَّة التألُّقيَّة
fluoroquinolone — فلوروكونيولون
flux — تَدَفُّق / جَرَيان
flying — يَطيْر
focal point — نُقطَة بُؤَريَّة
focus group — مَجموعَة بُؤَريَّة
fog — ضَبَاب
fogger — مُضَبِّب
follicle stimulating hormone — هُرمون حَثّ الجُرَيبَات
fontan fogger — مَصْدَر مُضَبِّب

food contamination تَلَوّث الغِذاء
food web شَبَكَة غِذائِيَّة
footprinting أثَر القدَم
formaldehyde dehydrogenase انزيم نازع هيدروجين فورم ألدهايد
formite مادّة حَامِلة لِمُسَبِّب الأمْراض
formulation تَكْوِيْن
forward mutation طَفْرَة تقدّمِيَّة
founder effect تأثير مُنْشِئ
fragmentation تَجَزُّء
frameshift إنْحِراف الإطار
frameshift mutation طفرَة مُسَببة لانْحِراف الإطار
free energy طاقة حُرَّة
free fatty acid حِمض دُهنيّ حُرّ
free radical جَذْر حُرّ
fructan فروكتان (مكثور الفركتوز)
fructooligosaccharide سُكَّر الفاكِهة (سكريات قليلة من سلاسل قصيرة من الفركتوز)
fructose oligosaccharide سُكَّر الفاكِهة (سكريات قليلة من سلاسل قصيرة من الفركتوز)
fulminant خَاطِف
fumarase فوماراز (انزيم)
fumaric acid حِمض الفوماريك
fumonisin فيمونسين (ذيفان فِطْرِيّ)
functional food غِذاء وَظيفيّ
functional genomics هَجين وَظيفيّ
functional group مَجموعَة وَظيفِيَّة
functional plan خُطَّة فعَّالة
fungal toxin ذيفان فِطْرِيّ
fungicide مُبيد فِطْرِيّ
fungus فِطْر
furanocoumarin فورانوكومارين (مادة كيماوية مُبيدَة للحشرات)
furanose فورانوز (نوع من السكريات)
furocoumarin فوروكومارين (مادة سامَّة مُسَبِّبة للغثيان، التقيُّؤ والتشنج للإنسان)
fusaric acid حِمض فيوزريك
fusarium مِغزَلاوِيَّة (جنس من الفِطريات الناقصة)
Fusarium graminearum فيوزاريوم الحُبوب
fusarium moniliforme فيوزاريوم مونيليفورم
fusion gene مُوَرِّث إنْدِماج
fusion inhibitor مانِع الإنْدِماج
fusion protein بروتين الإنْدِماج
fusion toxin ذيفان الإنْدِماج
fusogenic agent عامِل إنْدِماج خَلايا جِسْمِيَّة
futile cycle دَوْرَة عَبَثِيَّة (للانزيمات)

G

g+ موجِب الجرام (صِفة خاصَّة بالبكتيريا)
g- سالِب الجرام (صِفة خاصَّة بالبكتيريا)
Gaia hypothesis فَرَضِيَّة غايا
galactomannan جالاكتومانان (كربوهيدرات مُعَدَّلة وراثياً)
galactose غلاكتوز
gall عَفْصَة / الصَّفْراء
gamete مَشِيْج / خَلِيَّة تناسُلِيَّة
γ globulin غلوبولين جاما
γ interferon إنترفيرون جاما
ganglion كُيَيْس وَرَمِيّ / عُقْدَة عَصَبِيَّة
garden حَدِيقة
gas غاز
gas exchange تَبادُل الغازات
gas-liquid chromatography إسْتِشراب غازي سائِلي
gastric مَعِديّ (خاص بالمعدة)
gastrin هرمون مَعِديّ
gated transport نَقل من خِلال بَوَّابَة (صَمّام)
gel هُلام
gel diffusion إنْتِشار هُلاميّ
gel electrophoresis رَحَلان كَهْرَبِيّ هُلاميّ
gel filtration تَرْشِيح هُلاميّ
gem جَوْهَرَة / حَجَر كَرِيْم
gene مُوَرِّثة / جين
gene amplification تَضخيم المُوَرِّثة
gene array system نِظام تَرتيب المُوَرِّثات
gene chip رُقاقة مُوَرِّثة
gene cloning إسْتِنساخ مُوَرِّثات
gene delivery تَسْلِيم المُوَرِّثة

gene expression	تَعْبير المُورِّثة
gene expression analysis	تَحْليل تَعْبير المُورِّثة
gene expression cascade	شلال تَعْبير المُورِّثة
gene expression marker	واسِم تَعْبير المُورِّثة
gene expression profiling	مَقطع تَعْبير المُورِّثة
gene flow	إنْسِياب المُورِّثات
gene frequency	تِكْرار المُورِّثات
gene function analysis	تَحْليل وَظيفة المُورِّثة
gene fusion	إنْدِماج المُورِّثة
gene imprinting	خَتْم المُورِّثة
gene insertion	إيْلاج المُورِّثة
gene linkage	إرْتِباط المُورِّثة
gene machine	آلة المُورِّثة
gene manipulation	يُناوِر بالمُورِّثات / يُعالج المُورِّثات ببراعة
gene map	خَريطة المُورِّثات / خَريطة جينية
gene mapping	تَخْطيط المُورِّثات
gene modification	تَعْديل المُورِّثات
gene pool	تَجميعَة المُورِّثات
gene probe	مِسبار المُورِّثة / مِجَسّ المُورِّثة
gene repair	تَرْميم المُورِّثة / إصْلاح المُورِّثة
gene replacement therapy	مُعالجَة باستِبدال المُورِّثات
gene silencing	إصْمات المُورِّثات
gene splicing	إقْتِران المُورِّثات / تَضْفير المُورِّثات
gene stacking	تَراكُم المُورِّثات
gene switching	إنْتِقال المُورِّثات
gene targeting	إسْتِهداف المُورِّثة
gene taxi	ناقِل المُورِّثة
gene therapy	مُعالجَة بالمُورِّثات
gene transcript	نَسْخ المُورِّثة
gene translocation	تَغْيير مَوقع المُورِّثة / إزفاء المُورِّثة
gene-bank	بنك المُورِّثات
general release	إطلاق عَامّ
generating	يُوَلِّد
generation	جيْل
generation time	وَقت الجيْل
generator	مُوَلِّد
generic	عَامّ (غير محدود المُلكيّة)
genestein	جِنِسْتين (ايزوفلافون فول الصويا

	مانِع للتَّجلط)
genetic assimilation	تَمْثيل ورَاثيّ
genetic code	رَاموز ورَاثيّ
genetic disease	مَرَض ورَاثيّ
genetic distance	مَسَافة ورَاثيَّة
genetic distancing	تَحديد المَسَافة الورَاثيَّة
genetic diversity	تَنَوّع ورَاثيّ
genetic drift	إنْسِياق ورَاثيّ / إنْحِراف ورَاثيّ
genetic effect	تَأثير ورَاثيّ
genetic engineering	هَندَسَة ورَاثيَّة
genetic erosion	تَآكُل ورَاثيّ
genetic event	حَدَثْ ورَاثيّ
genetic fingerprinting	بَصْمَة ورَاثيَّة
genetic inheritance	تَوْريث ورَاثيّ / ورَاثة جينية
genetic linkage	إرْتِباط ورَاثيّ
genetic linkage map	خَريْطة إرْتِباط ورَاثيّ
genetic manipulation	تَدَاوُل ورَاثيّ
genetic map	خَريْطة ورَاثيَّة
genetic marker	وَاسِم ورَاثيّ / مُعلِّم ورَاثيّ
genetic material	مادَّة ورَاثيَّة
genetic modification	تَعديل ورَاثيّ
genetic mutation	طَفرَة ورَاثيَّة
genetic predisposition	نُزُوع ورَاثيّ طبيعيّ / مَيْل ورَاثيّ / **قابليَّة ورَاثيَّة**
genetic probe	مِسْبار ورَاثيّ / مِجَسّ ورَاثيّ
genetic recombination	مَزْج ورَاثيّ
genetic resource	مَصْدَر ورَاثيّ
genetic sensitivity	حَسَاسيَّة ورَاثيَّة
genetic targeting	إسْتِهْدَاف ورَاثيّ
genetic testing	فَحْص ورَاثيّ
genetically engineered microbial pesticide	**مُبيد حَشَري مَيكْروبي مُعَدَلْ ورَاثيّاً**
genetics	عِلْم الورَاثة
genistein	جنيستين (ايزوفلافون فول الصُّويا)
genistin	جنستين (فلافون فول الصُّويا)
genitourinary tract	جهاز تناسُليّ بوليّ
genome	مَجموعَة العوامِل الورَاثيَّة / **مَجين** / مَجْموعُ الجينات في الكائن
genomic library	مَكتَبة مَجينيَّة

genomic sciences	عُلوم مَجينيَّة
genomics	عِلم المَجين
genosensor	جهاز إحساس ورَاثيّ
genotoxic	سامّ للمُوَرِّثات
genotoxic carcinogen	مُسَرْطِن وسامّ للمُوَرِّثات
genotype	طِراز جيني
genus	جِنْس / نَوْع
geomicrobiology	عِلم حَيَوِيَّة الميكروبات الأرضيَّة
germ cell	خَلِيَّة جنسيَّة
germ cell gene therapy	مُعالجَة ورَاثيَّة للخلايا الجِنْسيَّة
germ plasm	جِبْلة جُرثوميَّة
germinate	يُنْبِت / يُنشِيء
germplasm	جِبْلة جُرثومية
gestation	حَبَل / حَمْل
gestation period	فترة الحَمْل
gibberella ear rot	عَفَن عرنوس جبريلي
gibberella zeae	جبريلازيا (نَوْع فِطْر)
gibberellin	جبريلين (هُرمون نُمُوّ نَباتيّ)
gland	غُدَّة
globular protein	بروتين كَرَويّ
glomalin	جلومالين (نوع بروتين سُكّريّ)
glucagon	جلوكاجون (هرمون البنكرياس)
glucan	جلوكان (نوع من عديدة السُكَّريَّات)
glucocerebrosidase	جلوكوسيريبروسايديز (انزيم)
glucogenic amino acid	حِمض أمينيّ مُكَوِّن للجلوكوز
gluconeogenesis	إستِحداث السُكَّريَّات
glucose	سُكّر جلوكوز
glucose isomerase	انزيم مُصَاوَغة الجلوكوز
glucose oxidase	انزيم أكسَدَة الجلوكوز
glucosinolates	جلوكوساينوليتس
glufosinate	جلوفوسينيت
gluphosinate	جلوفوسينيت
glutamate	جلوتامات
glutamate dehydrogenase	انزيم نَزْع الهيدروجين من الجلوتامات
glutamic acid	حِمض الجلوتاميك
glutamic acid decarboxylase	انزيم نَزْع مجموعة الكاربوكسيل من حمض الجلوتاميك
glutamine	جلوتامين (حِمض أمينيّ)
glutamine synthetase	انزيم بناء الجلوتامين
glutathione	جلوتاثيون
gluten	جلوتين
glutenin	جلوتينين
glyceraldehyde	جليسير ألدهيد
glycetein	جلايستين
glycine	جلايسين
glycine max	فول (إسْم علمي)
glycinin	جلايسينين
glycitein	جلايستين
glycitin	جلايستين
glycoalkaloid	عديدة سُكريات قلوية
glycobiology	عِلم حيوية السُكّريات
glycocalyx	كِنان سُكّري (غِطاء بروتيني سُكّريّ يُغطي العديد من الخلايا)
glycoform	جلايكوفورم (بروتين يحتوي على كربوهيدرات)
glycogen	جليكوجين (مُركّب سُكري موجود في الحيوانات)
glycolipid	دُهون سُكّريَّة
glycolysis	إنْحِلال السُكّريَّات
glycoprotein	بروتينات سُكّريَّة
glycoprotein remodeling	إعادَة تَشكيل البروتينات السُكّريَّة
glycosidases	انزيمات مُحَلّلة للسُكّريَّات
glycoside	جليكوسيد (سُكّر ثنائي)
glycosidic	جليكوسيدك (سُكري)
glycosinolate	جلايكوساينولات (مادَّة زيت الخردل)
glycosylation	مُرتبط بالجليكوزيل
glycosyltransferase	ناقِلة الجليكوزيل
glyphosate	جلايفوسيت
glyphosate isopropylamine salt	مِلح جلايفوسيت ايزوبروبيل أمين
glyphosate oxidase	انزيم مُؤكسِد جلايفوسيت
glyphosate oxidoreductase	مُؤكسِد ومُختَزِل الجلايفوست
glyphosate-trimesium	جلايفوسات ترايميزيوم (مُركّب يُستَخدَم كمُبيد حَشريّ)
go gene	مُوَرِّث مُنطلق
golden rice	أرُزّ ذهبي مُعَدّل ورَاثياً
golden rice *tm*	أرُزّ ذهبي مُعَدّل ورَاثياً ماركة مُسَجلة

English	Arabic
grade	دَرَجَة
graft	طُعْم / رُقعة
graft rejection	رَفْض التَّطعيْم
gram molecular weight	وَزْن جُزيئِيّ غرامِيّ
gram stain	صَبْغة غرام
gram-negative	سَلبيّ الغرام
gram-positive	إيجابيّ الغرام
granulation tissue	نسيج حُبيبي
granulocidin	جرانيولوسيدين (بروتين تنتجه خلايا الدم البيضاء)
granulocyte	خلية مُحَبَّبَة
granulocyte colony stimulating factor	عامل مُحفّز لمُستعمرات الخلايا المُحَبَّبَة
granuloma	وَرَم حُبَيبي
green fluorescent protein	بروتين مُتَألّق باللون الأخْضَر
green leafy volatile	مُتطاير الأوراق الخضراء
greenleaf technologies	تقنيات الورق الأخضر
growth	نُمُوّ
growth curve	مُنْحَنى النُمُوّ
growth factor	عامِل النُمُوّ
growth hormone	هرمون النُمُوّ
growth phase	مرحلة النُمُوّ
guanine	جوانين (قاعدة نيتروجينية)
guanylate	جوانيليت
guanylate cyclase	مُحلّق الجوانيليت
guild	طائفة (في تصنيف النبات)
gun	فَرْد
gyrase	جايريز (انزيم)

H

English	Arabic
habitat	مَوطِن
habitat restoration	ترميم المَوطِن
hairpin loop	حلقة دبوس الشعر
hallucination	هَلوَسة
halophile	أليف المِلح
hand	يَد
hand-held	يَدَوِي / مَحمول يَدَوياً
hantavirus	فيروس هانتا
hap gene	مُوَرِّث حَدَث
haploid	أحادِيّ الصبغيّات
haploid cell	خلية أحاديَّة الصبِغيّات
haplophase	طَوْر فَرْداني
haplotype	نَمَط فَرْداني
haplotype map	خريطة نَمَط فَرْداني
hapmap	خريطة المَجين الأحادِيّ البَشَرِيّ
hapten	ناشِيَة
haptoglobin	هابتوجلوبين
hardening	تَقسِيَة
harpin	هاربين (بروتين بكتيري)
harvesting	حَصاد
harvesting enzyme	انزيم حاصِد
hazard	مَخاطِر
hazardous substance	مادّة خَطِرَة
health hazard	خَطر على الصِّحَّة
heat-shock protein	بروتين الصَّدْمَة الحَراريَّة
heavy-chain variable	إختلافات سِلسِلة ثقيلة
hedgehog protein	بروتين القُنْفُذ
hela cell	خلايا سَرَطانيَّة
helicase	هليكيز (انزيم)
helicoverpa zea	دودَة الذُّرَة (القُطن)
helix	حَلَزونِيّ
helper T cell	خَليَّة T المُساعدة
hemagglutinin	تراصّ كُرَيّات الدَّم الحَمْراء
hematochezia	تَغَوُّط مُدْمِي
hematocrit	نسبة كُرَيّات الدَّم الحَمْراء
hematogenous	دَمَوِيّ المَنْشَأ
hematologic growth factor	عامِل نُمُوّ عُضَيّات الدَّم
hematopietic growth factor	عامِل نُمُوّ مُكَوِّن الدَّم
hematopoietic stem cell	مُكَوِّن خَليَّة جذعيَّة دَمَويَّة
heme	هيماتين (صِبغ ينشأ عن إنحلال الهيموجلوبين)
hemoglobin	هيموجلوبين / اليَحْمور / خِضاب الدم
hemolysin	حالة دَمويَّة
hemophilia	مَرَض نَزْف الدَّم
hemorrhagic mediastinitis	نزيف وَسَطِيّ
hemorrhagic pleural effusion	إنْصِباب نَزْفِيّ جَنْبِيّ
hemostasis	إرْقاء (وَقفْ النزف الدموي)

hemostatic derangement — خَلل إرْقائيّ
heparin — مانع للتَّجَلط
hepatatrophic — ضمُور الكَبد
hepatorenal syndrome — مُتَلازمَة كَبديَّة كلويَّة
herbicide — مُبيد أعشاب
herbicide resistance — مُقاوم لِمُبيدات الأعشاب
herbicide-resistant crop — محصول مُقاوم لِمُبيدات الأعشاب
herbicide-tolerant crop — محصول مُتَحَمِّل لِمُبيدات الأعشاب
heredity — ورَاثة
heritability — تَوْريث
hetero- — مُغاير- / مُختَلف - / غَيريّ -
heterochromatin — صِبْغين مُغاير / كروماتين مُغاير
heterocyclic — مُتَغاير الحلقة
heterodimer — مَثْنَويّ مُغاير
heteroduplex — مُضاعِف مُتَغاير
heterogeneity — تَغايُريَّة
heterogeneous — مُتَغاير المَنْشأ / غيْر مُتَجانِس
heterogeneous nuclear RNA — رنا نَوَويّ مُتَغاير المَنْشأ
heterokaryon — مُتَغايرة النَّوى
heterologous — أجْنَبيّ المَنْشأ / غَيرَويّ / غريْب (نسيج في موضع غير سويّ)
heterologous DNA — دنا نَوَويّ أجْنَبيّ المَنْشأ
heterologous protein — بروتين أجْنَبيّ المَنْشأ
heterology — عِلم إخْتِلاف الأجناس / تغايُريَّة
heterosis — تَغيير للأفضل (إزْدِياد الخُصوبَة بعد التَّهْجين)
heterotroph — غيريّ التَّغَذّي
heterotrophic — غيريّ التَّغَذّي
heterozygosity — تَغايُر الزَيْجُوت (اللاقِحَة)
heterozygote — زَيْجُوت مُتَغايرة الألائِل (لاقِحَة)
hexadecyltrimethylammonium bromide — هكساديكتل تراي ميثل امونيوم برومايد
hexose — سُكّر سُداسي
high blood pressure — ضَغط دَم مُرتفع
high-content screening — تَحَرٍّ للمُحتوى العالي
high-density lipoprotein — بروتين شَحْميّ عالي الكثافة
high-efficiency particulate air filter mask — كَمَّامة تَصْفيَة هَواء خاصَّة بفعاليَّة عاليَة
high-throughput identification — ذو إنتاجيَّة عاليَة (كفاءَة)
high-throughput screening — تحرٍّ ذو إنتاجيَّة عاليَة أو ذو كفاءَة عاليَة
highly available phosphorous — فسفور مُتواجِد بكميَّات كبيرَة
highly unsaturated fatty acid — حِمض أميني مُشبَع بدَرَجة كبيرَة
hilar adenopathy — إعتلال السُّرة أو النقير
hirudin — هيرودين (دَواء مُضادّ للتَّخثر)
histamine — هستمين (قاعدة عضوية تفرز في الانسجة عند اصابتها تتسبب في توسيع الأوعية الدموية)
histidine — هستدين
histiocyte — خَليَّة نَسيجيَّة
histoblast — كُريَّة ناسِجَة
histocompatibility — تَوافُق نَسيجيّ
histone — بروتين قاعِديّ / بروتين بَسيْط
histones — بروتينات بسيطة
histopathologic — مَرَض نَسيجيّ
HIV — فيروس العَوَز المناعي البشري
holin — هولين
hollow fiber separation — فصل الألياف المُجَوَّفة
holoenzyme — تَميم الانزيم / جُزء وَظيفيّ من الانزيم
homeobox — دنا قصير مُتَشابِه التَّسلسُل
homeostasis — توازُن ذاتيّ
homing receptor — مُستقبِل مُوَجَّه
homocysteine — هوموسيستين
homogeneous — مُتَجانِس
homologous — مُتماثِل / مُتطابق
homologous chromosome — صِبْغيات وِراثيَة مُتماثِلة
homologous protein — بروتينات مُتَماثِلة
homologous recombination — تأشّب مُتماثِل
homologue gene — مُوَرِّث مُماثِل / مُوَرِّث نَظير / مُوَرِّث نَديد
homology — تَماثل / تَنادُد
homology modeling — تَشابُه النَّسَق
homotropic enzyme — انزيم مُتماثِل إستوائيّ
homozygote — زَيْجُوت مُتَماثِلة الألائِل (لاقِحَة)

homozygous — مُتَعلّق بزَيْجُوت مُتَمَاثِلَة الألائِل (لاقِحَة)
horizontal disease transmision — إنْتِقال المَرَض الأفقيّ
hormone — هُرْمون
hormone response element — عُنْصُر إسْتِجابَة هُرْمونية
horseradish peroxidase — انزيم الأكسَدَة في نبات فِجْل الخَيْل
hose — خُرْطوم
hospital information system — نِظام مَعلومات المُسْتَشفى
host — عائِل / مُضيف
host cell — خَلِيَّة عائِل
host factor — عُنْصُر عائِل
host vector — ناقِل العائِل
hot spot — بُقعَة ساخِنَة
human artificial chromosome — صِبْغيَّات إنسان صناعيَّة (كروموسوم إنساني إصطناعيّ)
human embryonic stem cell — خلية إنسان جِذعيّة جنينيَّة
human equivalent concentration — تَركيز مُكافِئ للإنسان
human genome project — مَشْروع المادَّة الوِراثيَّة للإنسان
human growth hormone — هُرمون النُمُوّ الإنساني
human immunodeficiency virus — فَيْروس العَوز المناعي البَشَري
human leukocyte antigens — مُسْتَضِدّات كُرَيّات الدَّم البَيضاء البَشَرِيَّة
human superoxide dismutase — انزيم ديسميوتيز سوبر اوكسايد البشري
human thyroid-stimulating hormone — هُرمون بَشري مُحفّز للغُدَّة الدَّرَقيَّة
humanized antibody — مُستَضِدَّات بَشَرِيّة
humidifier — مُرَطِّب
humoral immune response — إستِجابَة مَناعيَّة خِلطيَّة
humoral immunity — مَناعَة خِلطيَّة
humoral-mediated immunity — مَناعَة بواسطة الخِلط
Huntington's disease — مَرَض هنتنجتون

hybrid — هَجين
hybrid vigor — قُوَّة الهَجين
hybrid zone — نِطاق الهَجين
hybridization — تَهْجين
hybridization surface — سَطْح تَهْجيني
hybridoma — وَرَم هَجين
hydration — تَمَيُّه / تَمَيُّؤ
hydrazine — هيدرازين
hydrazinolysis — تكسير روابط الأميد باستخدام هايدرازين
hydrofluoric acid cleavage — إنْشِطار حِمْض الفلوريك
hydrogen — عُنصُر الهيدروجين
hydrogen bond — رابطة هيدروجينية
hydrogen sulfide — كبريتيد الهيدروجين
hydrogenation — هَدْرَجَة
hydrolysis — حَلْمَهَة (التحلل المائي)
hydrolytic cleavage — إنْشِطار حَلْمَهي
hydrolyze — يُحَلْمِه
hydrophilic — مُحِبّ للماء
hydrophobic — غير مُحِبّ للماء
hydroxylation reaction — تَفاعُل إضافة مجموعة الهيدروكسيل
hyperacute rejection — رَفض شديد الحِدَّة
hypercholesterolemia — فَرْط كوليسترول الدم
hyperchromicity — زيادَة صِبْغيَّة
hyperimmune — مُفْرط المناعة
hypernatremia — فَرْط الصوديوم
hypersensitive response — إستجابة لفَرط التَحَسُّس
hypersensitivity — فَرْط التَحَسُّس
hyperthermophilic — حُبّ الحرارة المُفرط
hypoglycemia — نَقص سُكَّر الدم
hypostasis — رُكود الدَّم / مُوَرِّث يُلغِي تأثير الآخَر
hypothalamus — تَحت المِهاد البَصَري (في الدِّماغ)
hypoxia — نَقص التَأكسُج

I

ideal protein concept — مَفهوم البروتين المِثالي
idiotope — مِكْنان / نَمَط ذاتي / مَوضِع

ضدّي ذاتي

inhalation إستِنْشَاق

intercellular adhesion molecule جُزَيْئ مُلْصِق ما بين الخَلايا

illegal traffic حَرَكِة غير قانونيَّة / تِجارَة غير قانونيَّة

imidazole ايميدازول

immobilization يُجَمِّدُه في مكانه / إستيقاف / يَشِلّ

immortalizing oncogene جين وَرَمي مُخَلِّد

immune function وظيفة مَنَاعيَّة

immune response إستِجابَة مَنَاعيَّة

immune sera مُصول مَنَاعيَّة

immune system جهاز المَنَاعة

immunity مَنَاعَة

immuno-enhancing تَعزيز مَنَاعيّ

immunoadhesin إلتِحَام المَنَاعة

immunoassay مُقايَسَة مَنَاعيَّة

immunocompetent مُؤَهّل مَنَاعياً

immunocompromised مَنْقوص المَنَاعة

immunocompromised host عَائِل مَنقوص المَنَاعة

immunoconjugate إقتِران المَنَاعة

immunocontraception مَناعَة مَنْع الحَمْل

immunodeficiency نَقص مَنَاعيّ / عَوَز مَنَاعيّ

immunodominant سَائِد مَناعياً

immunofluorescence تَألُّق مَناعيّ

immunogen مُستَمنِع / مُستَضِد

immunogenic مُستَمنِع

immunoglobulin غلوبولين مَناعيّ (مجموعة من بروتينات الجلوبين في الجسم تعمل كمُضادّ حيويّ)

immunologic مَناعيّ

immunomagnetic مَناعَة مِغناطيسِيَّة

immunosensor حاسّة مَناعيَّة

immunosuppressive كَبْت المَناعَة / إخْمَاد نِظام المَناعَة

immunosuppressive therapy مُعالجَة بإخْمَاد نِظام المَناعَة

immunotherapy مُعالجَة مَناعيَّة

immunotoxin ذيفان مَناعيّ

implant radiation إشْعَاع الطُعْم

import يَستَورد

importer مُستَورد

imprinting تَعَلُّم بالطَبْع

in-silico داخِل الحَاسوب

in-silico biology عِلم الحَيَاة باستِخدَام الحَاسوب

in-silico screening مَسْح باستِخدَام الحَاسوب

in-situ في مَوضِعِه / في الدَّاخِل

in-situ condition ظروف الدَّاخِل (المَكَان نَفسُه)

in-situ conservation حِمايَة في المَكَان نَفسُه

in-situ conservation of farm animal genetic diversity حِمايَة التَنَوُّع الوراثِي لِحَيَوانات المَزرَعة في نَفس المَكَان

in-situ gene bank بَنْك المُوَرِّثات في نَفس المَكَان

in-vitro في الأنبُوب / خَارج الكائِن الحيّ / في المُختَبَر

in-vitro culture زِراعة داخِل أنابيب زُجَاج

in-vitro evolution تَطوُّر داخِل أنابيب زُجَاج

in-vitro selection إنتِقاء داخِل أنابيب زُجَاج

in-vivo في الجِسْم الحَيّ / في الأحْيَاء

inbreeding تَزَاوُج دَاخِلِيّ / زَواج الأقارب

inbreeding depression إنخِفاض زَواج الأقارب / إنخِفاض التَزَاوُج الدَاخِلِيّ

incapacitate يُضْعِفْ

incapacitating agent عَامِل مُضْعِفْ

incapacitation عَجْز / عَطَل القوَّة أو القُدرَة على العَمَل / كَسيْح

incidence حُدوْث / وقُوْع

incidence rate مُعَدَّل الوُقوْع

inclusion body جِسْم مُشْتَمَل

income مَدْخُول

incomplete dominance سِيَادَة غيْر كَامِلَة

incubation حَضَانَة

incubation period فتْرَة الحَضَانَة

indicator species أنْوَاع كاشِفَة

indirect contact إتِصَال غيْر مُبَاشِر

indirect source مَصْدَر غيْر مُبَاشِر / سَبَب غيْر مُبَاشِر

indirect transmission إنْتِقال غيْر مُبَاشِر

individual risk خَطَر فَرْدِيّ

induced fit تَلاؤُم مُحَرَّض / تَلاؤُم مُستَحْدَث

inducer مُحَرِّض / مُحْدِث

inducible enzyme أنزيم مُحَرِّض

inducible promoter	مِعْزاز قابل للتَّحْريْض
induction	تَحْريض / حَثّ
induration	جَساوَة / تَقْسِيَة / تَصَلُّب
infarction	إحْتِشاء
infectibility	قابِليَّة العَدْوَى
infection	عَدْوَى
infectious	مُعْدٍ (مُعْدي) / عَدْوائِيّ
infectious aerosol	ضَبَاب مُعْدٍ
infectious agent	عَامِل مُعْدٍ
infectious disease	مَرَض مُعْدٍ
infectiousness	إعْدَاء
infective	مُعْدٍ (مُعْدي) / عَدْوائِيّ
infectivity	إعْدَاء / القُدْرَة على العَدْوَى
infestation	عَدْوَى بالطُّفَيلِيَّات / إحْتِشَار
infiltrate	يُرَشِّح
infiltration	تَرْشيح / إرْشَاح
information exchange	تَبَادُل المَعْلومَات
information RNA	رَنَا الإعلامِيّ
informational molecule	جُزَئ مَعْلومَاتِيّ
ingestion	ابْتِلاع / إلْتِهَام
inhalation	إسْتِنْشَاق
inhalation exposure	تَعَرُّض للإسْتِنْشَاق
inhaler	مِنْشَقَة
inhibition	تَثْبيْط
initiation	إبْتِدَاء
initiation codon	رامِزَة إبْتِدائِيَّة
initiation factor	عَامِل الإبْتِدَاء
injector	مِحْقَنَة
innate immune response	إسْتِجَابَة مَنَاعِيَّة فِطْرِيَّة (غَريزِيَّة)
innate immune system	نِظَام مَنَاعِيّ فِطْرِيّ (غَريزِيّ)
innocuousness	عَديْم الضَرَر / حَمِيْد
inoculum	لَقِيْحَة
inositol	اينوسيتول
inositol lipid	اينوسيتول دُهْنِيّ
inorganic	لا عُضْوِيّ / غير عُضْوِيّ
insect	حَشَرَة
insect cell culture	زِرَاعَة خَلايا الحَشَرَات
insecticide	مُبيْد حَشَرِيّ
insertion mutation	طَفْرَة مُدْخَلَة
insertional knockout system	نِظَام المَوْت بالإدْخَال
insidious	مُخاتِل / ماكِر / غَادِر
insitu	في مَكانِه الطبيعِيّ
insulin	إنسُولِيْن
insurance value	قيمة التأمين
intake	أخْذ / مَدْخول
intake rate	مُعَدَّل الأخْذ
integrated crop management	إدَارَة المَحاصيل المُتَكامِلة
integrated disease management	مُكافحَة الأمْراض المُتَكامِلة
integrated pest management	مُكافحَة الآفات المُتَكامِلة
integrin	إنتجرين
intein	إنتين
intended release	إطلاق مَقصود
interferon	إنترفيرون
interferon-β	إنترفيرون بيتا
intergenerational equity	مُسَاوَاة مَا بين الأجْيَال
intergenic region	مِنْطقة بين الجيْنَات
interleukin	إنترلوكين
intermediary metabolism	إستِقلاب مُتَوَسِّط
internal radiation	إشعاع دَاخِلِيّ
internaulin	إنترنولين
intoxication	تَسَمُّم / سُكْر
intracellular	ضِمْخَلَوِيّ / داخل الخلايا
intracellular membrane	غِشَاء ضِمْخَلَوِيّ
intracellular transport	نَقل ضِمْخَلَوِيّ
intradermal	داخِل الأدَمَة / أدَمِيّ / بيْنَشَرِيّ
intravenous antibiotic	مُضاد حَيوِيّ وَريدِيّ
intravenous therapy	مُعَالجَة بالحَقن الوَريدِيّ
intrinsic protein	بروتين داخِلِيّ المَنْشأ
introduced species	نَوْع مُدْخَل
introduction	مُقدِّمَة / إدخال
introgression	إنْجِيَال دَاخِلِيّ / إدخال المُوَرِّثات
intron	إنترون
inulin	إنيولين (نشا نباتي)
invasin	إنفازين (انزيم)
invasive	غَزَوِي / عُدْوانِيّ
invasive species	نَوْع عُدْوَانِيّ
invasiveness	مَقْدِرَة على الغَزْو (غزوانية)
inventorying	جَرْد مَخْزون البَضائع

inversion إنقِلاب / شُذوذ
inverted micelle مُذيلة مَقلوبَة (مُذيلَة: جُسَيْم مُكَهرَب في مادة شبه غروية)
investigational new drug إستِقصَاء عن دَوَاء جَديْد
investigational new drug treatment إستِخْدام العِلاجات الحَديثَة بطَريقة إستِقصائيَّة
ion أيون
ion channel قَناة الأيون
ion trap مَصْيَدَة الأيون
ion-channel-binding toxin ذيفان مُرتَبِط بقَناة الأيونات
ion-exchange chromatography إستِشْرَاب بِتَبَادُل الأيونات
ionization تَأيُن
ionizing فصل الأيونات
ionotropic إنتِحَاء أيوني
iron bacteria بكتيريا الحَديْد
iron deficiency anemia فقر دَمّ ناتِج عن عَوَز الحديد
irradiation تَشْعيْع / إشعاع
irritability تَهَيُجيَّة
isoenzyme نَظيْر انزيمي
isoflavin ايزوفلافين
isoflavone ايزوفلافون (مُماثِل الفلافون)
isoflavonoid ايزوفلافونويد
isolation عَزْل
isoleucine ايزوليوسين
isomer مُصَاوِغ
isomerase انزيم مُصَاوَغَة
isoprene ايزوبيرين
isotachophoresis رَحَلان مُتَّسِق السُرعَة
isothiocyanates ايزوثيوسيانات
isotope نَظيْر
isozyme نَظيْر انزيمي
itching حَكَّة

J

jasmonate cascade شَلاَّل جازمونات (سِلسِلة من التفاعُلات النَبَاتية للدفاع عن نفسه)
jasmonic acid حِمْض الجاسمونيك
jimson weed عُشْبَة جِمْسون
joining (J) segment التحام شَدَفات على شكل J
jumping gene مُوَرِّثة قافِزَة
juncea كَرَنب / خَرْدَل
Junk DNA دَنَا غيْر فاعِل في تَكوين البروتين

K

kanamycin كنامايسين (مُضادّ حيويّ)
kanr مُوَرِّث مُضاد للكناميسين
karnal bunt مَرَض يُصيب الحِنْطَة
karyotype نَمَط نَوَويّ
karyotyper مُنَمِّط نَوَويّ
kb كيلو قاعدة (وحدَة قياس طول في البيولوجيا الجزيئيَّة تساوي 1000 قاعدة زوجية)
kefauver rule قانون كيفاوفر
keratin كيراتين (بروتينات في الانسجَة المُتَقرِّنة)
ketose كيتوز (سُكَّر أحادي بسيط يحتوي على مجموعة كاربونيل في غير النهاية الطرفية)
keystone species أنواع المُرتَكِز
killer t cell خلية t القاتِل
kilobase كيلو قاعِدَة / ألف نيوكلوتيدة
kilobase pair كيلو زَوْج قاعِدَة
kilodalton كيلو دالتون (وحدَة لقياس الوزن تساوي 1000 دالتون)
kinases كيناز (انزيم يعمل على إضافة مجموعة فوسفاتية الى ركيزته)
kinesin كيناسين
kinetic حَرَكيّ
kinome كينوم (عملية فسفرة البروتينات باستخدام انزيم كاينيز)
knapsack حَقيبَة الظهر
knockdown ضَرْبَة قاضيَة
knockin طَرْق
knockout ضَرْبَة صارعَة
knottin عُقَدْ (يصبح ذو عقدة)
konzo كونزو (اسم مرض)
koseisho وكالة يابانية لتنظيم الدَّوَاء (كوزيشو)

kozak sequence سلسِلة كوزاك (مكونة من خمس نيوكليوتيدات تقع قبل رامزة البداية)
krebs cycle دَوْرَة كريبس (دورة الحموض الثلاثية)
kunitz trypsin inhibitor كوينتز مُثبِّط التربسين

L

label لصَاقة التَّوسيم / وَاسِم
labeled مَوسوم
labile مُتَغيِّر
lac operon مُشَغِّل لاك
laccase لاكاز (انزيم)
lachrymal fluid سَائِل دَمْعيّ
lactic dehydrogenase نازعَة هيدروجين اللاكتيك
lactoferricin لاكتوفيريسين
lactoferrin لاكتوفيرين
lactonase لاكتونيز (انزيم)
lactoperoxidase لاكتوبيروكسيداز (انزيم)
lag phase طور التَّلكُّؤ
lambda bacteriophage مُلتَهم بكتيريا لامدا
lambda phage لاقِم لامدا
landrace سُلالة مَحَليَّة
langerhans cell خَليَّة لانجرهانز (تُقوي المناعَة)
laser capture microdissection سَلْخ مِجْهَريّ مُراقب بالليزر
laser inactivation تَعطيل الفَعَالية بالليزر
late effect تَأثير مُتَأخِّر
late gene مُورِّث مُتَأخِّر
late protein بروتين مُتَأخِّر
latency خَفاء / كُمُوْن
latency period فترة كُموْن
lathyrism تَسَمُّمُ بالجُلبَّان
laurate لوريت (أحد الأحماض الدهنية)
lauric acid حِمض اللوريك (أحد الأحماض الدهنية)
lawn مَرْج / شاش / مِنْشَفة
lazaroid ليزارويد (مركب يستعمل لمعالجة بعض الامراض)
leader قائِد
leader sequence تَسَلسُل القائِد
leaky mutant طفْرَة راشِحَة (سَربَة)
lecithin ليسيثين (صَفار البَيْض)
lectin لكتين
legume بُقوليَّات (بَقل)
leishmaniasis داء اللّيشْمانيَّات
leptin ليبتين
leptin receptor مُسْتَقبِل ليبتين
lethal مُميْت
lethal concentration تَرْكيز مُميْت
lethal mutation طفْرَة مُميتَة
lethal toxin ذيفان مُميْت
leucine ليوسين
leukocyte كُريَّة دَم بَيْضاء
leukotriene ليكوترين (وسيط التِهاب قويّ)
level مُستَوى
levorotary أيسَريُّ التَّدْوير
liability مَسْؤوليَّة
liaison عَلاقة مُتَبَادَلة / صِلة وَثيقة
library مَكتَبَة
lifetime عُمْر (مُتَوَسِّط الحياة)
ligand لجْين (جُزَئ يلتَحِم بِجُزئ آخر)
ligand-activated transcription factor عامِل نَسْخ يُحَقَّز بواسطة لجْين
ligase لايغاز (انزيم رابط)
ligate يَرْبط
ligation رَبْط
light-chain variable إختلافات سِلسِلة خفيفة
lignan لِغنان
lignin لغنين (مادَّة عُضويَّة في النسيج الخشبي للنبات)
lignocellulose سيللولوز خَشَبي
limonene ليمونين
line-source مَصْدَر الخَط
line-source delivery system مَنظوم تَوصيل مَصْدَر الخَط
lineage سُلالة / ذُرِّية
linear energy transfer نَقِل طاقة خَطيّ / تَحويل الطاقة خَطيّ
linkage إرْتِباط
linkage group مَجموعَة إرْتِبَاط

linkage map	خَريطة إرتِبَاط
linked gene/marker	واسِم مُوَرِّثات مُرتَبِطة
linker	مُوْصِل / رابط
linking	إرتِباط
linoleic acid	حِمض اللينوليك
linolenic acid	حِمض اللينولينك
lipase	لايباز (انزيم)
lipid	دُهْن / شَحْم
lipid bilayer	ثُنَائي الطبَقات الدُهنية
lipid raft	تَجَمُّع دُهنيّ / جُيوب دُهنيّة
lipid sensor	مِجَسَّات دُهنيَّة
lipid vesicle	تَجويف دُهنيّ / حُوَيْصَلَة دُهنيَّة
lipidomics	عِلم الشُحوم
lipolytic enzyme	انزيم حالّ للدُهنيات
lipophilic	أليف للدُهن / مُحِب للدُهن
lipopolysaccharide	كربوهيدرات دُهنيَّة / عديد السُكّريات الدُهنيّ
lipoprotein	بروتين دُهنيّ
lipoprotein-associated coagulation	تَخَثُّر مُرتبط بالبروتينات الدُهنيَّة
liposome	جُسَيم دُهنيّ
lipoxidase	اوكسيداز دُهني (انزيم)
lipoxygenase	اكسيجيناز دُهني (انزيم يُحَفِّز أكسدة الأحماض الدُهنية غير المُشبَعَة)
lipoxygenase null	اكسيجيناز دُهني عديم الفائِدة
liquid	سائِل
listeria monocytogene	لِيستَريَّة مونوسايتوجين (جنس من البكتيريا)
live cell array	مَنْظومَة الخليَّة الحيَّة
live vaccine strain	سُلالة اللِقاح الحيّ
liver	كَبِد
living modified organism	كائن حي مُحَسَّن
localized	مَوضِعِيّ
locomotion	تَحَرُّك
locus	مَوْضِع
log growth phase	طَوْر النُموّ اللوغاريتمي
log phase	طَوْر لوغاريتمي
logarithmic phase	طَوْر لوغاريتمي
London Fog Foggers	يُشَوِّش ضَباب لندن
long-range biological standoff detection system	نِظام الكَشْف البيولوجي المُتَحفِّظ طويل المدى
lopopolysaccharide	عديد السُكّريات الدُهنيّ
loss-of-function mutation	طَفرة فُقدان الفِعل
low calcium response plasmid	بلازميد تقليل الإستجابة للكالسيوم
low-density lipoprotein	بروتين دُهني قليل الكثافة
luciferase	لوسيفيراز
luciferin	لوسيفرين
lumen	لمْعَة / **لومن** (الوَحْدَةُ الدُوَليَّةُ لِلفَيض الضِيائيّ)
luminesce	لمَعان
luminescence	تَألُّق
luminescent assay	مُقايَسَة تَألُقيَّة
luminophore	مِلْمَاع
lupus	الذِّئبَة (داء جلدي)
lupus erythematosus	ذئبة حمامية
lutein	لوتين
luteinizing hormone	هرمون مُلوتِن
luteolin	جِسْم أصفَر
lux gene	مورث lux
lux protein	بروتين lux
lycopene	ليكوبين
lymphadenitis	إلتِهاب العُقد اللمفِيَّة
lymphatic endothelium	بِطانَة القلب اللمفاويَّة
lymphocyte	لمفاويَّة
lymphocytic choriomeningitis virus	فيروس إلتِهاب السَّحايا والمشيمات اللمفاوي
lymphocytosis	كَثرَة اللمفـاويَّات
lymphogranuloma	وَرَم حُبَيْبي لِمفيّ
lymphokine	لمفوكين
lyochrome	ليوكروم (فلافين)
lyophilization	تَجْفيد (تجفيف بالتَّجْميد)
lyse	يَحُلّ
lysine	ليزين
lysis	إنحِلال
lysogen	مَستَذيب
lysogenic	مُستَذيب
lysogeny	إستِذابَة
lysophosphatidylethanol amine	إنحِلال فوسفاتيدل أمينات الإيثان

English	Arabic
lysosome	يَحلّول
lysozyme	ليزوزايم
lytic	مُتَعلِّق بالإنحلال أو التَحَلّل
lytic infection	إصابة إنحِلاليَّة

M

English	Arabic
machine	آلة / مَاكِنَة
macrolide	ماكروليد (مُضادّ حَيَوِيّ ماكروليدِيّ)
macromolecule	جُزَئ ضَخْم
macrophage	بَلْعَم
macrophage activiation	تَنْشيط البَلاعِم
macule	بُقْعَة
maculopapular	بُقْعِيّ حَطاطِيّ / لَطْخَة بَثْرِيَّة
mad cow disease	مَرَض جُنون البَقر
magainin	ماجنين
magic bullet	رَصَاصة سِحْرِيَّة
magnesium sulfate	كِبْريتات المَغنيسيوم
magnetic antibody	جِسْم مُضادّ مِغناطيسيّ
magnetic bead	حُبَيْبات مغناطيسيَّة
magnetic cell sorting	تَصْنيف خلايا مِغناطيسيّاً
magnetic labeling	تَوسيم مِغناطيسيّ
magnetic particle	جُزيئات مِغناطيسيَّة
maillard reaction	تَفاعُل ميلارد
major histocompatibility complex	مُعقَّد التَّوافق النَّسيجيّ الكَبير
male-sterile	عُقم ذكَرِيّ
malformation	تَشَوُّه
malignant	خَبيث
malignant edema	وَذمَة خَبيثة
malnutrition	سوء التَّغذيَة
mammalian cell culture	زِراعَة خلايا الثديِّيّات
mandrake root	جَذْرُ اليَبْروح (اللقاح)
mannan	مانان (مادة سُكّرية)
mannan oligosaccharide	قليل سُكّريات مانان
mannogalactan	مانوجالاكتان (مادة صِمْغيَّة)
map distance	مَسافة خريطيَّة
mapping	مَوْضَعَة (للمُوَرِّثات في الصيغيَّات)
marine toxin	تَسمُّم بَحري
marker	واصِمَة / مُعَلِّم / واسِم
marker-assisted breeding	تربية بِمُساعدة الواسِمات الوراثيَّة
marker-assisted selection	إنْتِخاب بِمُساعدة الواسِمات الوراثيَّة
marple aerosol generator	مُوَلِّد ضَبَاب ماربل
mask	قِنَاع
mass screening	مَسْح شامِل
mass spectrometer	مِقياس الطَّيف الكتلوي
mass-applied genomics	علم المُوَرِّثات التطبيقي الشامل
mass-casualty biological weapon	أسلِحَة حَيويَّة فتَّاكة
massively parallel signature sequencing	تَسَلْسُل إشارَة مُتوازي ضَخْم
mast cell	خلية مُصْمَتَة / خَلية ثَدي
matrix metalloproteinase	ميتالوبروتيناز شبكي (انزيم)
maximum contaminant level	أعلى مُستوى تَلوُّث
maximum permissible concentration	أقصى تركيز مَسْموح به
maximum residue level	أعلى مُستوى مُتَبَقيات
maximum sustainable yield	أعلى إنْتاج مُسْتَدام
maysin	مايسين
mean lifetime	مُتوسِّط عُمْر الحَياة
medical control	تَحكُّم طِبِّي
medical informatics	عِلم المَعلومات الطِبِّي
medifoods	طَعام مُتَوَسِّط
mediterranean fruit fly	ذُبابَة البَحْر الأبْيَض المُتَوسِّط
medium	وَسَط / مُسْتَنْبَت
medium chain saturated fats	دُهون مُشبَعَة مُتَوَسِّطة السِلْسِلة
medium chain triacyglyceride	سِلْسِلة أسيل جلسرايد ثُلاثيَّة مُتَوَسِّطة
medium chain triglyceride	دُهون ثُلاثية مُتَوَسِّطة السِلسِلة
medium intake rate	مُعَدّل أخْذ مُتَوَسِّط
mega-yeast artificial chromosome	صِبْغيّ خَميرَة ضَخْم إصطِناعيّ
megabase	مِليون قاعِدَة
megabase cloning	إسْتِنْساخ ضَخْم
megakaryocyte	عامِل مُحَفِّز النَّوَّاء

English	Arabic
stimulating factor	
meiosis	إنقسام خَلويّ إختزاليّ / إنْتِصاف
melanoidin	ميلانودين (مادة بروتينيَّة)
melting	إنصِهار (صَهْر)
melting temperature	دَرَجَة الإنْصِهار
membrane	غِشَاء
membrane channel	قنَاة الغِشاء
membrane filtration	فلتَرَة بواسِطَة الغِشاء / تَرْشيح غِشائيّ
membrane transport	نَقل غِشائيّ
membrane transporter protein	بروتين غِشائيّ ناقِل
mendelian transmission	إنْتِقال مِنْدِلي
menopause	إياس / سِنّ اليَأس
mentation	نَشاط عَقليّ
mercury	زِئْبَق
mercury knapsack mistblower	مِرَش ظَهْريّ ضَبابيّ زِئْبَقيّ
mesenchymal adult stem cell	خَلِيَّة جِذْعِيَّة بالِغَة للُحْمَة المُتَوَسِّطَة
mesenchymal stem cell	خَلِيَّة جِذْعِيَّة لِلُحْمَة المُتَوَسِّطَة
mesodermal adult stem cell	خَلِيَّة جِذْعِيَّة بالِغَة للأديم المُتَوَسِّط
mesophile	أليف الحَرارَة المُعْتَدِلة
mesoscale	تَدْريج وَسَطيّ
messenger RNA	رَنا المِرْسال
messenger *tm*	مِرْسال ماركَة مُسَجَّلة
metabolic disturbance	إضْطِرابات أيضيَّة
metabolic engineering	هَنْدَسَة أيضيَّة
metabolic flux analysis	تَحْليل تَدَفُّق الأيْض
metabolic pathway	سِلْسِلَة تَفاعُلات الأيْض / مَسَار الأيْض
metabolic product	نَتَاج الأيْض
metabolism	أيْض (بِناء وهَدْم) إسْتِقلابيّ
metabolite	مُسْتَقلَب / مَتَيْضَة / أيْضَة
metabolite profiling	إسْتِعراض نَواتِج الأيْض
metabolome	ميتابولوم (مَجموع المَواد المَتَيْضَة بكائن حيّ)
metabolomics	ميتابولوميكس (عِلم دِراسَة المَواد المَتَيْضَة بكائن حيّ)
metabolon	شَبَكة مَواد مَتَيْضَة مُتَصِلة
metabonomic signature	شارَة ميتابونوميك
metabonomics	ميتابونوميكس (عِلم دِراسة مِقياس الإستِجابَة الكَمِّيَّة لِلعمليات المَتَيْضَة)
metalloenzyme	انزيم فِلِزيّ
metalloprotein	بروتين فِلِزيّ
metallothionein	ثيانين فِلِزيّ
metamodel	نَموذَج أيْضيّ
metanomics	ميتانومكس (عِلم دِراسة مَجموع العمليات المَتَيْضَة في كائن حيّ)
metaphase	طَوْر إسْتِوائيّ / طَوْر وَسَطيّ
metastasis	نَقيلَة
meteorology	عِلم الأرْصاد الجَوِّيَّة
meter	مِتر
metered	مُقاس
metering	مُعايَرَة
methanol	ميثانول
methionine	ميثيونين
methyl jasmonate	ميثيل جاسمونيت
methyl salicylate	ميثيل ساليسيليت
methylated	مُمَثْيَل (مُضاف إليه الميثيل)
micro sensor	مِجَسّ دَقيق
micro total analysis system	نِظام دَقيق للتَّحليل الكُليّ
micro total analytical system	نِظام تَحليليّ كُليّ دَقيق
micro-electromechanical system	نِظام كَهْربائيّ ميكانيكيّ دَقيق
micro-organism	كائن حيّ مِجْهَريّ / كائن دَقيق
micro-RNAs	رنا– الدَّقيق
microaerophile	أليف الهَواء القليل
microarray	مَصفوفة دَقيقة
microbalance	مِيْزان دَقيق
microbe	مَيكروب
microbial mat	حَصيرَة مَيكروبيَّة
microbial physiology	عِلم وَظائِف المَيكروبات
microbial source tracking	تَعَقُّب مَصْدَر المَيكروبات
microbicide	مُبيد المَيكروبات
microbiology	أحياء دَقيقَة / عِلم الأحياء المِجْهَريَّة / ميكروبيولوجيا

English	Arabic
microchannel fluidic device	جَهيزَة سوائِل مِجْهَرِيَّة دقيْقة القناة
microenvironment	بيْئَة دَقيْقة / بيْئَة مَيْكروبية
microfilament	خُيُوط دَقيْقة
microfluidic chip	رَقائِق سَوائِل مِجْهَرِيَّة
microfluidics	سَوائِل مِجْهَرِيَّة
microgram	مَيْكروغرام
microinjection	حَقْن دَقيْق / حَقْن مَيْكروبي
micromachining	آلِيَّة دَقيْقة
micromodification	تَعْديْل دَقيْق
micron	مَيْكرون (وِحْدَة قياس)
micronair	مَيْكرونير (اسم مَرْشَحَة)
micronair AU4000	مَيْكرونير AU 4000
micronair spray nozzle	فُوَّهَة رَذاذيَّة مَيْكرونيريَّة
microorganism	مَيْكروب / كائِن حيّ دَقيْق
microparticle	جُسَيْم دَقيْق
microphage	بُلَيْعِم
micropropagation	إكْثار دَقيْق
microsatellite DNA	دنا التَّابع مَيْكروني
microscopy	إسْتِجْهَار / فَحْص مِجْهَرِيّ
microsphere	كُرَة مِكْرَوِيَّة
microsystems technology	تِقْنِيَّة الأنظِمَة المِجْهَرِيَّة
microtubule	أُنَيْبِبات دَقيْقة / أُنَيْبيب
microwave bombardment	قَذْف بالأشِعَّة المَيْكرويفِيَّة
mid-oleic sunflower	عَبَّاد الشَّمْس مُحَسَّن نوعيَّة الزَّيْت
mid-oleic vegetable oil	زيت نباتي مُحَسَّن نوعيَّة الزَّيْت
mild effect	تَأثير خَفيْف
milled	مَطْحون
milling	طَحْن / سَحْل
mimetics	مُحاكَاة
mini	صَغيْر / أدْنَى
minimal risk level	مُسْتَوى المُجازَفَة الأدنى
minimized domain	مَيْدان مُخَفَّض / مَجال مُصَغَّر
minimized protein	بروتين مُخَفَّض
minimum tillage	حِراثَة أدْنَى
miniprotein	بروتين صَغيْر
miniprotein domain	مَجال البروتين الصَّغيْر
minute volume	حَجْم صَغيْر جِدًّا
mismatch repair	إصْلاح تَزَاوُج خاطِئ
mist	ضَبَاب رَقيْق
mist blower	رَشَّاش (قاذِفة ضَبَاب)
mitigation	سَكَّن / خَفَّف
mitochondria	مُتَقَدِّرات / سَبْحيَّات
mitochondrial DNA	دنا مُتَقَدِّريّ
mitogen	مُحْدِث للتَفَتُّل / مُحْدِث للإنقِسَام الفَتيْلِيّ
mitogen-activated protein kinase cascade	شَلال بروتين كاينيز مُحَفَّز لِلإنقِسَام الفَتيْلِيّ
mitogen-activated protein kinases	بروتين كاينيز مُحَفَّز لِلإنقِسَام الفَتيْلِيّ
mitosis	إنقِسَام فَتيْلِيّ / تَفَتُّل / إنْقِسام مُباشِر
mixed-function oxygenase	انزيم مُؤَكْسِد مُتَعَدِّد الوَظائِف
mixing	مَزْج / خَلْط
model organism	كائِن حيّ نَموذَج
modeling	صَوْغ / نَمْذَجَة
modifying factor	عامِل مُحَوِّر / عامِل مُعَدِّل
moiety	جُزْء / نِصف / إحدَى حِصَّتَين مُتَساويتين
mold	عَفَن / قالب
mole	مول (الوَزْن الجُزيئي الغرامي) / رَحَى (كُتْلة أو وَرَم لحْمِي)
molecular beacon	مُضئ جُزيئيّ / مُرشِد جُزيئيّ
molecular biology	بَيولوجيا جُزَيئيَّة
molecular breeding *tm*	تَرْبِيَة جُزَيئيَّة عَلامَة مُسَجَّلة
molecular bridge	جِسْر جُزَيئيّ
molecular chaperone	تَطوُّر جُزَيئيّ
molecular cloning	إسْتِنساخ جُزَيئيّ
molecular diversity	تَنَوُّع جُزَيئيّ
molecular evolution	تَطوُّر جُزَيئيّ
molecular fingerprinting	بَصْمَة جُزَيئيَّة
molecular genetics	وِراثَة جُزَيئيَّة
molecular lithography	طِبَاعَة حَجَرِيَّة جُزَيئيَّة
molecular machine	آلة جُزَيئيَّة
molecular mass	كُتْلة جُزَيئيَّة
molecular pharming *tm*	زِراعَة جُزَيئيَّة عَلامَة مُسَجَّلة
molecular profiling	تَرْسيم جُزَيئيّ
molecular sieve	مُنْخُل جُزَيئيّ
molecular vehicle	سِوَاغ جُزيئيّ / ناقِل جُزَيئيّ
molecular weight	وَزْن جُزَيئيّ
monarch butterfly	فَرَاشَة ضَخْمَة

English	Arabic
monkeypox	جُدَرِيُّ النِّسْناس / جُدَرِيُّ القِرَدَة
monoclonal	أحادِيّ النَسِيلة
monoclonal antibodies	أجْسَام مُضادَّة أحاديَّة النَسِيلة
monoculture	إستِزْراع أحاديّ
monocyte	وَحيدَة (نوع من كُرَيَّات الدم البَيْضاء)
monoecious	أحاديّ المَسْكَن
monogenic	أحاديّ المُوَرِّث
monogenic disorder	اضْطِراب أحاديّ المُوَرِّث / اضْطِراب مندلي
monomer	مَوْحُود
mononuclear	وَحيدَة النَّواة
mononuclear cell	خَلِيَّة وَحيدَة النَّواة
monosaccharide	سُكَّر أحادي
monounsaturated fat	دُهون احاديَّة غير مُشْبَعَة
monounsaturated fatty acid	أحْمَاض دُهنيَّة أحاديَّة غير مُشْبَعَة
morbidity	مَراضَة / مَرَض
moribund	مُحْتَضَر
morphogenetic	مُخَلِّق
morphology	عِلم التَّركيب الشَّكْلِيّ
mos	موس (إسْم مُوَرِّث فيرُوسيّ مُتَحَوِّل)
mosquito	بَعوض
motor protein	بروتين مُحَرِّك (حَرَكِيّ)
mounted	مُرْسَى
mouse-ear cress	ارابيدوبسز (اسم نبات يُشبه الرَّشاد)
movable genetic element	عُنْصُر وراثيّ مُتَحَرِّك (مُتَنَقِّل)
mucoid	شَبيْه المُخَاط
mucous membrane	غِشاء مُخاطِيّ / غِلالة مُخاطِيَّة
multi-agent munition	ذَخائِر مُتَعَدِّدة العُمَلاء
multi-copy plasmid	بلازميد مُتَعَدِّد النُّسَخ
multi-drug resistance	مُقاوِم لِمَجْموعَة أدْوِيَة
multi-layered high-efficiency particulate air mask	قِناع مُتَعَدِّد الطبَقات عالي فعَاليَّة تَنقِيَة الهَواء
multi-locus probe	مِسْبار مُتَعَدِّد المَواقِع
multienzyme system	نِظام مُتَعَدِّد الانزيمات
multifactorial disease	مَرَض مُتَعَدِّد العَوامِل
multigenic	عَديْدَة المُوَرِّثات
multiple aleurone layer gene	مُوَرِّثَة آلورون مُتَعَدِّد الطبَقَة
multiple sclerosis	تَصَلُّب مُتَعَدِّد
multiplex assay	مُقايَسَة مُتَعَدِّدَة
multiplexed	مُتَعَدِّد / مُضَاعَف
multipotent	مُتَعَدِّد القُدْرات
multipotent adult stem cell	خَلايا جِذْعيَّة بالِغَة مُتَعَدِّدَة القُدْرات
multivalent	مُتَعَدِّد التَّكافُؤ
munition	ذَخائِر / عِتاد الحَرْب
murine	فأرِيّ
mutagen	مُطَفِّر
mutagenesis	تَطْفِيْر / تَبْديل
mutagenic compound	مُرَكَّب مُطَفِّر
mutagenicity	إستِطْفار / تَطْفِيْرِيَّة / تَحَوُّل
mutant	طافِرَة
mutase	موتاز (انزيم)
mutate	يُحَوِّل / يُطَفِّر
mutation	طَفْرَة
mutation breeding	تَربِيَة الطَفْرات / إنْسَال الطَفْرات
mutualism	تَنافُع
mycobacterium tuberculosis	مُتَفَطِّرَة سُلِّيَّة
mycorrhizae	مايكورايزا (فِطْرِيَّات نافِعَة)
mycotoxin	ذيفان فِطْرِيّ
myelitis	إلتِهاب نِقِي العَظْم / إلتِهاب النُّخاع الشَّوكِيّ
myeloma	وَرَم نَقَوِيّ
myocardium	عَضَلِيّ قَلْبِيّ
myoelectric signal	إشارَة كَهْرَبائية عَضَلِيَّة
myristoylation	مريستويليشن (عملية تحول النهاية النيتروجينية للبروتينات)
myrothecium verrucaria	ميروثيسيوم فيروكاريا (اسْم فِطْر)

N

English	Arabic
nadir	نَظِيْر / دَرَك أسْفَل / حَضِيْضِيّ
naïve T cell	خلايا T بَسِيْطَة
naked DNA	دنا مُجَرَّد
naked gene	مُوَرِّث مُجَرَّد أو عار
nanobiology	حَيَوِيَّة نانَوِيَّة (جُزْء من مِليون)

English	Arabic
nanobot	أنبوب دَقِيْق
nanocochleate	حَلَزونِيّ نانَوِيّ
nanocomposite	تَركِيْب نانَوِيّ
nanocrystal	بِلَّوْرَة نانَوِيَّة
nanocrystal molecule	جُزَئ بِلَّوْرِيّ نانَوِيّ
nanofluidics	سَوائِل نانَوِيَّة
nanogram	نانو غرام (10⁻⁹ غرام)
nanolithography	طِباعَة حَجَرِيَّة نانَوِيَّة
nanometer	جهاز نانوميتر / وحْدَة قِياس
nanoparticle	جُسَيْم نانَوِيّ
nanopore	ثُقْب نانَوِيّ
nanopore detection	كَشْف عن الثُقْب النانَوِيّ
nanoscience	عِلم نانَوِيّ
nanoshell	قِشْرَة نانَوِيَّة
nanotechnology	تِكنولوجيا الجُزَيْئات النانَوِيَّة
nanotube	أنْبُوب نانَوِيّ
nanotube membrane	غِشاء أنْبُوب نانَوِيّ
nanowire	سِلْك نانَوِيّ
napole gene	مُوَرِّثَة نابول
narcosis	تَخَدُّر
naringen	نارينجين (فلافونويد حَيَوِيّ)
nark gene	مُوَرِّث مُتَجَسِّس
nasopharynx	بُلْعوم أنْفِيّ (الجُزْء الأنْفِيّ لِلبُلْعُوْم)
native conformation	تَكْوِيْن مَحَلِّيّ
native species	أنْواع مَحَلِّيَّة
native structure	هَيْكَل مَحَلِّيّ
naturaceutical	مُسْتَحْضَرات طَبِيْعِيَّة
natural forest	غابَة طَبِيْعِيَّة
natural immunity	مَناعَة طَبِيْعِيَّة
natural killer	قاتِل طَبِيْعِيّ
natural killer cell	خَلِيَّة قاتِلَة طَبِيْعِيَّة
natural selection	إنْتِخاب طَبِيْعِيّ
natural source	مَصْدَر طَبِيْعِيّ
near-infrared spectroscopy	تَنْظِير طَيْفِيّ بِالأشِعَّة تَحْتَ الحَمْراء
near-infrared transmission	إنْتِقال بِالأشِعَّة تَحْتَ الحَمْراء
nebulizer	رَذّاذَة
necrosis	نَخَر / مَوْت مَوْضِعِيّ
necrotic ulcer	قُرْحَة مَيِّتَة
necrotizing lymphadenitis	إلتِهاب العُقَد اللِّمْفِيَّة القاتِل
needs assessment	تَقْيِيْم احْتِياجات
neem tree	شَجَرَة النِّيْم
negative control	سَيْطَرَة سَلبِيَّة
negative supercoiling	إلتِفاف سَلبِيّ
nematode	دُودَة مَمْسودَة / دودَة مُدَوَّرَة / نيماتودا
neoantigen	مُسْتَضِدّ مُسْتَحْدَث
neoendemics	مَرَض حَدِيث مُسْتَوطِن
neoplasia	تَكَوُّن الوَرَم / تَنَشُّؤ
neoplasm	وَرَم
neoplastic growth	نُمُوّ وَرَمِيّ
nerve growth factor	عامِل نُمُوّ العَصَب
net present value	قِيمَة حالِيَّة صافِيَة
neural	عَصَبِيّ
neuraminidase	نُورامينيداز (انزيم)
neurologic sequelae	عَقابِيل عَصَبِيَّة
neuron	عَصْبون / خَلِيَّة عَصَبِيَّة
neuropsychiatric	طِبّ نَفْسِيّ عَصَبِيّ
neurotoxin	سُمّ عَصَبِيّ
neurotransmitter	ناقِل عَصَبِيّ
neutraceuticals	مُسْتَحْضَرات غِذائِيَّة وَظِيفِيَّة
neutriceuticals	مُسْتَحْضَرات غِذائِيَّة صِحِّيَّة
neutropenic	خُيوط دَقِيقَة مُتَعادِلَة
neutrophil	عَدِلَة
neutrophils	عَدِلات
new animal drug application	إسْتِعْمال أدْوِيَة حَيَوانِيَّة جَدِيْدَة
new drug application	إسْتِعْمال الدَّواء الجَدِيْد
niche	عُشّ
nick	صَدْعَة
nick translation	تَرْجَمَة الصَدْعَة
nicked circle	حَلْقَة صَدْعِيَّة (إحدى سِلْسِلَتي دنا مُنْصَدِعَة خلال اسْتِخْلاصه)
ninhydrin reaction	تَفاعُل النِيْنهيدْرين (لِكَشْف البروتينات)
nisin	نيسين (مُضاد حَيَوِيّ)
nitrate	نِتْرات
nitrate bacteria	بكتيريا التَأزُّت
nitrate reduction	إخْتِزال النِيْتْرات
nitric oxide	أكْسِيد النِيْتْرِيك

nitric oxide synthase مُصنِّع أكسيد النيْتريك
nitrification نَتْرَتَة
nitrifying bacteria بكتيريا النَتْرَتَة
nitrilase نِتْريلاز (انزيم)
nitrite نِتْريت
nitrocellulose نِتْروسيلولوز
nitrogen cycle دَورَة النتروجين
nitrogen fixation تَثْبيت النتروجين
nitrogen metabolism أيْض النيتروجين
nitrogenase system نِظام أيْض النيتروجين الأنزيمي
nitrogenous base قاعِدَة نيتروجينية
no-observed adverse effects level مُسْتَوَى الأثر السَّلبيّ اللامَرئِيّ
no-observed effects level مُسْتَوَى الأثر اللامَرئِيّ
no-tillage crop production إنْتاج مَحْصول بدون حِراثة
nod gene مُورَث يُعَبِّر عن التَّمايُل
node عُقْدَة
nodulation تَعقُّد / وُجُود العُقَد
nodule عُقَيْدَة
non-coding parts of a gene جُزْء مِن المُورِّث لا يُرمِّز
non-consumptive value قِيمَة غيْر مُسْتَهلَكَة
non-equilibrium theory نَظريَّة اللاتوازُن
non-exclusive goods بضاعَة غيْر إسْتِثنائيَّة
non-point source مَصْدَر غيْر مُحَدَّد
non-starch polysaccharide عَديد سُكَّريَّات لا نَشَويّ
non-use value قِيْمَة غير نافِعَة
nonenteric لا مِعَويّ / غير مِعَويّ
nonessential amino acid حِمْض أميني غير أساسِيّ
nonheme-iron protein بروتين لا يَرتَبط مَع الدَّم
noninvasive غير مُتَعَدِّي / غير مُنْتَشِر
nonmass casualty agent عامِل قتْل مُحَدَّد
nonpolar group مَجْمُوعَة لا قُطْبيَّة
nonproliferation غير مُنْتَشِر
nonsense codon رامِزَة هُرائِيَّة / رامِزَة عَديمَة القِيْمَة
nonsense mutation طَفْرَة هُرَائِيَّة / طَفْرَة عَديمَة القِيْمَة
nonspecific symptom عَرَض غيْر مُحَدَّد
nontarget organism كائِن حَيّ غير مُسْتَهْدَف
nontranscribed spacer مُباعَدَة غير مَنْسوخَة
nontraumatic غيْر رَضْحِيّ
nonvolatile غيْر طَيَّار
normalizing selection إنْتِخاب تَطْبيعيّ / إنْتِقاء تَطْبيعيّ
northern blotting تَلْطيخ نورثرن
northern corn rootworm دُودَة جُذور الذُّرَة الشَّماليَّة
northern hybridization تَهْجين شَمالي
nos terminator مُنْهي نوس
nosocomial spread إنْتِشار مُسْتَشْفَويّ
notification تَبْلِيْغ
novel trait صِفَة غير مَألوفة
nozzle رَذَاذ / فتحَة مِرَش صَغيْرَة
nuclear DNA دنا النَوَوِيّ
nuclear envelope غِلاف النَّواة
nuclear hormone receptor مُسْتَقْبِل هرمونات نَوَويَّة
nuclear magnetic resonance رَنِيْن مِغناطيسي نَوَوِيّ
nuclear matrix protein نَسِيْج بروتين نَوَوِيّ
nuclear receptor مُسْتَقْبِل نَوَوِيّ
nuclear transfer نَقْل نَوَوِيّ / تَحويل نَوَوِيّ
nuclease نيوكليز (انزيم حِمض نَوَوِيّ)
nucleic acid حِمض نَوَوِيّ
nucleic acid hybridization تَهْجين الحِمض النَوَوِيّ
nucleic acid probe مِجَسّ حِمض نَوَوِيّ
nucleic base قاعِدَة نَوَويَّة
nuclein نُوكْلِيْين (مادَّة نُوَى الخلايا)
nucleocapsid قُفَيْصَة مُنَوَّاة
nucleoid نَوَانِيّ
nucleolus نُوَيَّة
nucleophilic group مَجْموعَة أليْف النَّواة
nucleoplasm جِبْلَة النَّواة
nucleoprotein بروتين نَوَوِيّ
nucleoside نُوكْلِيوزيد
nucleoside analog مُماثِل النُوكْليوزيد
nucleoside diphosphate sugar سُكَّر ثُنائي الفوسفات نُوكْليوزيد
nucleosome جُسَيْم نَوَوِيّ
nucleotid نُوكْلِيوتيد
nucleotide نُوكْلِيوتيد
nucleus نَوَاة
null hypothesis فَرَضيَّة البُطْلان

null model نَموذَج باطِل
nutraceuticals مُستَحْضَرات غِذائيَّة وَظيفيَّة
nutriceuticals مُستَحْضَرات غِذائيَّة صِحِّيَّة
nutricine نيوترسين
nutrigenomics عِلم التَّغْذِيَة الوِراثِيّ
nutritional epigenetics عِلم التَّخَلُّق الغِذائِيّ

O

obligate aerobic هَوائِيّ إجْبارِيّ
observational study دِراسَة مُراقبَة
occurrence حُدوث
ochratoxin أوكراتوكسين
odorant binding protein بروتين رابط ذو رائِحَة
oil-free خالِي من الزَّيْت
oleate أوليئات (زَيتِيّ)
oleic acid حِمض الأولئيك
oleosome جُسَيْمات زَيْتِيَّة
oligionucleotide قليل النُوكليوتيد
oligofructan قليل فروكتان
oligofructose قليل سُكَّر الفاكِهَة
oligomer قليل المَوحودات
oligonucleotide قليل النُوكليوتيد
oligonucleotide probe مِجَسّ قليل النُوكليوتيد
oligopeptide قليل البِبْتيد
oligos اوليغوز
oligosaccharide قليل السُكَّرِيَّات
omega-3 fatty acid نَوْع من الأحْمَاض الدُهْنِيَّة غير المُشْبَعَة
oncogene مُوَرِّث وَرَمِيّ
oncogenesis تَكَوُّن الوَرَم
oncology عِلم الأوْرَام
onset بَدْء
oocyte خَلِيَّة بَيضِيَّة
open environment بِيْئَة مَفْتوحَة
open pollination تَلْقيح مَفْتوْح
open reading frame إطار قِراءَة مَفْتوحَة
operator مُشَغِّل
operon مَشْغَل (مِنطقَة على الصِيْغِيّ)
opportunistic infection عَدْوَى إنْتِهازِيَّة
opportunity cost تَكْلفة الفُرْصَة البَدِيْلَة (الضائعة)

opsonin طاهِيَة (مادَّة ترتَبِط بالمُستَضِدّ تمهيداً لِلبَلعَمَة)
opsonization طِهَايَة
optical activity نَشَاط بَصَرِيّ
optimum food طَعَام أمْثَل
optimum pH حامِضِيَّة أو قاعِدِيَّة مُثْلَى
optimum temperature حَرارَة مُثْلَى
option value قِيْمَة الخَيَار
optrode مِجَسّ بَصَرِيّ
organ عُضْو
organ culture زَرْع الأعْضَاء
organelle عُضَيَّة
organism حَيّ / كائِن حَيّ
organisms with novel traits كائِنات حَيَّة ذات صِفات نادِرَة
organogenesis تَخَلُّق الأعْضاء
origin مَنْشَأ
origin of replication مَنْشَأ التِكرار
oropharyngeal فَمَوِيّ بُلعومِيّ
orphan drug دَواء يَتيم
orphan gene مُوَرِّث يَتيم
orphan receptor مُستَقْبِل يتيم
ortholog اورثولوج (مُوَرِّثات مُتَشابِهَة نَتجَت عن طريق التَنَوُّع)
orthophosphate cleavage إنْشِطار الاورثوفوسفيت
osmosis تَناضُح
osmotic pressure ضَغْط تَناضُحِيّ
osmotin أوزموتين (بروتين في الباذنجانِيَّات)
osteoarthritis فُصَال عَظْمِيّ
outbreak تَفَشٍ (مَرَض ما)
outcrossing تَهْجين خَلْطِيّ
overatropinization مُعالجَة زائِدَة بالاتروبين
overlapping gene مُوَرِّث مُتَداخِل أو مُتوافِق
overlapping reading frame إطار قِراءَة مُتَراكِب
oversight خَطأ غير مَقْصود
overt واضِح / عَلَنِيّ
overt release إطلاق عَلَنِيّ
overwinding إبْرام فَتْل الحَبْل أو لَفّ الزُنْبَرك
oxalate أوكسالات

oxalate oxidase انزيم أوكسيداز الأوكسالات
oxalic acid حِمض الأوكساليك
oxidant مُؤكسِد
oxidase أكسيداز (انزيم)
oxidation أكسَدَة
oxidation-reduction reaction تَفاعُل أختِزال وأكسَدَة
oxidative phosphorylation فسفَتَة أكسَديَّة
oxidative stress إجْهاد الأكسَدَة
oxidizing agent عامِل الأكسَدَة
oxygen consumption إستِهلاك الأكسُجين
oxygen deficiency عَوَز الأكسِجين
oxygen deficient atmosphere جَوّ ناقِص الأكسُجين
oxygen free radical جَذر أكسُجيني حُرّ (اكسجين مُتَطرِّف حر)
oxygen supplementation إضافة الأكسُجين
oxygenase أكسجيناز

P

pachymeningitis إلتِهاب الجافيَة
paclitaxel باكليتاكسل (دَواء مُضاد لِلأورَام السرطانيَّة)
paint يَدْهَن
paleontology عِلم الإحاثة (عِلم دِراسَة المُستحاثات)
palindrome سياق مُتَناظِر
palindromic sequence سِلسِلة مُتَناظِرَة (مُتَشَقلِبَة)
palladium بلاديوم (عُنصُر فِلزي من المجموعة اللاتينية)
palliative مُلطِّف
palmitate بَالميتات
palmitic acid حِمْض البالميتيك
palytoxin ذيفان مَرجانيّ
pandemic جائِح / وَبائِيّ
papovavirus فَيروسَة بابُوفيَّة
paralytic cobra toxin ذيفان الكوبْرَا الشَلَلِيّ (شَلل)
paralytic shellfish toxin ذيفان المَحار الشَلَلِيّ
paramyxoviridae فيرُوسات مُخاطانيَّة (فصيلة مِنَ الفيروسات)
parapatric speciation إنتِواع (تَشكُّل تطوريّ لنَوْع جَديد نتيجة التَمَدُّد لمناطق مُجاوِرَة حيث البيئة مُختلِفة)
paraquat باراكوات (مُبيد عُشبيّ سامّ)
parasite طُفَيل
Parasitic طُفَيليّ
parasitic disease مَرَض طُفَيليّ
parasitism تَطفُّل
parasitoid شَبيه الطُّفَيلِيّ
parataxonomist نَظير إختِصاصيّ تَصنيف
paravertebral مُجاور للفِقاريَّات
parents آباء
paresis خَزَل (شلل خفيف أو جُزئيّ)
particle جُسَيْم
particle cannon مدفع الجُسَيْم
particle gun بُندُقيَّة الجُسَيْم
partition coefficient مُعامِل التَّقاسُم
partitioning agent عامِل التَّقاسُم
parturition ولادَة (مَخاض)
party concerned مَعْنِيّ بالأطراف
party of export طرَف تَصْدير
party of import طرَف مُستَوْرِد
party of origin طرَف المَنْشأ / طرَف الأصْل
party of transit طرَف عُبور
passive immunity مَناعَة لا فاعِلة
passive use value قِيْمَة استِعْمَال لا فاعِلة
pat gene مُورِّث بات
patent بَراءَة إختِراع
pathogen مِمْراض
pathogen toxin ذيفان المِمْراض
pathogenesis إمْراض / نُشوء المَرَض
pathogenesis related protein بروتين الإمْراض
pathogenic مُمْرِض / مُسَبِّب مَرَضيّ
pathogenic agent عامِل مُمْرِض
pathogenic organism كائن مُمْرِض
pathognomonic واصِم مَرَضيّ
pathologic مَرَضيّ
pathologic process عَمَليَّة الإمْراض
pathophysiology عِلم الوَظائِف المَرَضيّ

pathway سَبيل / مَسْلك
pathway feedback mechanism ميكانيكية سَبيل التَّغذيَة الراجعَة
pattern biomarker واصِمَة حَيَويَّة نَموذجيَّة
patulin باتولين (مُضاد حَيَويّ سامّ)
pedigree شَجَرَة النَّسَب
pentose بنتوز (سُكر خُماسيّ)
pepsin بِبْسين
peptidase ببتيداز (انزيم)
peptide بِبْتيد
peptide bond رابِطَة بِبْتيديَّة
peptide elongation factor عامِل إطالة البِبْتيد
peptide mapping مَوْضَعَة البِبْتيد / تَخْطيط البِبْتيد
peptide nanotube أنْبوب بِبْتيدِيّ دَقيْق
peptide T بِبْتيد T
peptido-mimetic مُحاكِ البِبْتيد
peptidoglycan بِبْتيدُوغليكان
peptidyl transferase بِبْتيدل ترانسفيريز (انزيم)
peptone بِبْتُون
per capita intake rate مُعَدّل تَناوُل الفَرْد
perforin بيرفورين (بروتين)
periodicity دَوريَّة
periodontium أنْسِجَة ما حَوْل السِّن
peritoneal cavity/membrane جَوْف / غِشَاء الصِفاق
peromyscus species نَوْع فِئران
peroxidase بيروكسيداز (انزيم)
persistence إسْتِدامَة
person شَخْص
personal شَخْصِيّ
pest free area مِنْطَقة خالِيَة من الآفات (الهَوامّ)
pest risk analysis تَحْليل خَطَر الآفات (الهَوامّ)
pesticide مُبيْد الآفات (الهَوامّ)
pH مُخْتَصَر مِقْياس دَرَجة الحُموضَة
phage عاثِيَة / مُلْتَهم
phage display عَرْض العاثِيَة
phagocyte خَلِيَّة بَلْعَميَّة
phagocytic cell خَلِيَّة بَلْعَميَّة / مُبَلْعَم
phagocytize يُبَلْعِم
phagocytosis بَلْعَمَة
phagosome يَبْلُوع (في الخَلِيَّة)
pharmacoenvirogenetics عِلم الوِراثَة البيئيّ الدَّوائِيّ (تفاعُل العوامِل البيئيَّة مع التَّكوين الوِراثيّ لكائِن ما لِتَحديد استِجابَتِه لِلدَّواء)
pharmacogenetics عِلم الوِراثَة الدَّوائِيّ
pharmacogenomics عِلم المَجيْن الدَّوائِيّ
pharmacognosy عِلم العَقاقِيْر
pharmacokinetics حَرائِك دَّوائيَّة
pharmacology عِلم الأدْوِيَة
pharmacophore حامِل الخَاصّة الدَّوائيَّة
pharmacovigilance تَيَقُّظ دَوائِيّ
pharming زِراعَة مُوَرِّثات
phenolic hormone هرمون فِيْنولي
phenomics عِلم المَظْهَر الوِراثِيّ (دِراسَة المَظْهَر مع مَعْرِفة التَّكوين الوِراثِيّ)
phenotype نَمَط ظاهِرِيّ / طُرُز شَكَليَّة
phenylalanine فينيل الانين (حِمض أمينيّ)
pheromone فيرومون / فُقاعَة جِنْسِيَّة
phlebovirus فيرُوسات وَريديَّة (تُسَبِّب الحُمَّى)
phocomelia تَقَفُّم الأطْراف
phosgene فوسجين (غاز ثنائي كلوريد الكربونيك)
phosphatase فُسْفاتاز (انزيم)
phosphate group مَجْموعَة الفوسفات
phosphate transporter gene مُوَرِّثة ناقِلة الفوسفات
phosphate-group energy طاقة مَجْموعَة الفوسفات
phosphatidyl choline كولين فُسْفاتيديل (ليسيتين)
phosphatidyl serine سيرين فُسْفاتيديل
phosphinothricin فسفينوثريسين (مُبيْد أعْشاب)
phosphinothricin acetyltransferase ناقِل الأسيتيل فسفينوثريسين (انزيم)
phosphinotricine فسفينوترايسين (مُبيْد أعْشاب)
phosphodiester bond رابِطة فُسْفوريَّة ثُنائيَّة الإستر
phosphodiesterase فُسْفُودايسْتِراز **(انزيم)**
phospholipase فُسْفوليباز (انزيم)
phospholipid دُهنِيّ فسفوريّ
phosphorus عُنصُر الفُسْفور
phosphorylation فَسْفَتَة / إدخال زُمْرة فوسفات إلى الجُزَئ

phosphorylation potential	جُهْد الفَسْفَتَة
photon	فُوتُون (وحْدَة الكَمّ الضَوئيّ)
photoperiod	دَور التَّعَرُّض للضَّوء / فترَة ضَوئِيَّة
photophore	فوتوفور (عُضو مُضِئ في الأسْماك البحرية)
photophosphorylation	فسْفَتَة ضَوئِيَّة
photorhabdus luminescen	فوتوراهدس لومينسين (حَشَرَة)
photosynthesis	تَخْليق ضَوئِيّ / بناء ضَوئيّ
photosynthetic phosphorylation	فسْفَرَة تَخليق ضَوئِيّ
phyletic evolution	تَطوُر شُعْبَوِي (مُتَعلّق بالشُعبَة النباتيَّة أو الحَيَوانيَّة)
phylogenetic	تَطوُر السُلالات
phylogenetic constraint	تَقييد تَطوُّر السُّلالات
phylogenetic profiling	مَقطَع عن تَطوُر السُلالات
phylum	قبيلَة / شُعْبَة (قِسْم رئيسِي يَضم عِدَّة أقسام فرعية)
physical map	خَريطَة فِيْزيائِيَّة
physiologically active compound	مُركّب فاعِل فِسيولوجيًا
physiology	عِلم وَظائِف الأعْضاء
phytase	فِيتاز (انزيم)
phytate	فيتيت
phytic acid	حِمض فِيتيك
phyto-manufacturing	صِناعَة نَباتِيَّة
phyto-sterol	ستيرول نَباتِيّ
phytoalexin	داحِرَة نَباتِيَّة
phytochemical	كيميائِيّ نَباتِيّ
phytochrome	فيتوكروم (صِباغ بروتيني نباتي)
phytoene	فيتوين (وحدة صغيرة من تراكيب نباتية)
phytoestrogen	استروجين نَباتِيّ
phytohormone	هرمون نَباتِيّ
phytonutrient	مُغَذّي نَباتِيّ
phytopharmaceutical	مُسْتَحْضَرات دَوائِيَّة نَباتِيَّة
phytophthora	فيتوفثورا (فِطْر العَفَن)
phytoplankton	عَوالِق نَباتِيَّة
phytoremediation	مُعالجَة التَلوُث باستِخدام النَبات
phytosterols	ستيرول نَباتِيّ
phytotoxin	ذيفان نَباتِيّ
pia mater	الأم الحنون (غلاف دماغِيّ)
pica	قطا / وَحَم للطَّعام غير الطبيعيّ / وحْدَة قِياس صَغيْرَة
picogram	بيكو غرام ($10^{(-12)}$ غرام)
picorna	بيكورنا (أشباه فيروسات)
picornaviridae	الفيرُوسات البيكُورناويَّة (فصيلة مِن الفيرُوسات)
piezoelectric	كَهْرَضَغْطِي
pink bollworm	يَرَقَة العِثّ زَهريَّة اللَّون
Pitt-3	بت – 3
placebo	غُفل / دواء لا فعل له
plague	طاعُون
plague meningitis	التِهاب السَّحايا الطَّاعُوني
plant	نَبات
plant functional attributes	خَصائِص النَبات الوَظيْفِيَّة
plant hormone	هرمون نَباتِيّ
plant sterol	ستيرول نَباتِيّ
plant toxin	ذيفان نَباتِيّ
plantibodies *tm*	أجسام مُضادَّة نباتِيَّة علامَة مُسَجلة
plantigen	مُوَلّد المُضاد نَباتِيّ المَصْدَر
plaque	لُوَيْحَة
plasma	بلازما / مَصْل الدَّم
plasma cell	خَلِيَّة بلازمِيَّة / خلايا المَصْل
plasma membrane	غِشاء بلازْمِيّ / غِشاء هَيُولِيّ
plasma protein	بروتين البلازما
plasma protein binding	إرْتِباط البروتين مع البلازما
plasmalemma	غِشاء خَلَويّ (بلازمِيّ)
plasmid	بلازميدة (بُنْيَة جينية التركيب خارج الصِبْغِيَّات)
plasminogen	مُوَلّد البلازْمين
plasmocyte	بلازماوية (خَلِيَّة بلازمية)
plastid	خَلِيَّة صانِعَة نَباتِيَّة (بلاستيدة)
plastidome	مجموع البلاستيدات في الخليَّة
platelet	صُفَيْحَة
platelet activating factor	عامِل تَنْشِيْط الصَّفائِح
platelet aggregation	تَكَدُّس الصُفَيحات
platelet-derived growth factor	عامِل نُموّ مُتَعلّق بالصَّفائح
platelet-derived wound growth factor	عامِل نُموّ مُتَعلّق بالصَّفائح عند الجُرْح
platelet-derived wound	عامِل نُموّ مُتَعلّق بالصَّفائح عند

healing factor	إلتِئام الجُرْح
plectonemic coiling	إلتفاف المفاصل (مفاصل بِجُزَئ واحد تلتف بشكل طوبولوجي)
pleiotrophy	تَعَدُّد النَّمَط الظَّاهِرِيّ
pleiotropic	مُتَعَدِّد النَّمَط الظَّاهِرِيّ
pleistocene	فتْرَة تَغَيُّرات جيولوجيَّة
pleocytosis	كَثْرَة خَلايا السَّائِل النُّخاعِيّ
ployvalent	مُتَعَدِّد التكافؤ
pluripotent stem cell	خَلايا جَذْعِيَّة مُتَعَدِّدة القُدْرات
point mutation	طَفْرَة نُقطيَّة
point-source	مَصْدَر رَئِيْس
poisoning	تَسَمُّم
polar group	مَجْموعَة قُطبيَّة
polar molecule	جُزَئ قُطبِيّ
polar mutation	طَفْرَة قُطبيَّة
polarimeter	مِقياس الاستِقْطاب
polarity	تَقاطُب
poly(A) polymerase	بوليماريز مُتَعَدِّد A (انزيم)
polyacrylamide gel	هُلام مُتَعَدِّد الأكريليه
polyacrylamide gel electrophoresis	رَحَلان كَهْرَبِيّ هُلامي لِمُتَعَدِّد الأكريليه
polyadenylation	تَذْييل بعَديد الأدينيلات
polycation conjugate	مُتَقارن مُتَعَدِّد الكاتيونات
polycistronic	مُتَعَدِّد المَقارِيْن
polyclonal antibody	ضِدّ مُتَعَدِّد النَّسَائِل
polyclonal response	إسْتِجابَة مُتَعَدِّد النَّسَائِل
polygalacturonase	مُتَعَدِّد الجلاكتورونير (انزيم)
polygenic	مُتَعَدِّد المُوَرِّثات / جَيْنَائِيّ
polyhydroxyalkanoate	مُتَعَدِّد هايدروكسي الألكونوات
polyhydroxyalkanoic acid	حِمض مُتَعَدِّد هايدروكسي الألكونوات
polyhydroxylbutylate	مُتَعَدِّد هايدروكسي البيوتلات
polylinker	مُتَعَدِّد الإرتباط (في الدنا)
polymer	بَلْمَر / مكَثَّور / مُرَكَّب كيميائِيّ يَتَشَكَّل بالتَّبلمُر
polymerase	بُوليميراز (انزيم)
polymerase chain reaction	تفاعُل بُوليميراز سِلْسِلِيّ
polymorphism	تَعَدُّد الأشْكال
polymorphonuclear granulocyte	مُحَبَّبَة مُتَغايرَة النَّوَى / كُرَيَّة مُفَصَّصَة
polymorphonuclear leukocyte	كُرَيَّة بَيضاء مُتَعَدِّدَة النَّوَى
polynucleotide	عَدِيْد النوكليوتيد
polypeptide	عَدِيْد البِبْتيد
polyphenol	عَدِيْد الفينول
polyploid	مُتَعَدِّد الصِّيَغ الصِّبْغِيَّة
polyribosome	عَدِيْد الرَّايبوسومات
polysaccharide	عَدِيْد السَّكَّاريد
polysome	عَدِيْد الرَّايبوسومات
polyunsaturated fatty acids	أحْماض دُهنيَّة مُتَعَدِّدة غير مُشبَعَة
polyvalent vaccine	لِقاح مُتَعَدِّد التَّكافُؤ
population	سُكَّان
population viability analysis	تَحليل حَيَوِيَّة السُكَّان
porin	بورين (بروتين غشائي ناقل)
porphyrins	بورفيرين
port	بَوْباء (الجزء من سطح البدن الذي تُوَجَّه إليه الأشعة)
port-a-cath	بَوْباء القَسْطَرَة (جهاز وَرِيدِيّ)
portable spray	رَذاذ مَحْمول
portal	بابِيّ
position effect	أثر المَوْضِع
positional cloning	اسْتِنساخ مَوضِعِيّ
positive control	تَحكُّم إيجابِيّ
positive supercoiling	إلتِفاف عالِي إيجابِيّ
post-transcriptional gene silencing	صَمْت المُوَرِّثة بَعْد النَّسْخ
post-transcriptional processing	مُعالَجَة ما بَعْد النَّسْخ
post-translational modification of protein	تَعدِيل البروتين بعد التَّرجَمَة
postexposure	تالٍ للتَّعَرُّض
potassium	بوتاسيوم (عُنْصُر فِلزِيّ لَيِّن)
potassium iodide	يُوْديد البُوتاسيوم
potential receiving environment	إمكانيَّة إسْتِقبال البيئَة
potentiates	يُقوِّي
powder	مَسْحوق
powdered	سَحَق
powered	مُزَوَّد بالطَّاقة

poxvirus فيرُوسة الجُدَريّ
prebiotics قبْل الأحْياء
precautionary approach أسْلوب أخْذ الحَذَر
precautionary principle مَبْدأ أخْذ الحَذَر
precautionary zone مِنطقة أخْذ الحَذَر
preclinical قبْل السَّريريّ
precursor مادَّة أوَّليَّة للتَّصنيع / سَلَف / طليعَة
predator مُفترس
prenatal diagnosis تَشْخيص ما قبْل الولادَة (سابق لِلولادَة)
pressure ضَغْط
prevalence انْتِشار
prevalence rate مُعَدّل الإنْتِشار
prevalence survey مَسْح للإنْتِشار
prevention وقايَة
previously-vaccinated individual فرْدٌ مُلقَّح سابِقاً / مُطعَّم
primary cell خَليَّة أوَّليَّة
primary forest غابَة أوَّليَّة
primary productivity إنتاجيَّة أوَّليَّة
primary structure بُنْيَة أوَّليَّة
primary value قيمَة أوَّليَّة
primer مَشْرَع / بادِئ / مِنطقة بَدْء العمل في عِلم الوراثة
primosome جسيم بدئي (مُركَّب بروتيني ضَروريّ لِبدء تركيب شَدَفات الدنا أثناء التَّنسُّخ)
prion بريون (جزيئات بروتينية تسبب العَدْوَى)
prior informed consent أخْذ مُوافقة مُسْبَقة
private opportunity cost تَكْلفَة الفُرْصَة الشَّخْصيَة
private value قِيْمَة خاصَّة
proanthocyanidin بروأنثوسيانيدين (مُضادّ التأكّسُد)
probe مِسْبَار (مادَّة حيَويَّة تُستَخدَم لِلتَّعرُّف على أو لِعزل جين أو أحَد البروتينات)
probiotics طَلِيْعَة الحَيَويَّات
procaryote بِدائيّ النَّواة
process validation تَحقّق من تَوثِيق المِصْداقيَّة / شَرعيَّة المِصْداقيَّة
prodrome بَادِرَة
product مُنْتَج / ناتِج / حَصيلة
production environment بيْئَة مُنْتِجَة
production function وَظيْفَة مُنْتِجَة
production trait صِفَة مُنْتِجَة
proenzyme طَليعَة الإنْزيم
progeria شُيَاخ
progesterone بروجستيرون (هرمون)
programmed cell death مَوْت الخَليَّة المُبَرْمَج
prokaryote بِدائيّ النَّواة
proline برولين
promoter مِعْزاز (مادَّة تُعزِّز اسْتِقلاب مادَّة أخرى)
pronucleus طَليْعَة النَّواة
prophase طَور أوّل (في الإنْقِسام الخَلَويّ)
propionic acid حِمض البرُوبْيُونيك
proprietary مُسَجَّل المِلكيَّة
propylene glycol بروبيلين غليكول (مُرَطِّب ومُذيب في الصَّيدَلانيَّات)
prospective study دراسَة إسْتِبَاقيَّة
prostaglandin بروستاغلاندين (أحماض دُهْنيَّة سُداسيَّة)
prostaglandin endoperoxide synthase مُخَلِّقَة إندوبيروكسايد بروستاغلاندين (انزيم)
prostate برُوسْتَاتَة (غُدَّة)
Prostatitis إلتِهاب البرُوسْتَاتَة
prosthetic group مَجْموعَة ضَمِيْمَة (في البروتينات)
protease بروتياز (انزيم بروتيني)
proteasome بروتيوسوم (مُركَّبات بروتينيَّة خَلَويَّة تُحطِّم بروتينات الخَليَّة)
proteasome inhibitor مُثَبِّط بروتيوسوم
protectant حاصِن
protected area مِنْطقَة مُحَصَّنَة
protection of human health and environment حِفْظ صِحَّة الإنْسان والبيْئَة
protective action zone مِنْطقَة نَشاط وقائيّ
protective clothing ثِياب واقِيَة
protein بروتين
protein array مَنْظومَة بروتين
protein biochip رُقاقة حَيَويَّة لِلبروتين
protein bioreceptor مُسْتَقبِل حَيَوِيّ للبروتين

protein c | بروتين c
protein chip | رُقاقة بروتين
protein conformation | تَكوين البروتين / هَيئَة البروتين
protein engineering | هَنْدَسَة البروتين
protein exotoxin | ذيفان خارجي بروتيني
protein expression | تَعْبير البروتين
protein folding | إلتِفاف البروتين (حالته الوظيفيَّة)
protein inclusion body | بروتين الجسم الضِّمنيّ (المُشْتَمَل)
protein interaction analysis | تَحْليل تَفاعُل البروتين
protein kinase | كيناز البروتين (انزيم)
protein kinase C | كينار البروتين C
protein microarray | مَنْظومَة دَقيقَة للبروتين
protein quality | جَوْدَة البروتين
protein S | بروتين S
protein sequencer | مُسَلسِلة البروتين (جهاز يُحَدِّد تَعاقُب الأحماض الأمينية في سِلسِلة البروتين)
protein signaling | تَأشير البروتين
protein splicing | تَضْفير البروتين / تَوصيل البروتين
protein structure | بُنْيَة البروتين
protein toxin | ذيفان البروتين
protein tyrosine kinase | انزيم تيروزين كيناز بروتين
protein tyrosine kinase inhibitor | مثبط انزيم تيروزين كيناز بروتين
protein-based lithography | طِباعَة على المَعْدَن إعْتِماداً على البروتين
protein-coupled receptor | مُسْتَقبِل مُزدَوَج البروتين
protein-protein interaction | تَفاعُل بروتين مع بروتين آخَر
proteinaceous infectious particle | جُسَيْمات بروتينية عَدْوائِيَّة
proteolytic | حالّ للبرُوتين
proteolytic enzyme | انزيم حالّ البروتين
proteome | مجموعة البروتينات لكائن حَيّ
proteome chip | رُقاقة لِمَجْموعَة البروتينات لكائن حَيّ
proteomics | عِلم يَدْرُس البروتينات التي تُعَبِّر عنها المادَّة الوِراثِيَّة في الكائنات الحَيَّة
proto-oncogene | طليعَة المُوَرِّث الوَرَمِيّ
protocol | مُشاهَدات أوَّلِيَّة / مَراسِم / مَنْهَج
protoplasm | جِبْلَة
protoplast | جِبْلَة مُجَرَّدَة
protoplast fusion | إنْدِماج الجِبْلَة المُجَرَّدَة
protoxin | بَدِيئَة الذيفان
protozoa | حَيَوانات الأوالِيّ (شُعْبَة مِن المَمْلَكَة الحَيَوانيَّة) / أوَّلِيَّات
provirus | طلِيْعَة الفَيروس
provitamin | طلِيْعَة الفيتامين
pruritic | حِكِّيّ
pseudogene | مُوَرِّث كاذِب
psi | بساي (وِحْدَة قِياس ضَغط: باوند لكل إنش مُربَّع)
psoralen | سُوَرالين (مُستَخلَص نَباتيّ يُستَخدَم في عِلاج البُهاق والصَدَفِيَّة)
psoralene | سُوَرالين (مُستَخلَص نَباتيّ يُستَخدَم في عِلاج البُهاق والصَدَفِيَّة)
psychrophile | مُعايش بُرُودِيّ / مُحِبّ لِلبُرودَة
psychrophilic enzyme | انزيم المُعايش البُرودِيّ
pterostilbene | بتيروستالبين (مُضادّ للأكْسَدَة مَوجود في بعض أنواع الفاكهة)
public good | سِلعَة عُمومِيَّة
puffer | يَنْفوخ (جِنس مِن الأسْماك)
pungi stick | عَصا بونجي
pure culture | مَزْرَعَة خالِصَة
purine | بيورين
pus | قَيْح / صَدِيْد
push package | رُزْمَة مُتَكامِلَة
pyralis | بَرالِس (جِنْس من السُوس)
pyranose | بَيرانُوز (سُكَّر سُداسِيّ)
pyrexia | حُمَّى / سُخونَة
pyrimidine | بيريميدين
pyrogen | مُوَلِّد للحُمَّى
pyrogenic toxin | ذيفان مُوَلِّد لِلحُمَّى
pyrophosphate cleavage | إنْشِطار البَيرُوفوسفات (ثُنائِي الفوسفات)
pyrrolizidine alkaloid | بيروليزدين قلوي (مادَّة سامَّة شِبْه قلويَّة تُفرزها بعض النباتات)

pyuria بيلة قيحيَّة

Q

quadrupole ion trap مِصْيَدَة أيونات رُباعيَّة الأقطاب
quantum dot كَمّ نُقطِيّ
quantum tag عَلامَة كَمِيَّة
quantum wire سِلك كَمِيّ
quarantine pest حَجْر صِحِيّ لِلآفة
quarantine حَجْر صِحِيّ
quasi-option value قِيْمَة الخِيَار الظاهِرِيّ / قِيْمَة الخِيَار الجُزئِيّ
quaternary period فتْرَة رُباعيَّة
quaternary structure بُنْيَة رُباعيَّة
quelling مُهَدِّئ / قامِع
quencher dye صَبْغَة مُطْفِئة / صَبْغَة خامِدَة
quercetin كويرسيتين (مركب ذو مفعول وعائي)
quick-stop تَوَقُّف سَرِيْع
quinolone كوينولون (مُضادّ حيوي)
quorum sensing نِصاب حِسِيّ (جُزيئات حِسِيَّة للبكتيريا تُنَسِّق تَصَرُّفها بالإشارات)

R

racemate راسيمات (مزيج غير فعَّال ضوئيّاً لِمُتَصاوغَيْن مُيمِّن ومُيَسِّر)
racemic راسيمِيّ
radiation إشْعاع
radicular جَذْرِيّ
radioactive مُشِعّ / نَشِط إشعاعيّاً
radioactive isotope نَظير مُشِعّ
radioimmunoassay مُقايَسَة مَناعِيَّة شُعاعِيَّة
radioimmunotechnique تِقْنِيَّة المَناعِيَّة الشُّعاعِيَّة
radioisotope نَظير مُشِعّ
radiolabeled مُعَلَّم بِمادَّة مُشِعَّة
radiotherapy مُعالجَة إشْعاعِيَّة / عِلاج بالأشِعَّة
raft طَوْف
raman optical activity spectroscopy تَنْظِيْر الطَّيْف بَصَرِيّاً بِتِقْنِيَّة رامان
random amplified polymorphic DNA RAPD (المُضَخَّم العَشْوائِي لِلدنا مُتَعَدِّد الأشكال)
randomized مُخْتار عَشْوائِيّاً
rapid microbial detection إكْتِشاف مِكْروبِيّ سَرِيْع
ras gene مُوَرِّثَة راس (مُوَرِّثَة إذا حَدَثَت لها طَفْرَة تُسَبِّب سَرَطان)
ras protein بروتين راس (ناتِج مُوَرِّثَة راس له علاقة في تَضاعُف الخلية والموت الخلويّ المُبَرْمَج)
rash طَفَح
rational drug design تَصْمِيْم عقار مَنْطِقِيّ
rational expectation تَوَقُّع مَنْطِقِيّ
reactive oxygen species أنواع أكسجين رَجْعِيَّة التَفاعُلِيَّة (جُذُور أكسجينية نَشِيْطَة لِلغايَة وأيونات أكسجين وبيروكسيد حُرَّة تَعْمَل على تَدمير الخَلِيَّة)
reading frame إطار القِراءَة
reagent مادَّة كاشِفَة
reassociation إعادَة التَّرابُط
recalcitrant seed بُذور مُتَمَرِّدَة
receiving part طَرَف مُسْتَقْبِل
receptor مُسْتَقْبِل
receptor fitting لوازِم المُسْتَقْبِل
receptor mapping تَخْطِيْط المُسْتَقْبِل
receptor population مَجموع المُسْتَقْبِلات / مُسْتَقْبِل سُكّانِيّ
receptor tyrosine kinase مُسْتَقْبِل التَّيروزين كاينيز (بروتين)
receptor-mediated endocytosis إلتِقام بِمُساعَدَة مُسْتَقْبِلات
recessive مُتَنَحٍّ (مُتَنَحي)
recessive allele أَلِيْل مُتَنَحٍّ (مُتَنَحي)
recessive gene مُوَرِّث مُتَنَحٍّ
recessive oncogene مُوَرِّث وَرَمِيّ مُتَنَحٍّ
reciprocal externality مُتَبادَل خارجيّاً
recognition sequence (site) سِلْسِلَة مُعَرِّفَة
recombinant مَأشوب (نَتاج عودة الإتحاد الوراثي)
recombinant DNA دنا المَأشوب / دنا المُتَوَحِّد
recombinase ريكومبنيز (انزيم التَأشُّب)

recombination إعادَة الإتّحاد (التَأشُّب)
recombination frequency تَرَدُّد التَأشُّب (عَدَد المَأشوبات مقسوماً على العدد الكُلي للنَسل)
red blood cell كُرَيَّة الدَّم الحَمْراء
redement napole رديمنت نابول (مُوَرِّثة في الخنزير تنتج لحم اكثر حموضة من اللحم الطبيعي)
redness إحْمِرار (مَثَلاً المِنطقة التي يحدث فيها إلتِهاب)
reduction إنْقاص
redundancy وَفْرَة / زيادة عن الحاجة / مَزيد
reference concentration تَرْكيز مَرْجِعِيّ
reference laboratory مُخْتَبَر مَرْجِعِيّ
refillable قابِل للإمْتِلاء ثانية
refractile body جِسْم سَهْل الإنْكِسار
refraction إنْكِسار
regeneration تَجَدُّد الأنسِجَة
regulatory element عُنْصُر مُنَظِّم
regulatory enzyme انزيم مُنَظِّم
regulatory gene مُوَرِّث مُنَظِّم
regulatory sequence سِيَاق مُنَظِّم (سياق دنا يُنَظِّم تعبير المُوَرِّث)
rehydration تَعْويض السَّوائِل / إمْهَاء
relapse إنْتِكاس / يَنْحَدِر تدريجيّاً
relaxed circle plasmid بلازميد حَلَقي مُسْتَرْخِي
relaxed plasmid بلازميد مُسْتَرْخِي
remediation مُعالَجَة
renaturation إعادَة تَكوين / إسْتِعادَة الطَّبيعَة
renature يُعيد الطَّبيعَة
renin رينين (انزيم كلويّ لتنظيم ضغط الدَّم)
renin inhibitor مُثَبِّط رينين
rennin خميرَة الإنْفَحَة (انزيم تَخَثُّر الحليب)
reoviridae فيرُوسات رِيَوِيَّة (تُصيب الجهاز التَّنَفُسِيّ)
reovirus فيرُوس رِيَوِيّ (فيروس تَنَفُّسِيّ مِعَوِيّ)
reperfusion إسْتِعادة تَدَفُّق الدَّم (لأعضاء قُطِع عنها أمداد الدَّم خاصة بعد الإصابة بذبحة قلبية)
replication تَكَرُّر / تَنَسُّخ
replication fork شَوْكَة التَّضاعُف
replicon رِيبْلِيكُون (جزء وظيفي من الدنا)
reporter gene مُوَرِّث مُخْبِر
repressible enzyme انزيم قابِل للكَظْم
repression كَظْم
repressor كاظِمَة (مادَّة يُنْتِجُها المُوَرِّث الكاظِم)
residual risk خَطَر المُتَبَقِّيات
residue مُتَبَقٍّ (مُتَبَقِّي)
resource مَوْرِد
respirable صالِح لِلتَّنَفُّس
respiration تَنَفُّس
respiratory distress ضائِقَة تَنَفُّسِيَّة
respiratory mucosa غِشاء مُخاطِيّ تَنَفُّسِيّ
respiratory tract سَبِيل تَنَفُّسِيّ (جِهاز تَنَفُّسِيّ)
response إسْتِجابَة
restoration إسْتِرداد
restriction endonuclease نوكلياز داخِلِيّ لاقتِطاع الدنا
restriction enzyme انزيمات إقتِطاع
restriction fragment length polymorphism تَعَدُّد أشكال شُدْفات الدنا
restriction map خارطة الإقتِطاع
restriction site مَوْقِع القَطْع
restrictive enzyme انزيم مُقَطِّع
resuscitation إنْعاش
resveratrol ريزفراترول (مُرَكَّب نَباتِيّ يعمل كمُضادّ للتَأكْسُد، مُضادّ للتَّطفير، ومُضادّ للإلتِهاب)
retinoid ريتينالِيّ الشَّكْل / شِبْه رَاتِيْنِيّ / شبيه الشَّبَكِيَّة
retinoid X receptor مُسْتَقْبِل X ريتينالِيّ الشَّكْل
retroelement عُنْصُر سابِق
retrograde تَدْريج تَراجُعِيّ / تَدْريج عَكسِيّ
retropharyngeal ما وَراء البُلْعوم
retrospective diagnosis تَشْخيص سابِق
retroviral vecto فيرُوسات ارتجاعِيَّة ناقِلة
retrovirus فيرُوس ارتجاعِيّ
revealed preference approach أسْلوب تَفْضيل مُظْهَر

reverse genetics علِم الوراثة المَعْكوس
reverse osmosis تَناضُح عكسيّ
reverse phase chromatography طوْر استِشْراب عكسِيّ
reverse transcriptase مُنْتَسِخَة عكسيَّة (انزيم بوليميراز الدنا المُوَجَّه بالرنا)
reversed micelle مُذَيْلَة مَعْكوسَة (مُذَيْلَة: جُسَيْم مُكَهرَب في مادة شبه غروية)
Rh مُخْتَصَر العامِل الرَّايزيسي / رمز عُنصُر الروديوم
rhabdoviridae فيرُوسات رَبْديَّة
rhizobia بكتيريا مُثَبِّتَة النيتروجين في التُربة
rhizobium بكتيريا مُثَبِّتَة النيتروجين / جُذَيْرَة
rhizoremediation إعادَة تَوَسُّط بكتيريا مُثَبِّتَة النيتروجين
rhizosphere غِلاف مُحيط بالجُذَيْرَة
rho factor بروتين إنْهاء النَّسْخ في بدائيَّات النَّواة
rhodanese انزيم يُفرَز من المَيتوكَنْدريا
ribonucleic acid حِمض نَوَوِيّ رايْبوزيّ
ribose رِيبُوز (سُكَّر خُماسِيّ)
ribosomal adaptor مُسْتَقبِل ريبوسوميّ
ribosomal ribonucleic acid حِمض نَوَوِيّ ريبوسوميّ
ribosomal RNA رنا ريبوسوميّ
ribosome ريبوسوم
ribosome-binding site مَوْقِع إرْتِباط الريبوسوم
riboswitch بَدَّالَة ريبوسوميَّة
ribozyme انزيم رنا
rice blast لفْحَة الأرُزّ (مَرَض فِطْرِيّ)
ricin ريسين (مادَّة سامَّة في بُذور الخِرْوَع)
risk إحتِمال الخَطَر
risk assessment تَقْييم المُخاطَرَة
risk factor عامِل المُخاطَرَة
risk management إدارَة المُخاطَرَة
risk patient مَرِيض خَطِر
risk ratio مُعَدَّل المُخاطَرَة
risk reduction تقليل المُخاطَرَة
risk worker عامِل خَطِر
RNA رنا (مُخْتَصَر الحِمض النَّوَوِيّ الرِّيبِي)
RNA interference تَداخُل الرَّنا
RNA polymerase بُوليميراز الرَّنا (انزيم)
RNA probe مِسْبار الرَّنا / مِجَسّ الرَّنا
RNA processing مُعالَجَة الرَّنا / تَصْنيع الرَّنا
RNA transcriptase مُنْتَسِخَة الرَّنا
RNA vector حامِل الرَّنا
rocket صاروخ / نَبات الجَرْجير
rootworm دودَة الجُذور
rosemarinic acid حِمض الحصالبان
roving gene مُوَرِّث جَوَّال
rRNA رنا ريبوسوميّ
rubitecan روبيتيكان (اسم عقار طِبِيّ ذو فعاليَّة عِلاجيَّة ضِدّ مَرَض السَّرطان)
rubratoxin ذيفان فِطْرِيّ
rumen كَرِش (في المُجْتَرَّات)
rumenic acid حِمض الرُومينيك
rust صَدَأ (صَدَأ الحُبُوب)

S

safe minimum standard مِعْيار الأمان الأدْنَى
safe safety سَلامَة مَأمونَة
safe transfer نَقل آمِن
safety factor مُعامِل السَّلامَة
safety-pin morphology صَمَّام أمان التَّركيب الشَّكْلِيّ
salicylic acid حِمض السَّاليسيليك
salinity tolerance تَحَمُّل المُلوحَة
salmonella سَلمونيلة (جِنْس جَراثيم مِن الأمْعائيَّات)
salmonella enteritidis سَلمونيلة مُلْهِبَة للأمْعاء
salmonella typhimurium سَلمونيلة تِيفِيَّة فَأريَّة
salt tolerance تَحَمُّل المِلح
salting out تَرْسيب بالمِلح
saponification تَصَبُّن
saponin صابونين (مجموعة من الغليكوزيدات)
saponnin صابونين
SARS مُتلازِمَة العَدْوى الرئويَّة الحادَّة

satellite DNA دنا ساتِل / دنا التابع
satellite RNA رنا ساتِل / رنا التابع
satratoxin ذيفان فِطْريّ
saturated fatty acid حِمض دُهْنيّ مُشْبَع
saxitoxin ساكْسِيتُوكْسين (ذيفان عصبيّ في الرخويات)
scab جُلْبَة / جَرَب
scale-up يُطوِّر
scanning tunneling electron microscopy إسْتِجهار مَسْحيّ بالميكروسكوب النَّفَقيّ
secondary forest غابَة ثانَويَّة
secondary pneumonic plague طاعون رئَويّ ثانَويّ / طاعُون إنْتان الدَّم
secondary value قِيْمَة ثانَويَّة
seed bank بَنْك البُذور
seed-specific promoter مُحَفِّز نوعيّ لِلبِذْرَة
seedless fruit فاكِهَة لا بِذْريَّة
seizure نَوْبَة صَرَع
selectable marker واسِم اختياريّ
selectable marker gene مُوَرِّث واسِم اختياريّ
selection إنْتِقاء
selective estrogen effect تأثير إنْتِقائي للإستروجين
selective estrogen receptor modulator مُوَضِّح المُسْتَقبِل الإنتِقائي للإستروجين
self-assembling molecular machine آلة تَجْميع ذاتِي جُزَيْئِي
self-assembly ذاتِيّ التَّجْميع
self-pollination ذاتِيّ التَّلقيح
semiconservative replication تَضاعُف مُحافِظ جُزْئِيًّا
semisynthetic catalytic antibody تَخْليق جُزْئِيّ للأجسام المُضادَّة التَّحفيزيَّة
senescence شَيْخوخَة
sense إتِّجاه / حاسّة
sensitivity حَساسيَّة /تَحَسُّس
sentinel surveillance تَرَصُّد مَخْفَريّ
sepsis إنتان
septic shock صَدْمَة إنتانيَّة
sequela عُقْبول / دَاء ثانَويّ (نتيجة مَرَض ما)
sequence مُتَوالِيَة / مُتَسَلسِلَة

sequence homology تَطابُق مُتوالي
sequence hypothesis نَظَريَّة التَّتابُع
sequence map خارِطَة التَّتابُع
sequence-tagged site مَوْقِع علامات تَسَلْسُل
sequencing تَسَلْسُل / تَرْتيب / تَتالي
sequon سيكيون (تَوائُر)
serial analysis of gene expression تَحْليل مُتَسَلسِل لِلتَّعْبير الوراثيّ
serine سيرين (حِمض أميني)
seroconversion انقِلاب تَفاعُليّة المَصْل (انقِلاب سيرولوجيّ)
serologist إختصاصيّ الأمْصال
serology عِلم الأمصال / سيرولوجيا
seronegative سَلبيّ المَصْل
serotonin سيرُوتُونين (مادَّة عصبية فعَّالة في الأوعية)
serotype نَمَط مَصْليّ
serum مَصْل
serum albumin ألبُومين المَصْل
serum half life نِصْف عُمْر المَصْل
serum immune response إستِجابَة مَناعِيَّة لِلمَصْل
serum lifetime عُمْر المَصْل
sessile لاطِئ / لا عُنُقيّ
settle يُوَطِّن / يُرَسِّب
settling تَرْسيب
sex chromosome صِبْغِيّ جِنْسِيّ
sexual conjugation إقتِران جِنْسِيّ
sexual reproduction تَوالُد جِنْسِيّ / تَكاثُر جِنْسِيّ
sexually transmitted disease مَرَض يَنْتَقِل جِنْسيًّا
Shelter-in-place مَلجأ
shiga toxin ذيفان الشيغيلَّة الزُّحاريَّة
shock صَدْمَة
short interfering RNA رنا قصير مُتَداخِل
shotgun cloning method طَرِيقَة الإستِنْساخ بُنْدُقيّ
shotgun sequencing تَسَلْسُل بُنْدُقيّ
showering وابل
shuttle vector بلازميد ناقِل مَكُّوكِيّ
sialic acid حِمض السَّياليك
sibling species نَوْع شَقيق
side effect تأثير جانِبيّ

signal transduction — تَنْبيغ بالإشارَة
signaling — يُؤَشِّر
signaling molecule — جُزَيْ مُؤَشِّر
signaling protein — بروتين مُؤَشِّر
silencing — إصْمات
silent mutation — طَفْرَة صامِتَة
silica — سيليكا (ثنائيّ أكسيد السيلسيوم)
silk — حَرِيْر
silviculture — عِلم الغابات
simple protein — بروتين بَسِيْط
simple sequence repeat — تِكْرار مُتَعاقِب بَسِيْط
simulation — تَمارُض / مُحاكاة
sin nombre virus — فيروس سن نومبير (كلمة إسبانيَّة تعني فيروس بدون اسم من العائلة البُنْياوِيَّة)
sindbis virus — فيروس سندبس (الفيروسة الألفاويَّة التي تُسَبِّب الحُمَّى)
single-cell protein — بروتين أحادي الخَلِيَّة
single-nucleotide polymorphism — تَعَدُّد أشكال أحادي النُوكْلِيوتيد
single-stranded DNA — دنا أحادي الجَدْلَة أو السِلْسِلَة
single-walled carbon nanotube — أنابيب دَقِيْقَة أحاديَّة الكربون الجداري
sirtuin — سيرتوين (بروتين)
site-directed mutagenesis — تَطفير مَوقِع مُوَجَّه
sitostanol — سايتوستانول (مادَّة كيماوية تعمل على تخفيض نسبة الكوليسترول في الدَّم)
sitosterol — سيتوستيرول (ستيرولات توجد في بعض النباتات بتراكيز عالية تساعد على تخليق الهرمونات الستيرويدية)
sizing — مادَّة غَرَوِيَّة
skin — جِلد
slime — طين (مادَّة لزجَة أو غروية)
slough — قِشْرَة الجَرْح
small interfering RNA — رنا مُتَداخِل صَغِيْر
small nuclear RNA — رنا نَوَوِيّ صَغِيْر
small RNA — رنا الصَّغِيْر
small ubiquitin-related modifier — مُعَدِّل يوبيكوتينيّ صَغِيْر

smoke — دُخان
smut — سُوَيْد (مَرَض طفيلي نباتي)
social opportunity cost — كُلفة الفُرْصَة الإجتماعيَّة
sodium — عُنْصُر الصوديوم
sodium dodecyl sulfate — صوديوم دودسيل سلفات $C_{12}H_{25}SO_4Na$
sodium lauryl sulfate — صوديوم لوريل سلفات $C_{12}H_{25}SO_4SNa$
sodium phosphate — فوسفات الصوديوم
sodium sulfite — سَلفيت الصوديوم
soft laser desorption — إلتِفاظ ليزر خفيف
solanaceae — باذِنْجانِيَّات
solanine — سولانين (دواء الربو القصبي)
solid — جامِد / صُلْب
solid support — داعِم صَلْب
solid-phase synthesis — بناء الطَوْر الصُلْب
soluble — ذَوَّاب (قابِل للحَلّ)
soluble fiber — ألياف ذَوَّابَة
somaclonal variation — إختِلاف الخَلايا الجِسْمِيَّة
somalia — الصُومال
soman — سومان (سلاح كيميائيّ من مُرَكَّبات الفسفور يعمل كغاز سامّ على النهايات العصبية)
somatacrin — سوماتاكرين (هرمون للنُموّ)
somatic — جَسَدِيّ / جِسْمِيّ
somatic cell — خَلِيَّة جِسْمِيَّة
somatic cell gene therapy — مُعالَجَة وراثِيَّة لِخَلِيَّة جِسْمِيَّة
somatic variant — مُخْتَلِف جِسْمِيّاً
somatomedin — سوماتوميدين (مُرَكَّبات يُفرزها الكبد لِتنبيه تكوين العِظام)
somatostatin — سوماتوستاتين (هرمون تُفرزه خلايا تحت السرير البصري في الدِّماغ)
somatotrophin — مُنَمِّيَة جَسَدِيَّة (هرمون النُمُوّ)
somatotropin — مُوَجِّهَة جَسَدِيَّة (هرمون النُمُوّ)
sonic hedgehog protein — بروتين قُنْفُذِيّ صَوْتِيّ / سونيك هيدجهوك
SOS protein — سوس بروتين (المسؤول عن تحفيز إطلاق العوامل المساعدة في عملية إصلاح دنا)
SOS repair system — نِظام إصلاح سوس (للترميم

English	Arabic
	القواعد النيتروجينية التالفة من دنا)
SOS response	إستجابة سوس (آلية الإستجابة لعملية إصلاح خلل في دنا)
southern blot analysis	تَحليل لطخَة سذرن (تحليل يُستخدم لتحديد نمط مُعَين من الدنا في الخلية)
southern blotting	تَلطيخ سذرن (تحليل اختباري لفحص التماثل والتطابق بين جزيئات الدنا)
southern hybridization	تَهْجين سذرن (تحليل سذرن لعملية التهجين في الدنا)
southwestern blot	لطخة ساوثوستيرن (طريقة للكشف عن البروتين المُرتبط بالدنا باستخدام الرَّحلان الهُلامي)
speciation	إنتِواع (تَشَكُّل تطوري لنوع جديد)
species	نَوْع
species diversity	تَعَدُّد الأنواع
species richness	وَفْرَة الأنواع
species selection	إختيار الأنواع
species specific	خاصّ بنَوْع مُحَدَّد
specific activity	نَشاط نَوْعِيّ
specificity	نَوْعِيَّة
spectrometer	مِقياس الطَّيْف
spectrophotometer	مِقياس الطَّيْف الضَّوْئِيّ
spectrum	طَيْف
spermophilus	هَوْقَل (جنس من القوارض)
spinning	غَزْل / دَوَران سَرِيْع
spinosad	سبابنوساد (مُبيد حشري)
spinosyn	سبابنوسين (مُبيد حشري)
spirochete	مُلْتَوِيَة (جُرثومَة)
splice variant	ضَفيرَة مُتَبايِنَة
spliceosome	سبلايسيوسوم (جُزَئ بروتيني يساعد على توصيل رنا المرسال في خلية حقيقية النواة)
splicing	تَضْفِير
splicing junction	اتِّصال الضَّفِيرَة
spontaneous assembly	تَجَمُّع تِلقائِيّ
spore	بَوْغ
sporulation	تَبَوُّغ
spray	بَخَّاخ / رَذّ
sprayer	مَرَشّ
spreader	فارِشَة
squalamine	سكويلامين (مُضادّ من كبد أسماك القرش تُستخلص منه أدوية لعلاج السرطان)
squalene	سكوالين (مادَّة تستخلص من أسماك القرش)
stability	إستِقرار / ثَبات / رُسُوْخ
stabilizing selection	إنتِقاء تَثْبيتِيّ
stacchyose	ستاكيوز (سُكَّرِيَّات أحادية تنتج طبيعياً من فول الصويا)
stachyose	ستاكيوز (سُكَّر رُباعي في دَرَنات الأرضي شوكي الصيني)
stacked gene	مُوَرِّثات مُكَدَّسَة بانْتِظام
staggered cut	قطْع مُتَمايل
standard	مِعْيارِيّ / قِياسِيّ
stanley bostitch oil-free air compressor	ضاغِط هوائِيّ لا زيتِيّ – ستانلي بوستيتش
stanol ester	ستانول استر (مادَّة كحولية صلبة مع ملح عضوي)
stanol fatty acid ester	إستر حِمض دُهنِيّ ستانول (مادَّة كحولية مع حِمض دهني وملح عضوي)
staphylococcal	عُنْقودِيّ (مُتَعلِّق ببكتيريا المُكَوَّرَة العُنْقودِيَّة)
staphylococcal enterotoxin	مُكَوَّرَة عُنْقودِيَّة للذيفان المِعَوِيّ
staphylococcal toxin	مُكَوَّرَة عُنْقودِيَّة ذيفانِيَّة
staphylococcus	مُكَوَّرَة **عُنْقودِيَّة** (جِنْس من البكتيريا)
staphylococcus aureus	**مُكَوَّرَة عُنْقودِيَّة ذهبِيَّة**
starch	نَشا
startpoint	نُقطة إنطِلاق / نُقطة إبتِداء
stationary phase	طور الاستِقرار (**في نُمُوّ الجراثيم**)
stearate	ستيارات (ملح أو استر من حِمض الستياريك)
stearic acid	حِمض الستياريك
stearidonate	ستياريدونيت (مادَّة دُهنيَّة تنتج من بذور بعض النباتات)

stearidonic acid حِمض ستياريدونيك (حِمض دُهني أساسي تُنتِجُه طبيعيًّا بذور نبات القِنَّب)
stearoyl-acp desaturase انزيم يُعيد إشباع الحِمض الدُّهني
stem cell خَلِيَّة جِذْعِيَّة
stem cell growth factor عامِل نُمُوّ الخلايا الجِذْعِيَّة
stem cell bone خَلِيَّة مَنْشَأ الخلايا الجِذْعِيَّة من نُخاع العَظْم
stereoisomer مُصاوِغ فراغِيّ
steric hindrance إعاقة تَجْسيميَّة
sterile عَقِيْم
sterile water مَاء مُعَقَّم
sterilization تَعْقِيم
steroid ستيرويد (لِيبيدات حَلَقية)
sterol ستيرول (مركب ستيرويدي ذو سلسلة جانبية الفاتية طويلة على الكربون رقم 17)
sticky end نِهايَة لصوقة (لاصِقة)
stigmasterol ستيغما ستيرول (ستيرول نَباتِيّ)
stochastic تَسَلْسُل عَشْوائِيّ (لِلمُتغيرات العشوائية)
stomatal pore مَسَمّ فوهِيّ / فوَّهة الثُّغور
stop codon رامِزَة التَّوقُّف
storage protein بروتين تَخْزِينِيّ
strain ذُرِّيَّة / سُلالة
strand طاق / سِلْسِلَة / جَدِيلة
streptavidin ستربتافايدين (بروتين رُباعي القُسَيْمات تنتجه كائنات شبيه بالفِطريات)
streptococcal عِقْدِيّ (مُتَعلِّق ببكتيريا العِقْدِيَّات)
streptococcal enterotoxin عِقْدِيَّات الذيفان المِعَوِيّ
streptococcus عِقْدِيَّة (جنس من البكتيريا)
streptococcus mutan عِقْدِيَّة طافِرَة
stress protein بروتين الإجهاد
stringency شَدِيْد الإقناع / صَرَامَة
stringent plasmid بلازميد صارم / بلازميد شَدِيْد
stromelysin ستروميلايسين (بروتين يدخُل في تحطيم البُنْيَة الداخلية للخلية)
strong sustainable development principle مَبْدَأ التَّطوُّر الثابت
structural biology عِلم الأحياء التركيبِيّ

structural gene مُوَرِّث تركيبِيّ
structural genomics تَركِيب مجينِيّ
structural proteomics تَركِيب بروتينِيّ
structure بُنْيَة / تَركِيب
structure-activity model نَموذَج نشاط تَركِيبِيّ
structure-functionalism وَظائِفِيَّة التَّركِيب
subclinical دُوَيْن السَّريرِيّ
subcloning دُوَيْن الإسْتِنساخ
submunition تَسْليح جُزئِيّ / قنابل عُنقودِيَّة
subspecies نُوَيْع
substantial equivalence تَكافُؤ مادِيّ
substantially equivalent مُكافِئ فِعلِيّ
substitution إستِبْدال
substrate رَكِيزَة / قاعِدَة التَّفاعُل
sugar molecule جُزَيْئ سُكَّر
sulfate reducing bacterium بكتيريا مُخْتَزِلة الكبريتات
sulforaphane سلفورافين (مُضادّ للسَّرطان يوجد في نبات البروكلي)
sulfosate سلفوسيت (مُبيد أعشاب كبريتي)
superactivated تَنْشيط فعَّال
superantigen مُستَضِدّ فوقِيّ
supercoiled plasmid بلازميد كَثِيْر الإلتِفاف
supercoiling كَثِيْر الإلتِفاف
supercritical carbon dioxide ثاني أكسيد كربون حَرِج جداً
supercritical fluid سائِل حَرِج ثابت (يسخن فوق درجة الغليان أو يبرد تحت درجة التجمد ويبقى في الحالة السائلة)
supergene مُوَرِّثات فائِقة
supernatant طافٍ (طافي)
superoxide dismutase سوبر أكسايد ديسميوتيز (انزيم يحلل فوق الأكسيد)
superparamagnetic nanoparticle جُزَيئات نانويَّة فوق مُمَغْنَطَة
supportive care رِعايَة داعِمَة
suppressor gene مُوَرِّث كابِت
suppressor mutation طَفْرَة كابِتَة
suppressor t cell خلايا t كابِتَة
suppuration تَقَيُّح
supramolecular assembly تَجَمُّع فوق جُزَيْئِيّ (مُؤَلَّف من

	عِدَّة جُزيئات)
surface plasmon	بلازمون سَطْحِيّ (المادَّة الجنينية خارج النواة)
surface plasmon resonance	رَنِيْن البلازمون السَطْحِيّ
surfactant	فاعِل بِالسَّطْح / مادَّة ناشِرَة
surplus embryo	جَنِيْن فائِض
surrogate market	سُوْق بَدِيْل
sustainable	مُسْتَدامَة
sustainable development	تَطْوير مُسْتَدام
Sustainable intensification of animal production systems	تَكثيف مُسْتَدام لأنظِمَة الإنْتاج الحَيَوانيّ
sustainable use	إسْتِخدام مُسْتَدام
swingfog	تَشْويش مُتَأرْجِح / مُتَقَلِّب / عدم إسْتِقرار
switch protein	بروتين مُحَوِّل / بروتين مُبَدِّل
syk protein	بروتين سايك
symbiosis	تَعايُش
symbiotic	مُتَعايِش
sympatric	مُتَّحِدَة المَوْطِن
sympatric speciation	إنتِواع الكائِنات مُتَّحِدَة المَوْطِن (تشكُّل تطوري لنوع جديد)
symptom	عَرَض
symptomatic	أعْراضِيّ (مَصْحوب بأعراض)
synapse	مَشْبَك
synapsis	تَشابُك
synaptic cleft	فَلْخ مَشْبَكِيّ
synaptic gap	فَجْوَة تَشابُكِيَّة
synaptotagmin	ساينابتوتاجمين (مُضادّ حيويّ)
syndrome	مُتَلازِمَة / أعْراض
synergistic effect	تأثير مُؤازِر / تأثير مُصاحِب
synovial	زَلِيْلِيّ
synthase	سينثاز (انزيم)
synthesizing	تَخْلِيْق
synthetase	مُخَلِّقَة / سينثيتاز (انزيم)
syrup of ipecac	شَراب عِرْق الذَّهَب
systematic activated resistance	تَنشيط مُقاوَمَة جِهازِيّ
systematics	نِظام جِهازِيّ / نِظام مَنهَجِيّ
systemic acquired	مَناعَة مُكْتَسَبَة جِهازِيَّة
systemic inflammatory response syndrome	متلازمة الإستِجابَة الجِهازِيَّة للالتِهاب
systeomics	تِقنِيَّات نظمية (دمج البروتيومكس، الجينومكس والميتابونكس)

T

t lymphocytes	خلايا T اللِّمْفاوِيَّة
T-cell	خلية T
T-cell dependent mechanism	آلِيَّة مُعْتَمِدَة لخَلايا T
T-cell growth factor	عامِل نُمُوّ خَلايا T
T-cell independent mechanism	آلِيَّة مُسْتَقِلَّة لخلايا T
T-cell modulating peptide	ببتيد مُعَدِّل لخَلايا T
T-cell receptor	مُسْتَقبِل خَلايا T
T-DNA	دنا T
T-shell	غِلاف T
tabun	تابون (غاز عصبي سامّ)
tachykinin	مُسْتَقبِلات تاكيكينين (مجموعة من الببتيدات)
tachypnea	تَسَرُّع النَّفَس
tag	عَلامَة
tandem affinity purification tagging	تَوْسيم تَرادُفِيَّة ألفة التَّنقية
tannin	حِمض التَّانِّيك
tap tagging	واسِم صُنْبور
taq DNA polymerase	تاك دنا بوليماريز (انزيم)
taq polymerase	تاك بوليماريز (انزيم)
target	هَدَف
target validation	شَرْعِيَّة الهَدَف
target-ligand interaction screening	مَسْح شامِل لِتَداخُل الأهداف
tata homology	تاتا المُتَجانِس
taxol	تاكسُول (علامَة تجارية للأدوية المُضادَّة لمَرَض السَّرطان)
taxon	أصْنُوفة
taxonomy	عِلم التَّصْنيف
technical testing	فَحْص تِقْنِيّ

technology تكنولوجيا
technology protection system نِظام حِمايَة التكنولوجيا
telomerase تيلوميريز (انزيم يُساعد في انقسام الخلية عند طرف نهاية الصِّبغيّ)
telomere قُسَيْم طَرَفِيّ (للصِّبْغيّات)
temperature دَرَجَة الحَرارَة
template مرصاف / قالب
teosinte هَجِين ذُرَة (صنف جنوب أميركي)
teratogenesis إمسَاخ / تَشَوُّهات خَلقِيَّة
teratogenic compound مُرَكَّب ماسِخ
termination codon رامِزَة الإنهاء
terminator مُنْهي
terminator cassette عُلَيْبَة المُنْهي
terminator region مِنْطقة النِّهايَة
terminator sequence مُتَوالِيَة النِّهايَة
terpene تيربين (مركب عطري يستخرج من النباتات)
terpenoid شِبه تيربينيّ
tertiary period عَصْر ثالِثِيّ (عَصْر جيولوجي)
tertiary structure تَركيب ثُلاثِيّ الأبعاد
test-range مَدَى الفَحْص
testosterone تستوستيرون (هرمون)
tetanus toxin ذيفان الكُزاز
tetrahydrofolic acid حِمض الفوليك رُباعيّ الماء
tetraploid رُباعِيّ الصِّيْغَة الصِّبْغِيَّة
thale cress ثيل كرس (الإسم الشائع لنبات *Arabidopsis thaliana*)
theory of local existence نَظريَة الوُجود المَحلِيّ
thermal حَراريّ
thermal hysteresis protein تَلاكُؤ البروتين الحَراريّ
thermoduric صامِد لِلحَرارَة
thermophile أَليف الحَرارَة (مُحِبّ)
thermophilic bacteria بكتيريا أَليفة الحَرارَة
thioesterase ثيواستيراز (انزيم)
thiol group مُركبات تحتوي ذرَّة كبريت وذرَّة هيدروجين
thioredoxin ثيوريدوكسين (بروتينات تدخل في اختزال مركبات الثيول)
threatened species أنواع مُهَدَّدة
threonine ثيريونين (حِمض أمينيّ)
threshold concentration تَرْكيز العَتَبَة
thrombin ثرومبين (بروتين تَجَلُّط الدَّم)
thrombolytic agent حالّ الخَثْرَة
thrombomodulin ثرومبوموديولين (بروتين غِشائي)
thrombosis خُثار
thrombus جَلْطة / خَثْرَة
thymidine kinase ثيميدين كايناز (انزيم مُتعلق بالغُدَّة الزَّعترية)
thymine ثيمين (قاعِدَة نَوَوِيَّة في الدنا)
thymoleptics ثايموليبتكس (عقار دَوائِيّ مُضادّ للإكتِئاب)
thyroid stimulating hormone مُوَجِّهَة دَرَقِيَّة
tissue نَسيج
tissue array مَنْظومَة أنسِجَة
tissue culture زراعَة أنْسِجَة
tissue engineering هَنْدَسَة أنسِجَة
tissue plasminogen activator مُنَشِّط أنسِجَة مُوَلِّد البلازْمين (انزيم)
tissue-necrosis مَوْت أنْسِجَة
titer عِيَار
tocopherols تيكوفيرول (مَجْموعَة الكُحُولِيَّات الذوَّابة بالدُّهن مِنها فيتامين E)
tocotrienol تيكوترينول (مُضادّ أكسدة قويّ مُكوِّن فيتامين E مع تيكوفيرول)
togaviridae فيرُوسات طَخائِيَّة
tolerance تَحَمُّل
toll-like receptor مُسْتَقبِل بروتين ناقِل غشائِيّ
TOPAS aerosol ضَبائِب توباز
topotaxis إنْتِحاء
total economic value قِيْمَة إقتِصادِيَّة كُلِيَّة
total environmental value قِيْمَة بيئِيَّة كُلِيَّة
total internal reflecton fluorescence مَجْمُوع تألُّق مَعْكوس داخِلِيًّا
totipotency قُدْرَة ذاتيَّة على التمايُز / شُمول الوُسْع
totipotent stem cell خَلِيَّة جَذْعِيَّة قادِرَة على التَّمايُز
toxemia تَسَمُّم الدَّم
toxic molecule جُزَيْء سامّ

English	Arabic
toxicity	سُمّيَّة
toxicity characteristic leaching procedure	إجْراء التَّرْشيح المُمَيِّز لِلسُّموم
toxicogenomics	مُولِّد السُّموم
toxin	ذيفان / مادَّة سامَّة
toxin agent	عامِل سُمّيّ يُفرَز عند الأيْض
toxin weapon	سِلاح سامّ
toxoid	ذوفان (ذيفان مُعَطَّل)
toxoplasma	مُقوَّسَة (جِنْس من الأوَّليّات) / بوغيَّات (نَوْع من الطُّفَيليّات)
tracer	قائِفَة (أداة رَسْم)
traditional breeding method	طَريقَة تربِيَة تَقليديَّة
traditional breeding technique	تِقْنيَّة تربِيَة تَقليديَّة
trait	خَلَّة (سِمَة)
trans fatty acid	حِمض دُهْنِيّ مَفروق
trans-acting protein	بروتين ذو نَشاط ناقِل
transactivating protein	بروتين يُفَعِّل النَّقل
transactivation	تَفْعيل النَّقل
transaminase	ناقِلَة الأمين (انزيم)
transamination	نَقل الأمين
transboundary harm	ضَرَر حَدِّيّ
transboundary movement	حَرَكَة حَدِّيَّة
transboundary release	إطْلاق حَدِّيّ
transboundary transfer	نَقل حَدِّيّ
transcapsidation	تَغْليف الحِمض النَّوَويّ لفيرُوس ما بِغِطاء بروتيني
transcript	نُسْخَة
transcriptase	مُنْتَسِخَة (انزيم)
transcription	نَسْخ
transcription activator	مُنَشِّط النَّسْخ
transcription factor	عامِل النَّسْخ
transcription factor binding site	مَوقِع رابِط عامِل النَّسْخ
transcription unit	وِحْدَة النَّسْخ
transcriptional activator	مُنَشِّط نَسْخِيّ
transcriptional profiling	مَقطع نَسْخِيّ
transcriptional repressor	كابِح نَسْخِيّ
transcriptome	نُسْخَة مُطابِقة لِلمُوَرِّثات في رنا المِرْسال

English	Arabic
transcutaneous	عبْر الجِلد
transdermal	عبْر الأدَمَة
transducing phage	عاثِيَة نابِغَة
transduction	تَنْبيغ (من طُرُق تَبادُل المادَّة الوراثِيَّة في الجراثيم) / تحاسّ
transfection	تَعْداء (عدوى خَلِيَّة بالحِمض النوويّ لفيرُوس ما، ثمّ تضاعُفه في تلك الخلية)
Transfer	نَقل / إنْتِقال / مَركز تَحْويل
transfer DNA	دنا الناقِل
transfer factor	عامِل ناقِل
transfer RNA	رنا الناقِل
Transferase	ناقِلَة (انزيم حفز الإنتقال)
transferred DNA	دنا المُحَوَّل
Transferring	ترانسفيرين (بيتاغلوبولين يَنقُل الحديد في بلازما الدَّم)
transferrin receptor	مُسْتَقبِل ترانسفيرين
transformant	مُحَوَّلة (خَلِيَّة تُبَدَّل وراثيًا بإدْخال دنا غريب)
transformation	تَحْويل / تَحَوُّل / إسْتِحالة
transformation efficiency	كَفاءَة التَّحْويل
transforming oncogene	مُوَرِّث وَرَمِيّ مُحَوِّل
transgalacto-oligosaccharides	قليلة سُكَّريّات ناقِلة لِلجالكتوز
transgene	مُوَرِّث عابِر
transgenesis	تَعديل وراثِيّ
transgenic	مُعَدَّل وراثيًا
transgenic animal	حَيَوان مُعَدَّل وراثيًا
transgenic plant	نَبات مُعَدَّل وراثيًا
transgressive segregation	فَصْل مُتَخالِف
transit peptide	ببتيد عُبوريّ
transition	إنْتِقال
transition state	مَرْحَلَة إنْتِقاليَّة
transition-state intermediate	مَرْحَلَة إنْتِقاليَّة مُتَوَسِّطَة
translation	تَرْجَمَة
translocation	إزْفاء (نَقل من موقِع إلى آخَر)
transmembrane protein	بروتين ناقِل بين الأغشِيَة
transmembrane regulator protein	بروتين مُنَظِّم للنَقل بين الأغشِيَة
transmission	نَقل الحَرَكَة (إنْتِقال)

English	Arabic
transmission of infection	إنتِقال العَدْوَى
transplantation	زَرْع
transport protein	بروتين ناقِل
transposable element	عُنْصُر مُحَوِّل أو مُتَرْجَم أو مَنْقول
transposable genetic element	عُنْصُر وراثِيّ مُحَوِّل أو مُتَرْجَم أو مَنْقول
transposase	انزيم ناقِل قِطَع الدَّنا
transposition	تَغْيير الوَضْع (مُناقلة)
transposon	يَنْقُول (جزء من الدَّنا الجرثومي ينقل جيناً لمقاومة الدواء)
transversion	تَبْدال (تبادُل بين البورين والبريميدين في الدَّنا)
treatment system	نِظام المُعالَجَة
trehalose	طِرهالوز (سُكَّر ثُنائي تُفرزُه بعض الحشرات)
tremorgenic indole alkaloid	مُكَوِّن رُعاش إندوليّ قلويّ
triacyglyceride	ثُلاثي أسيل جلسيرايد
triacylglycerol	ثُلاثي أسيل الغليسرول
trichoderma harzianum	شَعْرِيَّات آدِمَة (جِنْس من فِطْرِيَّات التربة)
trichosanthin	أرُزّ مُعَدَّل وراثِيّاً
trichothecene mycotoxin	ترايكوثسين (ذيفان فِطْريّ تُنْتِجه فصائل فِطْر فيوزاريوم)
tricothecene	ترايكوثسين (ذيفان فِطْريّ)
triglyceride	ثُلاثي الغليسريد
triploid	ثُلاثِيّ الصِّيْغَة الصِّبْغِيَّة
tRNA	مُخْتَصَر الحِمض الرِّيبي النَّوَوِيّ النَّقّال
trombone	بُوق (آلة موسيقية)
trophic	إغْتِذائِيّ
trophic level	مُسْتَوى اغْتِذائِيّ
tropism	إنْتِحاء / تَوَجُّه
truck	عَرَبَة بَضائِع أو شاحِنَة
trypsin	تريبسين (انزيم تَحَلُّل البروتين)
trypsin inhibitor	مُثَبِّط التريبسين
tryptophan	تريبتوفان (حِمض أميني)
tuberculin	توبركولين (سائِل بروتينيّ بكتيريّ مُعقَّم يُسْتَخدَم في اختبارات السُّلّ)
tuberculosis	سُلّ / تَدَرُّن
tubulin	تيوبيلين (بروتين كُرَوِيّ وهو المُكَوِّن الأساسيّ للأُنَيْبِيبَات الخَلَوِيَّة)
tularemia	تولاريميَّة (مرض عدوائي بكتيري حيواني المصدر)
tularemia	حُمَّى الأرانِب
tumor	وَرَم
tumor DNA	دنا الوَرَم
tumor marker	واسِم الوَرَم
tumor necrosis factor	عامِل مَوْت الوَرَم
tumor virus	فيرُوس وَرَمِيّ
tumor-associated antigen	مُسْتَضِدّ مُتَعَلِّق بالوَرَم
tumor-inducing plasmid	بلازميد حاثّ الوَرَم
tumor-suppressor gene	مُوَرِّث مانِع الوَرَم
tumor-suppressor protein	بروتين مانِع الوَرَم
turbidity	عُكُورَة
turnover number	عَدَد تَقَلُّبِيّ
two-dimensional	ثُنائِيّ الأبْعاد
two-hybrid system	نِظام الهَجِيْن الثُّنائِيّ
type specimen	نَموذَج نَمَطِيّ
typhoidal tularemia	تولاريميَّة تيفيَّة/ حُمَّى الأرانِب تيفيَّة
tyrosine	تيروزين (حِمض أمينيّ)
tyrosine kinase inhibitor	مُثَبِّط تيروزين كيناز

U

English	Arabic
ubiquinone	يوبيكوينون (مُرَكَّب شَحْمِيّ في غِشاء المُتقدِّرات)
ubiquitin	يوبيكوتين (مُرَكَّب عديد الببتيد يوجد في الخلايا النباتيَّة وله دور في تحليل البروتين)
ubiquitin-proteasome pathway	مَسْلك يوبيكوتين بروتيسوم
ubiquitinated	مُتَعَلِّق باليوبيكوتين
ulceration	تَقَرُّح / تَكَوُّن القَرْحَة
ulceroglandular tularemia	تولاريمية غُدِّيَّة تَقَرُّحِيَّة
ultracentrifuge	طَرْد مَرْكَزِيّ فائِق / مِنْبَذَة فائِقة
ultrafiltration	تَرْشيح فائِق
ultrasonic	فَوْق صَوْتِيّ
ula	لِثَــة

umbrella species أنواع المظلّة
uncertainty factor عامِل الشّكّ
unconfined release إطلاق غير مَحْجوز
uncontaminated water ماء غيْر مُلوَّث
unidirectional externality وَحيد الإتِّجاه خارجيّاً
unimmunized individual فرْد غيْر مُمنَّع (غير مُحَصَّن بالمناعَة)
unintended release إطلاق غيْر مقصود
unintended transboundary movement حَرَكَة حَدِّيَّة غيْر مُتوَقعَة
unit وَحْدَة
unsaturated fatty acid حِمض دُهْنِيّ غيْر مُشْبَع
unwinding protein بروتين غيْر مُلْتَو
upstream ضِدّ التَّيَّار
uptake إمْتِصاص / قبْط / تَمَثُّل
uracil يوراسيل (قاعِدَة نيتروجينية في الرنا)
urease يورياز (انزيم يُعَزِّز تحَلّل اليوريا)
uridine يوريدين (مسحوق أبيض عديم الرائِحَة يُسْتَخدَم في تجارب الكيمياء الحَيويَّة)
urokinase يوروكيناز (انزيم في بَوْل الإنسان)
use إسْتِعمال
use value قِيْمَة الإسْتِعمال
user مُسْتَعْمِل / مُنْتَفِع
utility function دالَّة المَنفَعَة
uv مُخْتَصَر فوْق البَنَفْسَجيَّة

V

v antigen مُسْتَضِدّ v
vaccine لِقاح
vaccinia وَقـْس (جَدَريّ البَقر)
vacuole فجْوَة / تجويف
vagile كائِن حَيّ قادِر على الإستِجابة للبيئَة المُحيطة به
vagility قُدْرَة كائِن حَيّ على الإستِجابة للبيئَة المُحيطة به
vaginosis إلتِهاب المِهْبَل
validation تَحقّق من تَوْثيق المِصْداقِيَّة
valine فالين (حِمض أمينيّ أساسيّ)
valuation قِيْمَة مُقَدَّرَة / تَقْييم
van عَرَبَة نَقل مُغْلَقة / مِرْوَحَة
vancomycin فانكوميسين (مُضادّ حَيَوِيّ)
variable surface glycoprotein بروتين سُكّريّ مُتَغَيِّر السَّطح
variance تَفاوُت
variation إخْتِلاف
vascular endothelium بطانَة الأوعِيَة الدَّمَويَّة الوعائِيّ
vasodilator مُوَسِّع للأوعِيَة
vector ناقِل
vector borne ناقِل مَحْمُول
vegetative cell خَلِيَّة نَباتِيَّة
vehicle سِواغ (مادَّة غيْر عِلاجِيَّة تُستَخدم كَواسِطَة صيدلانيًا)
vent مَخْرَج / مَنْفَذ
vernalization إرْتِباع (تَعْجيل الإزْهار بِتَعْريض النَّباتات لِحرارَة أدنى)
vertical gene transfer نَقل المُوَرِّث عاموديا
vesicle حُوَيْصِلة
vesicular transport نَقل حُوَيْصِلِيّ
vesicule تَجْويف حُوَيْصِلِيّ
vibrio cholerae ضَمَّة كولِيْرِيَّة
vicariant pattern نموذج بديل او نائب
viral فيْرُوسيّ
viral agent عامِل فيرُوسيّ
viral encephalitis إلتِهاب الدِّماغ الفيرُوسيّ
viral hemorrhagic fever حُمَّى نَزْفِيَّة فيرُوسيَّة
viral transactivating protein بروتين مُحَفِّز تَضاعُف الفيرُوسات
virion فيريون (جُزَئ فيرُوسيّ عدوائِيّ مُحاط بِغِشاء بروتيني)
viroid فيرُوسيّ الشَّكْل
virulence فوْعَة (شِدَّة الفيرُوس)
virulent شَديْد (مُفوَّع)
virus فيرُوس (عامِل مُحْدِث للمرض)
virus disease مَرَض فيرُوسي
virus replication تَضاعُف فيرُوسي
viscosity لُزوجَة
visfatin فسفاتين (بروتين تُفرزه الخلايا

	الدُهنيَّة المِعَويَّة محاكٍ للأنسولين)
visible fluorescent protein	بروتين مُستَتَشِعّ مَرْئِيّ
vitafood	غِذاء حَيَوِيّ
vitamer	فيتامير (مادَّة ذات فعالية فيتامينية)
vitamin	فيتامين (مادَّة عُضوية تعتبر عاملاً غذائياً ضرورياً بكميات ضئيلة للشخص العادي)
volicitin	فوليسيتين (مُثير حَشَرات)
voltage-gated ion channel	بَوَّابَة القناة الأيونيَّة المُعتَمِدَة على فرق الجُهْد الكَهْربائيّ
volume	حَجْم / واسِطة التَّخزين
volume rendering	حَجْم الإختِلاص
vomitoxin	ذيفان فِطْرِيّ
voucher specimen	نَموذَج مُستَنَد / عَيِّنَة
vulgaris	شائِع

W

wagon	عَرَبَة نَقل بأرْبَعَة دَواليْب
wand	صَوْلَجان
warfare	حَرْب / صِراع
washer	مِغْسَلَة / حَلَقة (لِشدّ المفصل)
water activity	فعاليَّة الماء
water soluble fiber	ألياف ذائِبَة بالماء
waxy corn	ذُرَة شَمْعيَّة
weak interaction	تَفاعُل ضَعيْف
weapon	سِلاح
weapon of mass destruction	أسلِحَة تَدْمير شامِل
weaponization	تَسْليح
weaponize	يُسلِّح
whiskers	شَعْر اللِحْيَة / شَعْر الشَّاربين / ذو سَبَلَة
white blood cell	كُرَيَّة دَم بَيْضاء
white corpuscle	كُرَيَّة بَيْضاء
white mold disease	مَرَض العَفَن الأبْيَض
whole-genome shotgun sequencing	تَسَلْسُل المَجين البُنْدُقيّ
wide cross	واسِع أو كَثِيْر التَّهْجين
wide spectrum	طَيْف عَريض (واسع)
wild type	أنْواع بَرِيَّة
willingness to accept	إسْتِعداد لِلقبول
willingness to pay	قبول الدَّفْع / طِيْبَة النَّفْس لِلعَمَل
wind	يَلْتَفّ / رياح
wobble	يَتَطَوَّح / يَتَذَبذب

X

x chromosome	صِبْغِيّ x
x receptor	مُستَقْبِلات x
x-linked disease	داء مُرتَبِط بالصِّبْغِيّ x
x-ray	أشِعَّة x
x-ray crystallography	مَبْحَث البِلَّورات بِأشِعَّة x
xanthine oxidase	أكسيداز الزَّانتين (انزيم)
xanthophyll	زانثوفيل (أصْباغ صَفراء في النبات)
xenobiotic compound	مُرَكَّب أجْنَبِيّ بيولوجياً
xenogeneic organ	عُضو أجْنَبِيّ
xenogenesis	إنْجاب المَغاير
xenogenetic organ	عُضو أجْنَبِيّ وِراثيّاً
xenogenic organ	عُضو أجْنَبِيّ وِراثيّاً
xenograft	طُعْم أجْنَبِيّ / طُعْم غَيْرَوِيّ
xenotransplant	نَقل بين الأجْناس
xenotropic virus	فيرُوس يَتَكاثَر في خلايا أجْنَبِيَّة

Y

y chromosome	الصِّبْغِيّ y
yeast	خَمائِر
yeast artificial chromosome	صِبْغِيّ خَمِيْرَة صِناعِيّ
yeast episomal plasmid	بلازميد خَمِيْرَة إيبوسومي
yeast two-hybrid system	نِظام خَمِيْرِيّ ثُنائِيّ الهجين

Z

z –DNA	دنا مُتَعَرِّج
z-ring	حَلَقة z
zearalenone	زيرالينون (ذيفان فِطْرِيّ صِناعِيّ)

zeaxanthin	زيازانثين (مادّة نباتية صَفراء)
zigzag	خَطّ مُتَعَرِّج
zinc finger protein	بروتين إصْبَعِيّ خارصينيّ
zoaster	قوْباء مَنْطِقِيَّة (مرض جِلدي فيرُوسيّ)
zoonoses	أمْراض حَيَوانِيَّة المَصْدَر
zoonotic	حَيَوانِيّ المَصْدَر
zootoxin	ذيفان حَيَوانِيّ
zygote	لاقِحَة / زايجوت
zyme system	نِظام انزيميّ
zymogen	مُوَلِّد الأنزيم